Katja Riemann

NEBEL UND FEUER

Roman

S. FISCHER

MIX
Papier | Fördert gute Waldnutzung
FSC® C083411
FSC www.fsc.org

Erschienen bei S. FISCHER

Für diese Ausgabe:

Satz: Iris Farnschläder, Hamburg
Druck und Bindung: CPI books GmbH, Leck
ISBN 978-3-10-397589-5

Kontaktadresse nach EU-Produktsicherheitsverordnung:
produktsicherheit@fischerverlage.de

I

1

Sie steht mit dem Rücken zum Abgrund. Nackt. Im Fenster des fünften Stocks. Altbau. Die verputzte, ungestrichene Wand fällt steil und bedrohlich herab wie ein lautloser Wasserfall. Unter ihr, keine fünfzig Meter entfernt, liegt ein Friedhof. Kann man sich nicht aussuchen. Die beiden Fensterflügel sind nach innen geöffnet, der untere Teil des Fensters ist fest verbaut, und sie steht außen, auf einem gemauerten Absatz, der für Schuhgröße 36 taugt, mit dem Rücken gen Friedhof, und hält sich am Fensterrahmen fest. Der vordere Teil ihres Fußes, die Ballen und Zehen, stehen auf dem Sims, die Ferse ragt in die Luft und könnte runterfallen, wäre sie nicht am vorderen Fußteil festgewachsen. Füße sind zumeist aus einem Guss. Wenn man Füße hat. Wenn man nicht ohne Füße geboren wurde. Das kann passieren. Wie man auch ohne Unterleib geboren werden kann; eine seltene Krankheit, ›Kaudales Regressionssyndrom‹ genannt, die einem unter Hunderttausend passiert. Ein afroamerikanischer Junge wurde damit geboren und wurde ein berühmter Wrestler. Die Geschichte der schrecklichen Kindheit, ausgestoßen, versehrt und gemobbt – und dann wird man ein Star, leistet Übermenschliches, macht Kunst, Wissenschaft oder wrestelt. Geschichten, die man gern selbst erlebte, nur ohne den Scheißanfang, ohne die Quälerei, die fucking

Pubertät, die harte Arbeit und das Besser-sein-Müssen, ohne Demütigungen, Verletzungen und Beleidigungen, lieber direkt beim guten Teil beginnen, der am Ende kommt und Ruhm und Reichtum bringt. Dann ist der Film aus.

Oder das Leben.

Sie hat Füße. Sie hat nur keine Kraft mehr. Auf dem Weg zu diesem jetzigen heutigen Moment gab es Verluste innerhalb ihres Systems. Amputation von Gefühl oder was.

Ich sollte gewisse Gedanken nicht mehr denken, denkt sie. Ich habe auch keine Zeit für die Werbung vor einem Youtube-Video. Ich bin zu alt dafür, das geht doch alles von der Gesamtzeit ab.

Sie fühlt als Phantomschmerz das, was nicht mehr ist. In Menschen sind Gedärme. Gebärmütter. Blut, Schleim, Gestank. Auch das Herz, das vielbeschworene, das für Gefühl steht, ist letztlich ein Muskel, der Blut pumpt und neulich zum ersten Mal in einem 3-D-Printer aus Fleischmaterie ausgedruckt wurde. Sah wohl gut aus, aber Pumpen war nicht.

Sie wünscht, sie könnte so gut auf Händen wie auf Füßen stehen. Die Zehen sind inzwischen blutleer. Oder blutlos? Wortklauberei auf den letzten Metern.

Es ist Nacht. Of course. Sie hat sinnigerweise in der Wohnung das Licht ausgemacht, sonst stünde sie da wie eine Installation, weithin sichtbar, sogar aus Flugzeugfenstern zu sehen, auf dem Weg zur Landebahn oder weg von ihr. Aber der City-Flughafen ist stillgelegt, da fliegt außer Kitern nichts mehr, insofern muss sie sich keine Sorgen über voyeuristische Blicke aus dem Dunkel über ihr machen. Abgesehen vom Mond. Der scheint heute nur so mittel. Natürlich, wenn sie eine dramatische Tat vollbringen will, zieht kein klarer voller Mond oder gar ein Blutmond auf.

Er ist sichelig und hinter Haze versteckt. Sie sieht ihn nur in der Reflexion der Fensterscheibe, der Mond hängt hinter ihr und kann ihr auf den Po schauen.

»Ich muss mal«, sagt sie in die Nacht hinein und erschrickt über die eigene Stimme, die plötzlich und unangekündigt zu sprechen beginnt. An was man alles denken muss. Bis zum Schluss. Und keiner kann das machen für dich, keiner kann das einfach mal übernehmen, dein Leben oder wie man das nennt. Du bleibst immer in dir drin, nichts zu wollen, kein Fluchtweg. Diese Unnötigkeit eines körperlichen Reflexes. Da ist nichts Hehres oder Klares in diesem Moment, vielleicht dem letzten, da gibt es keinen Erkenntnisgewinn. Was bis hierher nicht gewonnen wurde – rien ne va plus, schschschrrr, das Rollen der Kugel auf der sich drehenden Roulettescheibe, Mads Mikkelsen in Casino Royal, er trägt eine Augenklappe, raucht hier jemand? Nichts geht mehr.

Was bisher nicht gewonnen wurde, tja. Zukünftig wird es nach der Tat weder Gewinn noch Sieg geben. Aber eben auch keinen Verlust mehr, kein Verlieren. Die Kälte wird sie nicht mehr spüren. Hoffentlich. Sie stellt es sich kalt und dunkel vor, und nur die Abwesenheit von Gefühl macht, dass man die Kälte nicht spürt. Wie eine Vollnarkose, so wird es sein, die so angenehm ist, weil es ein Nachher gibt. Die retrospektive Betrachtung und Verwunderung macht das Nichts und den narkotisierten Zustand so angenehm. Sie denkt an ihre Vollnarkosen: Blinddarmdurchbruch, Knie-OP, die Zyste im Unterleib. Vollnarkose fand sie super.

Eindeutig zu wenig meditiert, eindeutig. Sonst könnte sie diese Denkerei ausschalten. Alles zu wenig. Unterm Strich zu wenig gelebt, bringt einem ja keiner bei, und den Abtritt eben auch nicht. Wenn man das üben könnte. Oder wenn einem wie in einem Videogame neue Leben zur Verfügung stünden: »Frage Freunde nach neuen Leben«, das wär's, doch welcher Freund gäbe sein Leben, die haben ja auch nur eins. Und wie überlässt man physikalisch oder wissenschaftlich betrachtet sein Leben einer anderen Person. Das Leben ist kein Spiel, sag ich ja. Und auch kein Ponyhof, wie es auf der Außenwand eines Hipstercafés der Stadt steht, in der sie lebt, die eine Hauptstadt ist, aber keine Metropole.

Sie muss mal und lässt es unter sich gehen, pinkelt einfach los. Wie ein Tabubruch. Nackt auf dem Fenstersims die Wand runterpinkelnd. Wow, das ist ein Ende.

Der Mond ist runtergefallen, auf die Startbahn Tempelhof. Night-Kiter schmeißen sich in sein Licht hinein und cruisen auf den Wellen, die sich beim Aufprall gebildet haben. Eine Welle aus Mondlicht auf dem alten Naziflughafen. Das wär's. Das hat sie nicht geschafft: im Mond baden. Und jetzt kann sie nicht einmal sehen, wie das Gepinkelte die Mauer runterläuft. Oder doch? Sie beugt den Kopf nach unten, oh, keine gute Idee, die Oberschenkel werden weich, runtersehen ist nicht gut, die Höhenangst. Schnell den Blick abwenden, nach vorn sehen, in die dunkle Wohnung hinein und atmen. Atmen ist leben. Atem ist meine neue Droge, sagte ihr unlängst ein Kumpel und kiffte trotzdem weiter.

Ihre Beinchen. Werden weich oder steif oder beides. Das hat sie nicht bedacht, dass der Körper hier zum Gegner des Willens wird. Sie hält sich am Fensterrahmen fest, der in der Mitte einen Holm hat, an dem sich beide Fensterhälften treffen. Dort splittert schwarze Lackfarbe ab. Ihre Knöchel zeigen ihr ihren emotionalen Zustand, sie sind weiß, sie krallt sich eher fest, als dass sie sich hält. Die heiße Flüssigkeit innen am Oberschenkel und die Tropfen auf den Füßen haben sich abgekühlt, ihr Geschlecht wird kalt von dem zügig erkalteten Urin. Sie spannt ihren Beckenbogen an, versucht männlich die letzten Tropfen von ihren Schamlippen abzuschütteln. Wenn sie ein Artist wäre, könnte sie sich die Schamlippen selber ablecken. Kann sie aber nicht. Blasenentzündung wird wahrscheinlich.

Würde ihr jetzt Sperma die Beine herunterlaufen statt Pisse, dann hätte das irgendwie noch eine Bedeutung, wenn man wollte. Das Leben, das aus ihr herausläuft, bevor sie es beendet, irgendwie so. Nicht wichtig. Sex war wichtig. Und die Liebe. Scheißliebe, die hat sie ja hierhergebracht.

Ich kann nicht mehr. Ich weiß nichts mehr. Was soll das hier. Soll ich einfach wieder reinklettern? Oder soll ich mich fallen lassen?

Der Mond ist der Einzige, der sie sieht, er hat heute nur ein Auge, er sieht unscharf und ist auch unscharf für seine Betrachter. Er interessiert sich nicht für die Menschen und leuchtet nachts, so wurde er geboren, was soll er machen, er kann sich nicht aus dem Fenster stürzen. Sie kann es ja offensichtlich auch nicht. Soll er in ihre Gedanken kriechen? Das kann er, aber warum? Sie ist irgendeine. Irgendeine mittelalte Weiße, weiblich, europäisch, Städterin, mit hübschen Beinen und langen Haaren, die farblich unbestimmt über den Rücken hängen und anscheinend nicht besonders gekämmt oder gewaschen sind.

»Ich brauche eine Brille«, denkt der Mond einen pragmatischen Gedanken.

Sie zieht sich kurz am Holm hoch, reibt ihre Zehen abwechselnd gegen ihre Waden zur Durchblutung. Steht dann wieder auf ihren Ballettzehen. Atmet bis vier ein, hält bis acht an, atmet bis vier aus. Gut. Das ist gut. Noch mal. Und noch mal. Sie spürt ihren Körper ein wenig, als wäre das Leben eine gute Sache. Meint, sich näherzukommen, was auch immer das bedeutet, denn es ist zu diesem Zeitpunkt vollständig überflüssig. Es ist nicht mehr nötig, mit sich selbst etwas zu tun haben zu wollen. Aber sie möchte es bis zum Schluss richtig machen, sie möchte ordnen, will mit Würde und Übersicht gehen statt im Chaos.

Sie hat ein Testament gemacht. Hat gedauert, weil sie sich dabei so geschämt hat. Sie fand sich dramatisch und will nicht dramatisch sein, auch nicht kompliziert oder kapriziös. Dämlich statt herrlich.

Das Testament.

Gibt wenig zum Vererben. Die Instrumente halt. Bass, Gitarren. Das Hexenhaus auf dem Land. Kein Mann, kein Kind, keine Eltern. Obwohl – den Eltern hinterlässt man ja testamentarisch naturgemäß nichts, weil die Ordnung verlangt, dass die Eltern vor den Kindern sterben und somit die Eltern für die Kinder ein Testament machen statt andersrum. Aber gesetzt den Fall, ich hätte Eltern, ich hätte noch Eltern, dann hätte ich sie in meinem Testament berücksichtigt. Hätte ich? Nein, ich stünde nicht hier, wenn Mama noch lebte. Diese Gedanken sind sehr hinderlich, um sich auf das Wesentliche zu konzentrieren.

Ich muss nach Zahlen atmen, das macht die Gedanken weg. Eins, zwei, drei, vier einatmen, eins, zwei, drei, vier, fünf, sechs, sieben, acht anhalten, eins, zwei, drei, vier ausatmen. Das ist gut, tut gut, das sollte ich öfter machen. Es wird kälter, scheint ihr. Ihre Geschwister Younis und Iana hat sie im Testament berücksichtigt, natürlich. Ihre Freundin Françine, ihr Patenkind Claire. Gedanken sind stärker als Zahlen, sie kehren immer wieder zurück, sie fragen nicht danach, ob sie das dürfen. Ihr Mann ... nein, bitte, nicht an den Mann denken jetzt, ihn hat sie nicht im Testament berücksichtigt, sie hat ihn ausgezogen, wie den BH, als sie durch den Fensterrahmen nach draußen zum Abgrund stieg. Es ist ihr selbstredend nicht gelungen, sie macht sich mit der Behauptung, ihn wie Unterwäsche, ausgerechnet, ausgezogen zu haben, etwas vor, sie hat ihn mitgenommen, hier auf den 36er Sims, dennoch: bitte nicht an ihn denken, überhaupt nicht an Menschen denken, lieber an Pferde. Oder Zahlen.

Atmen. Ihr Bauch ist ganz hart, sie zieht ihn ein, die Luft geht nicht bis in ihren Unterleib und schon gar nicht bis in die Füße. Die Luft bleibt dort stecken, wo Schneiderinnen ihr Zentimetermaß um eine Person herumschlingen und befestigen, um von der sanduhrartigen Körpermitte weiter zu vermessen. Bei der Vermessung hatte sie stets den Bauch eingezogen, für eine nie zu erreichende Brigitte-Bardot-Taille, und später war dann das Kleid zu eng.

Wieder atmen. Eindeutig zu wenig meditiert. Kann ein Mensch eigentlich so lange den Atem anhalten, bis er erstickt? Yogis vielleicht. Sie üben auch das Sterben in den Höhlen des Himalayas. Fokus. Sie zittert.

Eine kleine Spinne läuft über den Holm, sie folgt ihr mit den Augen, die Spinne läuft schnell und im Zickzack über die absplitternde Farbe bis zu ihrer weißen Knöchelhand und weiter den Arm hinauf – und sie beginnt zu weinen. Die Tränen laufen einfach so runter, wie vorher der Urin. Die Spinne hat sie berührt. Die Spinne wird leben, und sie weiß einfach nicht mehr, wie sie das machen soll, dieses Aufstehen jeden Tag, diese Verlorenheit zwischen den Menschen, sie findet das Wort nicht und auch das Lied nicht mehr, das sich mit ihrem Gefühl deckt. Alles gesagt, alles gesungen. Das Aufstehen, das Allein-ins-Bett-Gehen. Sie weint. Soll sie jetzt loslassen? Jetzt wäre vielleicht ein guter Moment. Warte kurz.

Warte.

Die Wand ist 17 Meter hoch und 12 Meter breit. Die Wand. Sie hat keine Fenster, bis auf dieses eine ganz oben, in dem sie steht und wie gerahmt wirkt. »Nackte Frau im Rahmen« würde das expressionistische Bild von Otto Dix dazu heißen. Wenn sie in der Nacht wach war und einen Song schrieb, leuchtete das Fenster hinaus in die sehnsüchtige Ferne wie ein Kristall, während alle Bewohner der Straße wie die Toten auf dem Friedhof schliefen. Das Fenster erbsgroß, im Verhältnis zu der weiten Fläche der Wand darunter, die wie durch ein riesiges Marzipanbrot geschnitten wirkt. Das Mehrfamilienhaus steht am Ende der Straße, Randstück sozusagen, und hat keinen Nachbarn, es sei denn, man zählt die beerdigten Toten als solche. Versteht man nicht, diese Fläche aus graugrünem Putz, eine Farbe wie Depression. Man sollte diese 200-Quadratmeter-Leinwand Künstler.innen schenken. Ganz oben hinter dem Kristallfenster hat sie in einer gemütlichen, schönen, hellen Wohnung gelebt. Zu zweit und schließlich allein. Bis heute. Heute ist sie ausgestiegen.

Es ist dunkel, nur ihr Körper leuchtet. Die Nachbarn haben sich in ihre Einzelteile aufgelöst, die Eislaufbahn vor der Ex-Startbahn ist geschlossen, die bunten Lichterketten ausgeschaltet, die Fritteuse auch. Kein Mensch im unmittelbaren Radius. Höchstens die genderfluide Frau mit dem Frettchen, das diese nachts Gassi führt, aber die Frau hat nur das Frettchen und ihre Zigarette im Blick, spricht zu dem Nager aus fast zahnlosem Mund. In ihrem Zuhause, das weiß sie von zufälligen Begegnungen auf der Straße, leben Ratten, Katzen, Vögel, Schlangen und ein Seniorenhund. Sie hat sich eingerichtet mit ihrem Leben, das läuft. Die Tiere sind ja da. Und wenn keiner mit ihr redet, spricht sie mit den Tieren, sich oder Gott. Gerät man in ihren Bannkreis, spricht sie zu einem hin. Sie ist nett und besitzergreifend. Sie ist genauso verloren wie die nackte Frau im Rahmen. Sie merkt es nur nicht. Oder es macht ihr nichts aus.

Sie, die Rahmenfrau, verträgt Drogen schon lange nicht mehr. Die Idee, sich wegzumachen oder einen Sexpartner zu finden, hat keine Schnittmenge mehr mit ihrer Vorstellung von Leben, wobei das vielleicht eine Alternative zu dem heutigen Drama hätte gewesen sein können. Tanzen, das ist gut. Tanzen ist gut. Aber die Menschen, die Enge auf der Tanzfläche, die Lautstärke, die Musikauswahl … Irgendwas ist immer. Vor Jahren hatte ihr Gesangslehrer ihr ein Tagebuch mit rotem Samteinschlag geschenkt, in dem goldgeprägt stand: ›Irgendwas ist immer.‹ Sie schrieb nie etwas hinein. War wohl nie was.

Diese Mauer jedenfalls, die ist da, wie ein Monument, auf deren oberem Absatz sie steht, vielmehr klebt, wie Spiderman, der mit dem Klebstoff an den Fingern. Die Mauer ist wie eine Kletterwand, die ein Freeclimber ersteigen will. Einer, der aus Muskelmasse ausgedruckt wurde. Er strebt sportlich nach oben, sie lebensmüde nach unten. Sie will fallen, aber traut sich nicht, der freie Wille kneift angesichts der auszuführenden Tat, der Höhe und damit einhergehender Höhenangst, die sich nicht abstellt, nur weil man ... na, weißt schon. Wie frei ist so ein Wille eigentlich? Er scheint selbstbestimmt, macht, was er will, ohne ihr zur Seite zu stehen und zu tun, was sie will. Der Wille ist nur frei für sich selbst, und jeder stirbt für sich allein.

Das Testament hat sie neben den Toaster gelegt. In die Küche. Zuerst lag es auf dem großen Holztisch im Wohnzimmer, an dem sie aßen, wenn Freunde kamen, an dem sie schrieb und übte und den sie heute mit Möbelpolitur eingerieben hatte, die scharf roch, so, dass sie husten musste. Die Stühle, die um den Tisch standen, hat sie auf die Straße gestellt, wahrscheinlich sind sie bereits mitgenommen worden und würden zukünftig woanders leben und besessen werden. Sie kann ihre hinausgestellten Stühle von hier nicht sehen. Sie stehen auf der anderen Seite des Hauses, die zur Straße zeigt. Das ist gut, sie hätten womöglich Erinnerungen geweckt. So kann sie auch nicht auf ihre eigenen Stühle fallen. Und wenn es so wäre, würde sie das noch spüren? Würde sie womöglich auf ihnen tot zu sitzen kommen? Mit Blut, das aus dem Mund ränne und aus ihrem Geschlecht. Zwei Münder.

Wo ist mein Telefon? Es liegt ausgeschaltet in der Tischschublade. Ich könnte es hinunterwerfen und die Sekunden bis zum Aufprall zählen, zuhören, wie es zerschellt. Sachen aus dem Fenster schmeißen, Sachen kaputtmachen, das muss befriedigend sein, baut Aggressionen ab. Aggressive Handlungen bauen Aggressionen ab. Ist das nicht widersprüchlich? Er konnte gut Sachen werfen: Fernseher, Staubsauger, Schlüsselbund, Telefon. Einmal war er wie Rumpelstilzchen herumgesprungen, bis sich unter seinen 45er Schuhen der Boden von der Wand ablöste. Es war beeindruckend und furchteinflößend. War das Verzweiflung? Jetzt, in diesem Moment, wäre sie auch dazu in der Lage, würde sich trauen zu werfen, zu zerschlagen, einzutreten, zuzuknallen, würde nicht an das anschließende Aufräumen denken oder die Reparatur, dass das Telefon gesperrt werden muss oder es unangenehm ist, einen Staubsauger in eine Million Einzelteile zu zerschlagen, da ein Staubsauger, wie der Name schon sagt, Staub in sich trägt, der sich im Universum verteilt, wenn das Gerät zerbombt wird. Im Hier und Jetzt würde sie sich trauen, ohne Gedanken an die Folgen, etwas hinunterzuwerfen und riskieren, dass es final kaputtginge weil diese Situation die finale sein soll, so dachte sie zumindest, so dass sowieso kein neues Telefon erworben werden müsste. Allerdings realisiert sie nun, dass sie sich final nicht traut, sich selbst zu werfen, da es sicher ist, dass der Körper davon kaputtgeht Zerschellt. Offensichtlich ist sie keine Selbstmörderin.

Zehen frieren, spürt sie nicht mehr.

Sie wäre gern noch mal geboren worden in diesem Moment. Mit, sagen wir mal, 32 Jahren käme sie auf die Welt. Das Leben begänne mit einer Geburtstagsparty, wie das eben so ist, am Geburts-Tag, und sie würde, kaum geschlüpft, feiern, tanzen, trinken, küssen, jemanden aus einer anderen Generation kennenlernen, super. Und dann?

Sie macht sich selbst einen Vorwurf, da sie sich dieser gewagten, unsinnstiftenden Vorstellung hingibt, und schüttelt reuevoll vor ihrer eigenen Anklage den Kopf, die Haare kitzeln dabei den nackten Rücken. »Verzeihung, das habe ich ja nur mal so gedacht.« »Achso, nur mal so. Ist es das, was du am Ende des Lebens tust, womit du die letzten Sekunden füllst? Nur mal denken, dass du noch mal geboren wirst? Bisschen mehr hätte ich da schon erwartet, Intelligenz oder Präzision jedenfalls.« »Entschuldigung«, entschuldigt sie sich bei sich selbst. Es war

so, dass sie sich andauernd entschuldigte und wünschte, sie würde vorher wissen, wofür sie sich nachher entschuldigen müsste.
»Du bist nicht Wasser, du bist Benzin auf mein Feuer«, hatte er, Schütze, zu ihr, Fisch, gesagt. Er könnte sie aufspießen mit der astrologischen Armbrust, doch sie hatte keine Ahnung von Sternzeichen und kam auch mit deren Piktogrammen durcheinander, dennoch mochte er recht haben, denn er war schnell entflammbar auf eine unaufgeregte Weise. Sein Feuer loderte nicht, es blieb konstant, wie das wohltemperierte Klavier. War sie es gewesen, die die Explosion, die ihre Liebe verbrannte, verursacht hatte? War sie verantwortlich und schuld? Vergib uns unsere Schuld. Warte, woher kam der Funke?
Es war nicht die Liebe, die verschwunden war, er war verschwunden, ihre Liebe zu ihm gab es noch, nur er war herausgetreten aus dem Duo, mit einem visuellen Effekt, hatte sich rausgepixelt, war aus dem Foto verschwunden, eben noch zu zweit zu sehen, nun allein, das Arrangement des Fotos blieb dabei unverändert, jetzt mit Leerstelle. Nicht verbrannt, verschwunden. Es war anstrengend, emotional ermüdend, sie wollte, dass es nicht sei, wie es ist, sondern dass er in ihrem Leben wäre, sie als Paar seien, ein Paar seien und ever happy lebten, wie macht man das nur, und sie wusste nicht mehr weiter, es war alles schiefgelaufen, und das hier auf dem 36er Absatz ist auch falsch. Ich weiß nicht mehr weiter, ich bin so müde, ich möchte schlafen.
Wenn sie sich fallen ließe, schliefe sie für immer. Nur ohne Träume. Ohne die schwarz-weißen apokalyptischen Träume, die wie Graphic Novels ihre Nächte vollmachten. Wie dystopische Drehbücher für Serien. Leere Städte mit abgebrannten Häuserfluchten und großen Bombenkratern in verkohlter Erde, aus denen Kriegskinder krochen mit Tornistern auf dem Rücken. Die

Träume, die sie auf leeren Bahnsteigen stehen und darauf warten ließen, dass ein Zug einfuhr mit einem Vater darin. Oder irgendjemandem, den man lieben könnte oder der einen liebte. Ein Fell um die Schultern geschlungen, wie ein Nomade, wartend. Auf die Zuneigung des Vaters, der immer irgendwo war und dem sie nicht vergeben konnte, weil es schwierig ist, jemandem zu vergeben, den man nicht kennt. Und weil man zumeist viel besser verzeihen kann, wenn jemand um Verzeihung bittet. Die Schuld ist das Thema ihres Lebens, sie hatte sie nicht in den Griff gekriegt. Und darum nun hier diese dramatische Tat als Experiment, um herauszufinden, ob sie eine Selbstmörderin ist. Ist sie nicht.

Doch wie nur kommt sie wieder in die Wohnung zurück?! Angst kriecht ihr ins Gebein. Der Körper wird schwächer und steifer, unbeweglicher. Wahrscheinlich stürze ich während des In-meine-Wohnung-Zurückkletterns ab, und dann ist es kein Selbstmord, sondern ein Unfall. Das weiß dann aber keiner, und sprechen kann ich nicht mehr, kann nichts erklären und aufklären, mich erklären, um Verständnis zu erhalten. Werde als verunfallt betrachtet, sitze oder liege nackt in einer unvorteilhaften Position, in der meine Brüste nicht gut sitzen oder eine Fettrolle sichtbar wird, blute vor mich hin, und alle denken: Ogott, sie hat sich umgebracht, sie war wohl randvoll mit Drogen oder depressiv.

Die Wahrheit ist, dass sie zwar lebensmüde ist, aber zu mutlos, um es zu beenden, weil man dafür so viel Kraft benötigt oder so dermaßen am Ende seiner attestierten Depression sein muss, dass man auch kraftlos und unvorbereitet aus dem Leben gehen kann. Unvorbereitet? Man kann nicht unvorbereitet dieses eine einzige Leben beenden. Es verlangt Organisation und Ideen-

reichtum und tatsächliche Vorbereitung. Eine Entscheidung über das Wie. Erhängen, erschießen, aufschneiden, runterspringen, Tabletten, Überdosis, Sterbehilfe.
Das hier ist alles Unsinn, ich muss hier weg, ich bin noch nicht so weit, ich habe Angst. Solange ich Angst habe, ist da ja noch ein Gefühl. Vielleicht sollte ich schwanger werden, kann ich noch schwanger werden? Von wem. Hätte Eier einfrieren sollen. Vergessen. Adoption. Ein Kind als Rettung? Fatal. Ich verkaufe alles und verlasse dieses trostlose Klima, das ihr im Winter immer wie ein kriminelles Delikt vorkam, derart graues Wetter sollte nicht mit dem Grundgesetz vereinbar sein.
Ich muss den Versuch sofort abbrechen.
Ich muss den Versuch sofort abbrechen, denn vielleicht gibt es die Chance auf eine neue Liebe oder auf das Ende der Schuld. Schulden hatte sie nicht. Nicht mehr. Die Sprache des Kapitalismus: Schuld und Schulden. Schulden waren moralisch betrachtet, laut deutscher Sprache, unehrenhaft, im Englischen hieß es guilt und debt, und es gab keine sprachliche Verwandtschaft. Kann man da Rückschlüsse auf eine nationale oder kulturelle Mentalität ziehen?
Unten fahren Sirenen vorbei. Ogott, wollen die etwa zu mir? Hat mich jemand gesehen? Die Frettchenfrau? Feuerwehrsirenen. Keine schöne Frequenz, kein schöner Ton, was sind das überhaupt für Töne. A–D? Sechs Halbtöne. Könnte auch die Polizei sein, sie benutzen denselben Jingle. Polizei kommt oft vor in ihrem Viertel. Vielleicht hat die Frettchenfrau die Schlangen freigelassen, und die Polizei kommt sie einfangen und nimmt die Frau gleich mit. Oder die Feuerwehrmänner löschen einen Späti, der durch einen Feuerwerkskörper in Brand gesetzt wurde. Oder ein Krankenwagen holt eine Schwangere, deren Haus-

geburt schiefgegangen ist, ab. Oder will mich etwa jemand retten. Ich kann mich nicht bewegen. Die Beine. Ich gehe rein, beende die Session. Ich habe etwas begriffen. Was?
Die Sirenen verlieren sich, und sie beginnt zu weinen, denn es gibt offensichtlich niemanden, der sie retten will. Sie tut sich selbst leid, sie fühlt sich so schrecklich einsam und verlassen. Sie hebt ihr Bein und will es zurück in den offenen Fensterrahmen stellen, aber das Bein macht nicht mit.

In dem Moment schaltet sich der Mond ein.
»Was hat man dir amputiert?«, fragt er.
»Wiebitte?«
»Du meintest, dass dir etwas amputiert wurde, etwas in dir. Was war es, das amputiert wurde?«
Jetzt bin ich verrückt geworden. Scheiße, ich muss zurück. Ich muss eine rauchen und in die Wanne. Das sind sehr schöne Dinge, Zigarette und Badewanne.
»Ich bin's«, sagt der Mond mit den schlechten Augen.
»Jaja«, sagt sie. »Ich auch.«
»Nein, im Ernst, bevor du gehst, interessiert mich deine Amputation.«
»Die Freude«, sagt sie.
»Wiebitte?«
»Ist amputiert.«
»Ach.«
»Ja.«
»Diese Sache, die macht, dass man das gut findet, das Leben. Ich mache das, ich kann das auch ganz gut, so dass alle denken, what a happy girl, aber ich fühle mich wie in 3D ausgedruckt.«

»Wollen wir tauschen?«
»Wiebitte?«
»Wollen wir tauschen?«
»Was denn?«
»Die Jobs.«
»Ich weiß doch nicht mal, mit wem ich es hier zu tun habe. Ich sehe niemanden, ich höre nichts, jemand hat sich in meine Gedanken gehackt oder ich bin verrückt geworden, und die Vorstellung, diese 17 Meter runterzufallen, macht mir Angst, denn während des Falls bin ich ja ganz offensichtlich bei Bewusstsein und werde mein Leben noch leben. Bis ich aufschlage. Das war eine Scheißidee.«
»Du bist wütend.«
»Keine Ahnung, ich weiß gerade nicht mal, ob ich noch bin. Vielleicht bin ich ja schon runtergefallen.«
»Bist du nicht.«
»Woher weißt du das.«
»Ich kann sehen. Schlecht, aber immerhin.«
»Kannst du mir reinhelfen?«
»Nein.«
»Was kannst du denn? Wer bist du überhaupt?«
»Mond.«
»Ach.«
»Ich kann leuchten. Und denken.«
»Das ist eine Menge. Ich kann das beides nicht. Wobei, warte, du leuchtest doch gar nicht, du wirst angeleuchtet.«
»Dafür, dass du meinst, nicht denken zu können, denkst du aber eine Menge«, übergeht der Mond ihren naturwissenschaftlichen Einwand geflissentlich.
»Kannst du meine Gedanken hören?«

»Ich habe keine Ohren.«
»Ich verstehe kein Wort, ich muss meine Position verändern, sonst war's das.«
»Wolltest du denn nicht, dass es das war?«
»Genau das wollte ich ja herausfinden, aber augenscheinlich, habe ich herausgefunden, dass ich zu ängstlich bin. Man hängt am Leben, wenn es zu Ende geht, es sei denn, man ist am Ende, was ich wohl noch nicht bin. Mir fallen Dinge ein, die gut sind.«
»Welche?«
»Badewanne. Tee. Atmen. Sex.«

Ich will nicht so werden. Eine verrückte Alte, die mit sich selbst spricht und irgendwann auf dem Kudamm ein Holzkreuz über den Bürgersteig trägt und über die Nazis schimpft und von Gott erzählt oder wem auch immer.
Ich will meine Würde, ich will Liebe, ich möchte so gern lieben und geliebt werden und keine Angst mehr haben, und das glaubt mir ja auch wieder niemand: »Du?«, lachten Menschen sie besserwisserisch aus und schlugen ihr dabei auf die Schulter, »Ach Quatsch, komm, du hast doch keine Angst!« »Doch«, antwortete sie erst schüchtern und schließlich pampig, »ich habe Angst. Ständig.« Sie machte nur Sachen, vor denen sie Angst hatte. Das machte sie, das war nicht schön, auch wenn es schön ist, seine Angst zu überwinden, weil der Triumph darin liegt, mutig zu sein. Man ist mutig, wenn man etwas tut, vor dem man Angst hat, sie war mutig, stand auf und ging raus, ging auf die Straße, in die Stadt, zu Menschen und Verabredungen, sprach und kommunizierte, tauschte sich aus und hatte eine Meinung und lernte und machte ihren Job, und immer machte

sie all das, obwohl sie Angst davor hatte. Irgendwann setzt der Autopilot ein. Man übergeht ja immer sein Gefühl, das wird dann ganz stumpf, oder wie wird das Gefühl?
Andere fahren in einem Gummiboot über das Meer – und sie? Sie steht morgens auf. Sofort fühlt sie sich schuldig, sitzt mit der Schuld, ihrer, im Käfig. Da wird die Angst nicht unbedingt weniger, in so einer Käfigsituation.
Die Schuld. Ist zu einem Tier aus der Welt des Hieronymus Bosch geworden, das frei wählend inner- oder außerhalb des Käfigs spazieren kann, und sie anschaut, dort, wo sie hinter Gittern sitzt, wie ein Papagei.
Blei auf den Bronchien, wie der Sarkophagdeckel in Gizeh. Da war sie gewesen, in der Cheopspyramide, am Sarkophag und hatte in der Ecke der Königskammer gesessen, allein mit dem ägyptischen Angestellten, dem sie Bakschisch gegeben hatte, damit er sie in der Mittagspause, in der die Pyramide von Touristen befreit wurde, um sich von dem feuchten Atem der internationalen Menschheit zu erholen, hochführen möge. Er saß am Eingang der Königskammer, und sie lehnte an der Stelle des goldenen Schnitts an einer Mauer, und aus ihr heraus kamen viertausend Jahre alte Töne einer sehr tiefen Stimme, die nicht ihre sein konnte und es dennoch war. Ein Moment, in dem die Zeit, die ja anscheinend von Menschen erfunden wurde, sich aufhob. Es ist die Liebe und das Wunder, wonach ich mich sehne, ohne die ich nicht leben möchte. Nenn es Liebe oder Wunder, die Außergewöhnlichkeit jedenfalls, damit das Leben gespürt wird. Auch wenn hinlänglich gesagt wird, man brauche den Rhythmus, die Regelmäßigkeit, das Mediokre, nur damit könne man irgendeinen Blumentopf gewinnen. Das Erlebnis in der Pyramide mit einem Menschen, der ihr völlig fremd war,

hatte sie als ein wunderliches Ereignis jenseits des Gewohnten erlebt, das er, der Angestellte, seinem Verhalten nach, jedoch als nicht außergewöhnlich empfand, weil er vielleicht an Wunder gewöhnt war. Sie hatten sich wie Brüder verabschiedet.
Meine Füße! Ich kann nicht mehr auf den Zehen stehen, ich muss mich umdrehen. Sie dreht sich um – und fällt. Fällt hinab, 17 Meter, mit dem Arsch zuerst, wie bei einer Steißgeburt, der Wind ist kalt, laut rauscht es in den Ohren, der Körper füllt sich mit chemischen Stoffen, Adrenalin. Sie fällt und fällt, immer weiter, durch die Erddecke hindurch, die ist ganz weich, immer weiter, bis es leiser wird und die Kälte aufhört und der Körper zu einem Ball wird. »Oh, ist das schön, das ist so schön …«

»Ja«, sagt der Mond, das stimmt. »Aber auch das wird Gewohnheit, wenn man es nur oft genug macht. Am Ende werden wir alle zu Bällen. Ich bin auch einer. Es sei denn, man glaubt an die Sache mit der Scheibe.«
»Warte mal, bin ich nicht gerade runtergefallen?«
»Theoretisch schon.«
»Aber ich habe es doch gefühlt.«
»Achja, der Mensch und seine Gefühle.«
»Achso.«
»Na also.«
»Was soll das heißen ›na also‹, was bist du denn für ein Angeber?!«

So, was ist jetzt, Fokus. Die Zehen sind wie abgestorben. Sie stellt die Füße auswärts, wie eine Ballerina, ist angenehm.
Atmen: Vier ein. Acht halten. Vier aus.
Rechnen: 4 + 8 = 12 + 4 = 16. 1 + 6 = 7.

Sieben. Die grüne Zahl. Magisch wohl auch. Vielleicht ist die Sieben so alt wie die Pyramiden, vielleicht gab es die Sieben schon, bevor die Zwei, Drei, Vier, Fünf und Sechs erfunden wurden. Sieben: ein sanftes deutsches Wort. Sieben ist auch ein Verb: Ich siebe Gold. Sie hatte noch niemals Gold gesiebt, nur Sand in der Sandkiste. Sandmehl mit kleinen Steinchen, die von ihr konzentriert und freudig herausgesiebt wurden. Der warme Sand der Kindheitssommer. Sie mochte es, beide Hände in den gesiebten Sand hineinzuschieben oder ihn über ihre nackten Oberschenkel rieseln zu lassen, bis sich Hügellandschaften auf ihrer Haut ergaben, wie Dünen in der Wüste im Zwergenformat, mit klaren Kanten, die nach unten wegrutschten, wenn sie ihre Beine bewegte. Wenn sie weitergrub, kam kalter, nasser Sand. Der war unfreundlich, nicht sanft und verspielt, der nasse Sand war rau und lauerte unter der warmen weichen Decke, wurde, je tiefer sie grub, dunkler und bedrohlicher. Er kannte keine Sieben Die kannte nur den Märchensand, der golden war, wie die Haare von Rapunzel, die sich kämmte und langes Haar hatte, aber ganz allein im Turm lebte und nur ein Fenster hatte, aber keine Leiter. So wie sie. Sie war zu Rapunzel geworden, nur mit kürzeren Haaren und ohne Kamm. Sie hatte versucht, dem Turm zu entfliehen, aus dem Fenster zu steigen, aber da war kein Fahrstuhl, kein Treppenhaus, keine angelehnte Leiter über 17 Meter und fünf Stockwerke hinweg, da war auch kein Prinz mit Pferd oder goldener Sand, den man anhäufen könnte, bis zum Dachfirst, wie man es angeblich für den Bau der Pyramiden gemacht hatte, so dass sie über den Sand hätte herabrollen können, bis vor die Füße ihrer hinausgestellten Stühle auf der anderen Hausseite oder Richtung Friedhof zu den Toten.

Mond: »Ich könnte dir etwas vorsingen, wenn ich könnte.«
Sie: »Nee, bitte keine Musik jetzt.«
Platz! Ich brauche Platz, im Hirn, auf diesem Absatz, in meinem Leben, weil man das eben so sagt: Ich brauche Platz in meinem Leben. Der Satz ist eine Schablone, man weiß nicht, was er bedeuten soll. Sinnlose Worte, die, wie zu lang laufendes Wasser, unnötig verbraucht werden.
Es gab genug Platz für sie beide, und nicht nur in diesem Moment hätte sie ihn gern hinter sich stehen gehabt, der ihr in den Schritt griffe. So wie er es manchmal nach einem Konzert in der Garderobe getan hatte, während sie ihre durchgeschwitzten Klamotten auszog, Gefahr laufend, dass jemand aus der Band hereinplatzt oder der Veranstalter, denn abschließen geht nicht im Rock 'n' Roll. Sie liebte es, wenn er in ihr war, sie konnten zusammengesteckt laufen wie ein Tier mit vier Beinen.
Sie denkt, dass sie gleich kotzen muss, weil der Kummer ihren Magen umdreht. Wo soll ich denn hinkotzen, um Himmels willen, hier oben?! Jetzt bloß keine Panikattacke bekommen, kein guter Moment.
»Was ist ein guter Moment für eine Panikattacke?«
»Ach, du schon wieder. Wie alt bist du?«
»Kinderfrage.«
»Na und?«
»Ich weiß es nicht, es ist egal, wenn es kein Ende gibt.«

Kein Ende. Von wegen. Dies hier ist der Moment vor dem Ende. Wenn man das Ende doch nur üben könnte, um zu entscheiden, ob man das wirklich will.
Fragt einen ja auch keiner, ob man leben will und wo. Oder wann. Man fängt einfach an, und bis man rausgekriegt hat, wie

das geht, diese Leberei, verschwendet man eine ganze Menge Zeit. Lebenszeit. Und dann: Rien ne va plus.
So, was ist jetzt. Vielleicht besser morgen? Ich mag hier nicht mehr sein, es ist schon zu lang, der Impuls ist weg, ich geh wieder rein, in meine gemütliche Wohnung, die gemütlich ist, wenn ich nur will und nicht daran denke, wie es war, als sie zu zweit gemütlich war. Allein geht auch, dann eben mit Wärmflasche. Auch eine gute Sache, wie die Wanne. Ich geh rein und mach mir eine Pulle und einen Tee.
Ich geh rein, es hat keinen Sinn. Sie zieht sich mit den Händen am Holm, der die Fenster in zwei Hälften teilt, hoch, dreht sich entschieden auf dem Sims um, was gelingt, schaut nun in Richtung des parkähnlichen Friedhofs.
Die Arme steckt sie rechts und links durch den Fensterrahmen, Jesuspose, und hakt die Finger fest, wodurch ihre Oberarme fast aus den Schultergelenken herausgedreht werden. Wenn es ein Morgen gibt, wird sie Muskelkater haben. Kann man zum Orthopäden gehen, der macht das schon.
Diese Position nun ist eine komplett andere Situation und Körperhaltung; anderes, neues Konzept und Gefühl, in diese Richtung zu stehen und zu sehen, frei, ungeschützt und offen mit Bauch, Brust, Gesicht und Augen in den Weltraum zu blicken. Ah, da ist der Mond. Die 180-Grad-Drehung war somit ein kleiner Erfolg, könnte man sagen, bloß nicht runtergucken, hinten an den Oberschenkeln zieht es sich schon zusammen. Die Füße durchbluten und kribbeln, sie leben sozusagen. Wenn etwas weh tut, ist es wohl ein Zeichen dafür, dass man lebt. Ihr tut alles weh, sie ist somit sehr lebendig. Vor allem fühlen tut weh, das kann man aber orthopädisch nicht behandeln.
»HILFEEEE!«, schreit sie übergangslos.

Das Wort hallt in der Nacht über den Friedhof. Keiner antwortet, kein Echo. Nix. Nur das Ende der Welt. Vielleicht sind alle Menschen evakuiert worden oder tot. Die Toten des Friedhofs sind es, die mir im letzten Stündlein Gesellschaft leisten. Immerhin. Könnte ich fliegen, könnte ich direkt in mein Grab fliegen, falls hier noch Platz ist für ein weiteres, aber wer weiß, vielleicht ist der Friedhof völlig ausgebucht. Und fliegen kann ich auch nicht. Nur fallen.
Flugträume waren die schönsten. Fliegen ist besser als fallen, fliegen ist eine Absicht, fallen ein Irrtum. Ein Unfall. Der Selbstmord als Unfall. Dumm gelaufen. Dass man immer will, dass alle genau begreifen, verstehen, nachvollziehen sollen, was man meint. Die Abhängigkeit von der Gunst der anderen, das macht einen fertig.
Ihre Angst vor Konzerten, vor der Blamage, vor dem Versagen, vor der Nicht-Anerkennung, dem Buh oder Eiern. Der schlimmste Traum dazu ging so:
Sie spielte mit der Band in einer Kapelle. Der Altarraum war die Bühne. Der Saal war gekachelt und voll besetzt. Sie stand an der Bühnenrampe vor einem Standmikrophon mit Kabel. Während der Show wurde das Kabel immer kürzer, bis es sie schließlich von der Bühne herabzog. Das Publikum rief Beleidigungen, warf Dinge, pöbelte und verließ nach und nach den Saal, derweil sie gedemütigt mit dem Mikro kämpfte. Die gekachelte Kapelle verwandelte sich in eine Bahnhofstoilette, und sie stand mit einem Penis statt des Mikros, der ihr aus dem Bauchnabel herausgewachsen war, vor einem Urinal, in das sie schließlich hineingesogen wurde, bis in die Kanalisation hinein – und sie erwachte, weil sie nach Luft schnappte.
So wie sie jetzt nach Luft schnappt. Das Herz klopft arhyth-

misch, und etwas sitzt auf ihrer Lunge, formt sich zu einem Ball aus Fetzen, eine Verstopfung der ungesagten Worte, die sie ersticken, das Schweigen, dass sie erstickte. Schweigen ist wie nackt sein vielleicht.

Die Hoffnung war, dass sich alles zurechtschweigen würde. Tat es aber nicht. Die ungesagten Worte nahmen immer mehr Platz in ihrer Beziehung ein, es wurde eng in ihr. Sie hätte die Beklommenheit in Form des Balls gern ausgespuckt, aber er war in ihr festgewachsen, wie ein Krebsgeschwür.

Ich stecke zwischen zwei Zeiten. Dem Vorhin und dem Nachher. Und ich weiß nicht, auf welcher Seite ich sein möchte, wenn das nur jemand für mich lösen würde. Wenn der Schmerz nur aufhörte, die Ohnmacht, das Gefühl des Abgeschnittenworden-Seins, der Verlust, der Kummer, die Verlorenheit, die Trauer um die jetzt ehemalige Liebe und nur vermeintliche Verbundenheit. Und nichts, nichts konnte sie mehr ändern, verbessern, rückgängig machen, so war es jetzt, und sie meinte, daran zu Grunde zu gehen und wollte zu Grunde gehen und wagte es nicht.

Der Mensch, nach dem sie sich so sehr sehnte, nach seiner Liebe, seiner Berührung, nach seinem Körper, seiner Lust, nach schönen Zeiten, dem gemeinsamen Aufstehen und durch den Tag gehen, die Sehnsucht nach einem Lächeln, das ihr gilt, den Küssen, Gesprächen oder ihrer Hand in seiner, dieser Mensch, der Mann, er wollte das nicht mehr, weil. Sie sagte zu viel, wollte zu viel, war zu viel. War nicht mehr richtig, sondern falsch. Ein Irrtum. Er hatte sie für sich ausgeknipst, und sie leuchtete weiter, aber nicht mehr für ihn. Er hatte sie ausgemacht. Sie leuchtete, aber in ihr war dunkel. Sie war immer weniger geworden, und nun war sie zu wenig, um sich fallen zu lassen, zu wenig

Mut zum Fallen, zu wenig Muskeln zum Zurück-in-die-Wohnung. Eine Scheiße.
Wie lange kann man stehen, bis die Beine versagen, wann sieht mich jemand, wann geht die Sonne auf?

»Das kann ich dir sagen, meine Schicht endet um 5.34.«
»Im Ernst? So amtlich seid ihr Himmelskörper?«
»Nun ja, das ist Naturwissenschaft.«
Einatmen.
»Ich fühl mich nicht gut.«
»Das nehme ich an, sonst stündest du da nicht.«
»Ich fühl mich schon lange nicht mehr gut.«
»Warum bist du nackt?«
»Du bist auch nackt.«

Wenn die Angst nicht wäre. Oder der Umstand, dass sie sich, also ihr psychisches oder spirituelles und vor allem emotionales Selbst nicht ausziehen, nicht von sich befreien und trennen konnte. Wenn man einfach so tun könnte als ob. Gut, das tat sie ja schon ständig, aber das Gefühl zog da nicht mit. Innerlich war sie wie zementiert. Nicht, weil sie nichts fühlte, sondern weil sie nichts mehr fühlen wollte.
Für die Seelen der Pharaonen wurden kleine Öffnungen in den Pyramiden eingeplant, so dass sie hinausfliegen konnten, wenn sie so weit waren, und erst dann wurde der Bau von außen fachgerecht und luftdicht verschlossen. Der mumifizierte Körper blieb drin, die Seele war frei, durfte oder musste fliegen. Zum Mond oder anderem Gestirn. So eine Öffnung bräuchte sie auch. Nicht für die Seele, sondern für den sie lähmenden und alles verschlingenden Schmerz. Der flöge dann aus ihr raus, sie

machte von außen den Deckel drauf, so dass er nicht wieder zurückkäme, und fertig ist die Laube.

»Seelen kommen nicht zu mir.«
»Weil du zu unzuverlässig bist in deiner Form?«
»Es ist sehr schade, dass ich als körperloser Kopf nicht mit demselben wackeln kann, das muss ich dir sagen, sonst würde ich es jetzt tun.«
»Entschuldigung. Das war dumm. Das liegt an den vielen Märchen und Kinderbüchern. Seelen, Raben, Mondsichel undsoweiter. Der Mond ist immer da, wenn es dramatisch wird. Jetzt ja auch, wenn wir mal ehrlich sind.«
»Seelen lösen sich auf. Sie werden durch O_2 gespalten.«
»Sauerstoff.«
»Sauerstoff.«
»Da, wo du bist, gibt es aber keinen.«
»Korrekt.«
Ich will leben, denkt sie. Ich will nicht tot sein und mit Sauerstoff gespalten werden. Wenn es nur nicht so fies wäre, die Ablehnung und Verachtung. Daran gewöhnt man sich ja nicht.
Im British Museum gab es mal eine Ausstellung, die hieß »love and angst«, Munch-Zeichnungen. Wenn es ganz gruslig werden soll, benutzt man deutsche Worte. Angst zum Beispiel. German Angst. Weil sie das Grauen bis heute versinnbildlichen. Der Kanal in die Kunst, das ist ein Trost, der einen das Alleinsein für kurze Dauer nicht spüren lässt, während man sich so grauenvoll einsam fühlt.
Sonne wäre gut, Sonne. Aber die Angst beschattete die Sonne. Die German Angst.
»Ich komm mal rübergeflogen.«

»Zero killed.«

Ein sprachgewandter Mond. Zero killed statt o. k. Ich klatschte, wenn ich könnte.

Okay bedeutet in der amerikanischen Militärsprache: zero killed = null Tote. Das kann man von diesem Friedhof hier unten nicht behaupten.

Der Mond legt ihr einen Schleier über ihre Blöße. Der nächtliche Schleier fühlt sich nach dem ersten Schreck glitschiger Kühle an, wie in einer warmen Badewanne zu liegen.

»Oh«, sagt sie. »Es ist schön bei dir.«

»Danke«, sagt der, der der Mond ist. Ein Satz mit drei der.

Sie muss lachen, das tut gut, da kommt Luft in das System, obwohl es keinen Sauerstoff auf dem Mond gibt. Sie schiebt den Gedanken jedoch beiseite und sagt: »Hast du was zu essen?«

Essenwollen ist immer ein Zeichen der Heilung. Sagte ihre Mutter, sagte die Generation, die auch sagte, wie herum man Babys legen müsse, damit der plötzliche Kindstod nicht einträte. Sie hatten kein Kind zusammen. Der plötzliche Kindstod hatte aller Wahrscheinlichkeit nach nichts damit zu tun, ob man das Baby auf die Seite oder den Rücken legte, der Kindstod trat ein, so hatte sie gelesen, wenn man das Kind wegversorgte, in dunklen, ruhigen, klimatisierten Räumen. Da will man nicht weiterleben, wer will das schon. Die Kinder aus den Ländern, in denen laut Industriestaaten zu viel Kinder geboren werden, diese Kinder sterben nicht am plötzlichen Kindstod. Sie sterben an vielen anderen Krankheiten, an Diarrhö durch verseuchtes Wasser, an Malaria, Aids, Hunger oder Mangelernährung, an Krieg oder Gewalt. Sie teilen sich mit vielen wenig Raum und haben im Schlaf Körperkontakt.

Sie hatte keinen Körperkontakt mehr, er war ja weggegangen,

schweigend, grußlos und hatte an der Tür seine vermeintliche Liebe zu ihr ausgezogen und neben den Müll gelegt, der runtergebracht werden musste. Er hätte die ausgezogene Liebe, die wie eine geschuppte Schlangenhaut vor der Wohnungstür lag, eigentlich auch in den Müllbeutel mit hineinstopfen können, dann würde sie da nicht so anzüglich herumliegen, wie ein riesiges benutztes Kondom. Aber in welche Tonne tut man abgestreifte Liebe? Biomüll? Oder Verpackungen? Sondermüll! Das ist es. Die Art Müll, für den man extra bezahlen muss, damit eine amtliche Müllstelle wie die BSR sie überhaupt annimmt, siehe Alteisen, Lacke oder Asbestschutt.

»Ich habe nichts zu essen, du kannst an der Decke nuckeln, du hast doch sowieso keinen Hunger, du willst nur eine orale Befriedigung, wie ein Baby, um dich sicher zu fühlen.«

»Ja. Na und? Ich bin ein Mensch und kein Mond, bei uns läuft das anders.«

Es war alles auseinandergelaufen. Ihre Haut vibrierte seit Wochen, sowie sie aufwachte. Sie wollte diesen elenden Zustand nicht haben, sie wollte bei ihm sein und nicht abgelehnt werden, doch er mochte sie nicht mehr. Es war zu spät. Es war zu Ende. Sie war zu Ende. Er hatte sie aus seinem Leben katapultiert und sein Begehren umgelenkt zu YouPorn, das ging. Er hatte sie verlassen, ohne ihr das mitzuteilen. Aber nun sitzt sie unter dem glitschigen Schleier des Mondes und nuckelt an dem Dings und atmet oder vielleicht auch nicht, egal, sie lebt oder so, oder falls sie nicht lebt, dann ist sie in einem Zustand, der angenehm ist und in dem sie sich sogar lebendig fühlt.

In ihrer Band gab es für jeden Musiker einen Sub. Sie mochte das nicht. »Nick Mason ist ja auch nicht einfach so ausge-

tauscht worden«, schrie sie ihren Manager an, als er ihr mitteilte, dass ihre Schlagzeugerin den Gig nicht spielen könnte.
»Naja«, sagte der netteste Manager der Welt daraufhin, »Nick Mason ist jetzt kein gutes Beispiel, er ist so ziemlich der Einzige, der bei Pink Floyd nicht ausgetauscht wurde.«
»Dann sagen wir die Scheiße ab«, sagte sie, »ich kann nicht ohne Ellin spielen, ich kann nicht«, sie dachte, sie kollabiert gleich. Und dann konnte sie natürlich doch mit jemand anderem spielen, es ging, der Sub war ein virtuoser, bezaubernder Ökoschlagzeuger mit drei Kindern, und Mandelmilch neben dem Drumset, und sie schämte sich, dass sie mal wieder zu emotional gewesen war, zu laut, zu vorschnell.
Sie hatte für jeden Musiker einen Sub, natürlich, sie hatte nur keinen Sub für ihren Mann, darauf war sie nicht vorbereitet gewesen. Er war nicht krank, wie Ellin es gewesen war, weil sie sich in Subsahara, kein Sub für die Wüste, Malaria zugezogen hatte.
Der geliebte Mann war einfach weggegangen und hatte seine Liebe vor die Tür geworfen. Wie gern würde sie ihre daneben schmeißen und dann in einer verrosteten Öltonne mit Obdachlosen zusammen das Zeug verbrennen, statt zur BSR-Sondermüll-Entsorgungsstelle zu gehen. Ein Ritual statt eines Amtsgangs. In einer warmen Nacht würde es stattfinden, sie würde sich nicht die Hände an dem Liebesfeuer wärmen wollen. Schließlich würde sie die Tonne umwerfen und das Feuer in einen Fluss kippen. Sie würde das Feuer in den Fluss kippen, um ihm beim Ertrinken zuzusehen. Jaja, Feuer ertrinkt nicht, sondern wird gelöscht, aber die Vorstellung eines doppelten Liebestods war doch angenehm: erst verbrennen, dann versenken.
Ein Mann sein ist besser, denkt sie und will es glauben, die fin-

den sich besser, die sitzen so miteinander zusammen und loben sich selbst vor den anderen. Sie schämen sich gar nicht dabei. Frauen müssen immer gelobt werden von anderen, weil sie sich selbst zumeist als ungenügend empfinden.

»Dings hat mich nicht gelobt, er wusste nicht, wie das ging, ich fand das toll, ich fand alles toll an ihm und hab das dann aber auch nicht gesagt. Es war eine stille, heimliche Liebe, wir haben versucht, uns nicht zu berühren, damit man nicht berührt wird in dem Sinne, dass ein Konflikt entsteht oder Hitze, die einem zu schaffen macht. Wir haben nach seinen Regeln geliebt, und er sagte: Alles wird immer so gemacht, wie du sagst. Wir fanden das wirklich beide, er dachte, es ging nach mir, ich dachte, es ging nach ihm. Es lag daran, dass wir nicht wahrhaftig kommunizierten, wir haben alles verloren, obwohl wir so viel hätten haben können, wir haben nicht geredet und uns nicht gesagt, wie gut wir uns finden, als ich es tat, war es wohl zu spät, ich wollte ihm nie auf seine Füße treten, die so groß waren, dass man ständig drauftrat. Ich liebe dich, wagte ich manchmal zu sagen, weil es rausrutschte aus dem Gefühl, mit dem ich befüllt war. Was soll das, war seine Antwort, was ist Liebe überhaupt, Liebe ist doch Erpressung. Wenn du zu mir sagst, ich liebe dich, dann willst du doch, dass ich das auch sage, das ist Erpressung, man muss das nicht sagen, man kann es einfach fühlen.«
Sie hat laut geredet. Mit dem Mond wahrscheinlich.
Die erpresserische Liebe. Die gibt es bestimmt, bestimmt gibt es die, darüber wurde schon viel geschrieben.
»Männer finden sich gut. Ich weiß nicht, ob das mit ihrem Penis zu tun hat. Hat es das?«
»Fragst du mich?«

»Ja.«
»Was weiß ich von Penissen?!«
»Ich kannte mal einen Typ, der sich während unseres Dates mit seinem Dealer auf der Toilette traf, um Koks zu kaufen, und dachte, ich merke das nicht. Sein Schwanz stand danach natürlich nicht, und ich musste, statt Sex zu haben, den Rest der Nacht sein Schnarchen ertragen, er war, of course, mit zu mir gekommen.«
»Ist dir warm?«
»Mir ist warm«, sagt sie und beginnt zu weinen. Es rüttelt sie richtig durch. Diese Nettigkeit hätte sie nicht erwartet vom Mond.
Der Schleier! Ist das seine ausgezogene Liebeshaut? Könnte ich sie theoretisch anziehen?
Pause.

Einmal hatte er geschrieben, dass er sie vermisse. Sie war glücklich, als sie das las. Nun ist es perdu. Oui, je regrette beaucoup.
Nicht dran denken, nicht an das Gute denken, nur an das Schlechte, sonst komme ich hier nicht mehr raus. Ich komme hier nicht raus. Ich komme nicht raus.
Sie kam sich vor, als würde sie aus einem See an die Oberfläche tauchen wollen, und schwämme aber stattdessen immer weiter in die Tiefe, in die falsche Richtung, als würde ein Sog sie in das Deep Blue ziehen. Sie will nicht sein, wo sie ist, sie will sein, wer sie war. Als sie noch so Sachen sagte wie: Ah, du verlässt mich?! Okay, meinetwegen. Dann nimm bitte, wenn du gehst, deine stinkigen Sachen mit.
Es war derselbe Männertyp, den sie interessant, attraktiv und anziehend fand, selber schuld: die Coolen, die gar nicht cool

waren, sondern ignorant; die mit dem Abgrund, die drogenfreundlich und sexuelle Schwergewichter waren. Männer, die als Frau eine bezahlte Prostituierte hätten haben müssen, die sich hübsch anzieht und immer gut drauf ist, weil sie einen Paycheck bekommt, und ansonsten ihr eigenes Zuhause hat. Nämlich eine schöne aufgeräumte Wohnung mit Gardinen und ein Kind und einen Mann, der lieb zu ihr ist, genau wie bei Barbie und Ken. Nur dass Barbie und Ken kein Kind haben, denn sie haben keine Geschlechtsteile.

Ich kannte so einen Mann, der hatte so eine Frau, die wohnte im Keller, es war ein schöner gemütlicher Mädchenkeller. Er ließ sie dort wohnen, sie blies ihn, er war gut zu ihr, kaufte Essen. Es war eine freundliche, sehr gut funktionierende Beziehung. Für ihn. Die Frau kannte ich nicht, aber ich glaube, ihr Herz hat irgendwann aufgehört zu schlagen. Darüber hatte sie einen Song namens ›The girl in the basement‹ geschrieben. In h-Moll. Wie das Lied aus Bachs Matthäuspassion: »Erbarme dich, mein Gott, um meiner Zähren willen.«

Sie schaut vorsichtig vom Fensterabsatz nach unten, dort steht wie aus dem Boden gewachsen die Nachbarin mit dem Frettchen und neben ihr ein Mann.

»Hallo«, ruft der Mann hoch, »ist alles in Ordnung?«

Guter Witz. »Das ist eine gute Frage«, ruft sie hinunter. »Danke der Nachfrage, ja, es ist alles in Ordnung, Sie können nach Hause gehen, ich bin nur aus dem Fenster geklettert, um meine Katze zu finden, die hier rausgestiegen ist.«

»Ihre Katze?«

»Ja, genau, die Katze. Mein Kater.«

»Ah. Ihr Kater.«

»Ja, genau. Hansgünther.«

»Hansgünther?«

»Ja, das ist der Name meines Katers.«

»Sie wollen sich aber nicht umbringen, oder?«

»Wer sind Sie denn?«

»Das ist Hubert aus der 26.« Sagt die Frettchenfrau. »Den hab ich gerade rausgeklingelt, weil ich Sie da oben gesehen habe. Passen Sie mal auf, das ist alles nicht so schlimm, die Menschen sind einfach eine Fehlentscheidung der Natur. Halten Sie sich an die Tiere. Gehnse mal wieder rein und machen sich 'n schönen Tee. Sonst holt Hubert noch die Polizei, und das wolln wir doch nicht hier im Viertel.«

»Ja, Sie haben recht, vielen Dank.«

»Ich bleib hier stehen, bis sie wieder reingeklett...« Ein schwerer Hustenanfall schüttelt sie, offensichtlich ist sie es nicht gewohnt, so laut und über diese weite Entfernung hinweg zu sprechen.

»Sie sind sehr nett, vielen Dank.«

»Sie haben ja gar nichts an«, schaltet sich jetzt Hubert wieder ein.

»Hubert«, knufft die Frettchenfrau ihn an.

Was soll sie nun sagen, das stimmt, sie hat nichts an und hofft, dass er nicht sehen kann, dass sie keinen Blinddarm mehr hat.

»Ich habe keinen Blinddarm mehr«, schreit sie darum in vorauseilendem Gehorsam.

»Ich auch nicht«, ruft er zurück. »Mandeln sind auch weg.«

»Oh, das tut mir leid, ich hab meine noch, aber da kriegt man Eis im Krankenhaus, habe ich gehört.«

»Ja, Vanille.«

»Ach.«

»Ja.«
Hubert ist nicht der Hellste, aber vielleicht so einer, der seiner Frau etwas zu Essen kocht, sie ein wenig herumträgt, eine Wanne einlässt und ihr keine Vorwürfe macht, dass sie zu emotional sei oder er Schnappatmung bekommt, wenn sie ›Ich liebe dich‹ sagt. Hubert halt.
»Danke«, ruft sie hinunter, in der Hoffnung, dass die beiden Verrückten nun abdampfen würden. Tun sie aber nicht.
»Sie müssen jetzt reingehen, sonst erkälten Sie sich«, sagt Hubert.
Er war tatsächlich so nett wie Ken in ihrer Phantasie.
»Gehnse mal wieder rein, sonst fallen Sie noch aus Versehen runter, obwohl Sie das gar nicht wollen.« Wer hat das jetzt gesagt? Die Stimmen sind ähnlich. Sie sieht nicht mehr hinunter, der Boden schwankt.
»Okay.«
»Dann gehnwa mal, was, Hubert?«
»Gutnacht, und gehen Sie rein jetzt.«
»Ja, mach ich, danke für die Hilfe, Sie haben recht.«
»Keine Ursache.«

Keine Ursache???! Sie gehen ab, durch die Büsche. Vielleicht ist das Frettchen die Ursache, dass sie durch die Büsche gehen. Die Ursache, dass sie außen am Fenster steht, ist der Mann. Was ist die Ursache des Keine-Ursache-Sagens. Warum benutzt man diese Redewendung? Vielleicht weil es keinen Grund gibt sich zu bedanken? Weil das, was sie tun, selbstverständlich ist und nicht mit Dank versehen werden muss, für den es keine Ursache gibt? Das ist schön, aber sie ist so müde, ihr fallen die Augen zu. So sind Menschen auf der Autobahn bereits gestorben. Nur

kurz einmal zumachen, das geht schon, ich halte das Steuer ja trotzdem fest. Das war's dann.
Sie zittert vor Müdigkeit, Kälte und emotionaler Erschöpfung. Erinnert sich an James Franco in dem Film von Danny Boyle ›127 hours‹. Er lag verschüttet in einer Felsspalte, und ein Fels lag auf seinem Arm, er hatte nur ein stumpfes Messer dabei und kein Telefon, mit dem er hätte Hilfe holen können. Nach 127 Stunden schließlich hackte er sich den Arm mit dem stumpfen Messer durch. Eine wahre Geschichte. Demnach müsste sie ja wohl in der Lage sein, wieder durch dieses verdammte Fenster zurückzusteigen.

Sie zieht sich mit aller verbliebenen Kraft, wenig, am Holm hoch, um die Füße wie eine Primaballerina abheben, schweben zu lassen, von wegen, und ein Bein über den Fensterrahmen zu hieven. Leicht ist das nicht, runter ist einfacher als rauf. Runterfallen geht, hochfallen nope.
Sie klammert sich mit beiden Armen am Holm fest, zieht sich hoch, wie an einem Seil früher im Turnunterricht, greift mit der Hand um, ein Splitter bohrt sich in den Handballen, nicht loslassen, das spröde Holz schrammt über ihren Nippel, weiter, ein Bein anwinkeln, hochziehen, höher und über den Fensterrahmen schwingen. Nun, schwingen ist zu viel gesagt, sie meint, dass die Kniescheibe, die sie über den Rahmen gewürgt hat, gerade kaputtgeht aber der zerschrammte Oberschenkel ist immerhin auf der anderen Seite des Fensters angekommen. Der auf dem Sims verbliebene Fuß steht auf der äußersten Zehenspitze, auf etwas Spitzem, es schmerzt, es ist egal, denn es geht um Leben und Tod, eine Situation, in die ausschließlich sie selbst sich hineinmanövriert hat. Ihr Atem geht stoßweise, sie

hört sich atmen, als sei sie eine andere Person. Ihre Oberschenkel werden weich, als sie realisiert, wo sie sich befindet, als wäre dies eine Neuigkeit. Das Blut rauscht in den Ohren, die Geräusche der nächtlichen Stadt sind aufgebraucht. Sie sitzt wie auf einem Pferd auf dem Fensterrahmen, und das ist kalt und tut ihrer Vulva weh. Das andere Bein hängt noch aus dem Fenster raus, darunter fallen die 17 Meter steil ab. Wenn das Bein jetzt ohne Grund ab- und ebenfalls hinunterfiele, bräche es bei seinem Aufprall vielleicht durch. Sie greift mit einer Hand unter das Knie des Draußen-Beines und zieht es wie eine riesige Fleischwurst an ihrer Brust vorbei, in die Sicherheit hinein, fällt nackt und verwundet in ihre Wohnung und in Ohnmacht.

Als sie kurz danach wieder bei Bewusstsein ist, robbt sie über den Boden, bis zu ihrem Bett und kriecht hinein, dreht sich in die Decke und bleibt bewegungslos liegen.

2

Sie geht durch einen schmalen dämmrigen Hausflur. An dessen Ende befindet sich eine Tür, rechter Hand gehen zwei weitere Türen ab, sie alle sind verschlossen. Linker Hand führt eine Treppe nach oben. Sie geht durch den Flur. Die Wände scheinen ein- und auszuatmen. Die erste Tür hat eine Klinke, aber kein Schloss. Weiter. Sie weiß, dass sich hinter der Tür am Ende des Flures eine Küche befindet, und weiß auch, wie diese Küche aussieht. Schwarzweiß gefliester Steinfußboden. Ein zu befeuernder Eisenherd, auf der Herdfläche eiserne Ringe, die man mit einem Feuerhaken abnehmen kann, um die Größe der Feuerquelle für den Topf, der darauf steht, zu bestimmen. Ein Tisch gegenüber dem Ofen, darauf eine geblümte Plastikdecke, die mit Zangen an der Tischplatte fixiert ist und mittig bräunlich verbrannte Ringe sehen lässt. 60er-Jahre-Stühle, deren Polster aus blauem Plastik sind, stehen um den Tisch herum, die Ecken der Plastikpolster sind abgerubbelt. Ein durchgesessenes Sofa an der Wand, dessen Federn sich durch den abgeschabten Samtstoff abzeichnen, als könne man seine Wirbelsäule sehen. Auf dem Sofa liegen rechts und links Kissen, die mit einem Handkantenschlag in Form gebracht wurden. Über dem Sofa ein Bild: Ein Bauer in Gummistiefeln, Ähren, Sonnenstrahlen sind aus Bast auf Sperrholz geklebt. Ein Küchenschrank; ein Fach zum Herausklappen für Brot; Schubladen für Besteck, Holzlöffel,

Schraubenzieher und alte Bonbons; Türchen mit Glaseinsatz und Gardinchen. Da stehen die Suppenteller. 24 Stück. Alle bis auf zwei sind angeschlagen. So sieht die Küche aus. Sie liegt hinter der verschlossenen Tür. Und riecht nach Kuhmilch.

Sie geht weiter durch den Flur, die Wände atmen, zur zweiten Tür. Unter der Klinke ein Loch. Sie schaut hindurch. Kühl bläst es in ihr Auge. Das Mobiliar ist mit durchsichtigen Plastikplanen abgedeckt. Brauner Kachelofen. Die braun-gelben Gardinen sind zugezogen. Auf dem Sofa sitzt unbeweglich ein Mann in einer Latzhose und Gummistiefeln. Er trägt eine Mütze und hat eine Pfeife im Mund. Sie löst sich vom Guckloch und steht wieder am Anfang des Flures. Geht erneut los, und weiße Nebelfetzen kommen ihr entgegengeflogen. Sie will zur Treppe, will nach oben, will wissen, was dort ist. Zimmer? Menschen? Ein Leben? Führt die Treppe überhaupt in einen ersten Stock? Sie kennt das Erdgeschoss des Hauses, nicht jedoch den ersten Stock. Die Treppe ist aus Ziegelsteinen gemauert, aus den Fugen quillt Zement.

Noch mal von vorn. Erste Tür, zweite Tür, die Treppe links ist das Ziel. Sie kommt nur mühsam voran, der Flur ist länger als gedacht. Sie kommt vor der Treppe an, die sich nach oben in Dunkelheit verliert. Sie setzt ihren Fuß auf die erste Stufe und fällt hinab. Fällt in einen geöffneten Mund, mit weißen Zähnen, wie eine Röntgenaufnahme. Ein Schlund ohne Kopf und Gurgel. Sie fällt und fällt und springt im Bett hoch. Es ist kein Erwachen, es ist nur ein körperlicher Reflex, der schmerzt. Dreht sich um, die Decke, ein Knoten, der sie ersticken will. Sie strampelt ihn weg, geht nur schlecht, die dysfunktionalen Beine, zieht sich ein Stück Decke über den Mund und steht wieder im Flur. Der ist in den Widerstand gegangen, er will nicht belaufen werden. Sie hastet durch die auf sie einstürzenden Nebelschatten. Zahnreihen eines

Gebisses ohne Sinn rasen auf sie zu. Sie beißen nicht. Ein offener Schlund, der sie verschlingen will. Erreicht die Treppe und fällt ins dunkle Nichts.

Johaenne erwacht mitten am Tag, das weiß sie aber nicht. Der Mann hatte den Wecker irgendwann gegen die Wand geworfen, danach war nichts mehr zu wollen. Keine Uhr am Bett. Tagelang kleine Plastikstücke gefunden. War sowieso ein Scheißwecker. Sie schält ihren nackten Körper aus der Decke heraus und sieht verteilt getrocknetes Blut auf dem Laken. Ihre rechte Hand pocht vor Schmerz. Der Splitter im Ballen ihrer Handfläche zeichnet sich dunkel unter der Haut ab, wie ein Fischchen, aber unbeweglich, und wenn sie ihn berührt, tut es höllisch weh.
Ein Nippel schmerzt auch, die zarte rosa Haut ist aufgeratscht. Und an der Innenseite ihres Oberschenkels ist Blut herabgelaufen und festgetrocknet, als hätte sie in der Nacht ihre Tage bekommen. Sie steigt ächzend aus dem Bett, kurz schwindelt's, um sich auf ihre Füße zu stellen, doch die sind geschwollen, sieht ungut aus, wie aufgegangener Hefeteig, die armen Zehen. Also krabbeln. Aber mit dem Knie ist auch irgendwas nicht in Ordnung. Also doch auf die Füße.
Sie schafft es bis ins Bad, so muss sich die Meerjungfrau gefühlt haben, als sie aus Liebe zum Prinzen ihren Fischschwanz gegen Beinchen ausgetauscht hat. Vor dem Badspiegel steht sie nun und sieht ihr Gesicht. Das erste Mal seit vielen Monaten sieht sie ihr Gesicht so, wie es ist, statt so, wie sie will, dass es sein soll. Ihre Augen sind glasig, rot, aufgedunsen und brennen. Ihre Schulter tut weh, der Po und ihre Schamlippen auch. Als sie sich auf die Toilette setzt, pinkelt es Feuer aus ihr heraus. Na-

klar, Blasenentzündung. Was für eine Inspektion – wäre sie ein Auto, käme sie nicht durch den TÜV.

Die Nacht, sie hat sie schlecht überstanden. Obwohl. Sie hat sie überstanden. Sie macht die Dusche an, stellt sich unter den Strahl und versucht, nichts zu denken. Das Wasser läuft über ihren Kopf und in ihren Mund hinein, sie spuckt es aus, immer wieder, und hört wie die Wohnungstür sich öffnet. Schnell zieht sie ihren Kopf aus dem Wasserstrahl und macht die Dusche aus. Ruft »Hallo?!«, in der unwahrscheinlichen Hoffnung, er käme wieder nach Haus. Oder, falls es ein Einbrecher wäre, dieser antworten würde: »Hallo, ich bin es nur, ich bin gerade bei Ihnen eingebrochen und wollte Sie überfallen und Ihr Bargeld, wenn Sie welches haben, entwenden. Und würde vielleicht noch Ihr Handy und den Computer mitnehmen oder andere Wertgegenstände. Eventuell verprügle ich Sie oder binde Sie an der Heizung fest oder mache noch was Sexuelles mit Ihnen.« Erstaunlich, dass der Einbrecher sie in ihrer Vorstellung siezt. Sie ruft seinen Namen. Nicht den des Einbrechers. Seinen. Das Herz klopft in ihrem Schlund. Natürlich ist da niemand, schon gar nicht er, sie macht die Dusche wieder an. Das Wasser hat das Blut gelöst, so dass sie es abwischen kann mit der guten Hand. Die gute Hand ist die linke. Es ist nur ein zwanzig Zentimeter langer Ratscher aus mehreren parallelen Streifen an der Innenseite ihres Oberschenkels zu sehen. Und etwas pulsiert an ihrem Po, das kann sie nur fühlen, nicht sehen.

Sie stellt das Wasser heißer und lässt es über die Schultern laufen, die aus den Fugen geraten sind. Ihr wird ein bisschen übel, und sie setzt sich vorsichtig mit dem Duschschlauch in der Hand hin, lehnt sich gegen die Wand, stellt die Beine auf und das Wasser aus dem Duschkopf verschwindet zwischen Brüsten

und Knien, kommt unten wieder raus, als würde sie einen Bach pinkeln. Die Übelkeit weicht nicht. Sie legt sich embryonal hin. Das Maul mit den Zahnreihen tut sich vor ihr auf.
Der Kindheitstraum, den hat sie heute Nacht wieder geträumt. Hunderte Male hatte sie ihn geträumt, bis er von anderen Träumen ersetzt wurde, Vielfältigeren, wenn auch nicht minder bedrohlichen. Heute aber ist er wiedergekommen: Der Hausflur mit der unerreichbaren Treppe, die in einen Schlund führt, abwärts.
Sie macht die Augen zu. Versucht, die Übelkeit wegzuatmen, das klappt aber nicht. Ihr Herz klopft immer stärker und potenziert die Übelkeit. Ich muss aufstehen, aber warum eigentlich? Immer muss ich was müssen, was ist das für ein Leben, so streng mit sich zu sein. Ich kann nicht stehen, ich kann nur noch liegen. Für den Rest meines Lebens. So sagt man das: Der Rest. Man sagt auch: United States and the rest of the world. Was für ein Rest? Die restlichen 193 Länder? Oder wie viel sind es eigentlich? Ü 200? Wie lange dauert der Rest ihres Lebens. Die einzige Freiheit, die man immer und überall hat, ist die Freiheit, sein Leben wegzuwerfen, hatte Stefan Zweig irgendwo geschrieben. Sie hat nichts weggeworfen, diese Freiheit hat sie sich nicht genommen oder ist nicht frei genug.
Sie versucht, sich auf den Rücken zu legen, doch der Weg zu dieser Bewegung reicht, dass sie sich in die Dusche übergibt. Praktisch, da geht nichts auf den Boden, da kann man die Kotze direkt wegspülen. Es ist nicht viel, es ist schon alles verdaut und dünnflüssig und zieht schmerzhaft den Magen zusammen, lässt Säure über ihre beanspruchten Stimmbänder laufen. Scheiße, jetzt sind die Stimmbänder durchlöchert von Kotzsäure. Sie kniet, inzwischen ist egal, was weh tut, hockt auf allen vieren,

und ihr Magen zieht sich kolikartig zusammen, will ausscheiden, aber da ist nicht genug drin, was raus könnte, um sie von der Übelkeit zu befreien, also verbleibt sie in dieser Yogastellung und wartet, dass der Magen aufhört zu krampfen. Speichel läuft in ihrem Mund zusammen, sie spuckt in die Dusche, das Wasser spritzt in die Luft. Sie greift den Duschkopf und lässt das Ausgeschiedene in den Abfluss laufen, bis nichts mehr zu sehen ist. Sprüht über die Wand, wischt mit der Hand drüber und fühlt sich besser. Putzen geht, der Magen hört auf zu zucken, die Übelkeit verlässt den Körper, sie reibt sich im Sitzen mit Seife ein.

Ich muss mir die Zähne putzen und Mensch werden. Quatsch, ich bin ja ein Mensch, aber ...vergessen, was ich sagen wollte.

Vorsichtig steht sie auf und macht die Dusche aus. Handtuch. Zahnbürste, elektrisch. Sie muss sie nur halten, unbeweglich, eine Bewegung würde möglicher Weise einen neuen Kotzanfall provozieren.

Der Splitter in der Hand. Was mach ich? Pinzette. Ihre Freundin Françine hatte ihr eine Pinzette in Form eines Pin-ups geschenkt. Mit einem Handtuch um den Körper und einem um den Kopf sitzt sie auf dem Klo und piekst mit der Pinzette, die sie in der linken Hand hält, in der rechten Handfläche herum, ein Gemetzel. Sie ist Rechtshänderin und mit der linken Hand wie eine Analphabetin. Es tut nur immer mehr weh, und der Handballen klopft rhythmisch. Sie versucht, die beats per minute herauszuhören. Irgendwas zwischen 60 und 90. Kaltes Wasser! Es rinnt über das Handgelenk in die Handfläche hinein und kühlt ihr System runter. Mit linkem Daumen und Zeigefinger quetscht sie, im zweiten Anlauf, ihren rechten Handballen zusammen, Ogott, tut das weh, drückt aber so die Spitze des Splitters heraus und zieht mit der Pin-up-Pinzette das Ding raus. Ganz schönes Ding. Hat sich gelohnt. Erfolg. Es blutet nach, macht nichts, ich habe Blut im Körper, fünf Liter, ich bin stolz, dass ich Blut in mir und den Splitter raushabe. Sie tupft die Wunde mit Klopapier ab, das Blut wird vom aufnahmewilligen Papier eingesaugt.

Was ist mit diesem Po los? Sie zieht das Handtuch hoch, schaut über die Schulter in ihr Spiegelbild, geht auf die Zehenspitzen und hat für einen Moment das Gefühl, sie stünde wieder auf dem Sims von letzter Nacht. Auf ihrem Po ist ein schwarz-violetter Bluterguss. Egal, es ist egal, es ist nichts, es ist nur der Körper, ich spüre ihn, er schmerzt.

Wenn alles, was geschieht, eine positive Konnotierung hat, was ist dann das Positive am Schmerz, fragt man bei der Methode des neurolinguistischen Programmierens. The positive existence besagt, dass Schmerz einem zeigt, dass man lebt. Irgendwie so was. Immerhin. Leben soll wohl besser sein als Totsein. Das Leben kann man im besten Fall gestalten oder eben, laut Zweig, wegwerfen. Wie aktiv man nach dem Sterben im Tod ist, bleibt die Frage. Sie zieht ihren Bademantel an und schlurft aus dem Bad. Die Füße! Ich hab noch nicht unter meine Füße geschaut, sie sind heute zu weit entfernt. Später. Später sehe ich nach. Sie stülpt sich Socken über die Füße und schlurft in die Küche, um Wasser aufzusetzen.

Ich finde, ich mach das ganz gut, ich mache Erwachsenensachen. Duschen, Tee kochen. Das ist doch was, ein Anfang. Heute ist Tag eins.

Nie vorher hat sie bemerkt, wie schwer der Wasserkocher ist, sie muss ihn mit beiden Händen halten, und das Ding zittert unter dem Wasserstrahl. Es gibt heute viel Wasser in meinem

Leben. Wasser des Lebens. Warum hat sie wieder ihren Kindertraum geträumt? Sie bugsiert den Wasserkocher auf seine Stellfläche, schaltet ihn ein, er leuchtet blau. Blau wie Wasser. Sie steht in ihrem Bademantel mit den weichen Socken vor dem Gerät, das seine Arbeit aufnimmt und zu rauschen beginnt, und starrt, als könnten sich ihre Augen auf der metallenen Oberfläche des Kochers festsaugen, wie ein Oktopus. Wenn man nicht blinzelt, wird man blind. Passiert Gamern, sie spielen stundenlang hochkonzentriert und blinzeln nicht. Irgendwann fallen sie tot vom Stuhl. Da braucht man keinen 17-Meter-Abgrund mehr.

Die Augen brennen vom Starren und dem nächtlichen Weinen, sie braucht Augentropfen, aber die sind zu weit weg, sind am Bett, dafür müsste sie die Küche verlassen, später. Immerhin gelingt es ihr, die Augen von dem lauter werdenden Wasserkocher zu lösen, und ihr Blick fällt auf einen Briefumschlag, der gegen den Toaster gelehnt ist. Ihr Testament. Testament am Toaster. Sie erschrickt. Das hat sie tatsächlich gemacht: Ein Testament verfasst. Sie nimmt den Umschlag, reißt ihn mittendurch und wirft ihn nicht in den Papiermüll, sondern in den Restmüll. Ein Versehen. Oder auch nicht. Sie stützt sich an der hölzernen Küchenarbeitsfläche ab und versucht, ihr Herz zu beruhigen, das arme Herz, das ist ja auch nur ein Muskel, der Muskelkater bekommt von zu viel Training.

Das Wasser kocht. Was soll sie nun tun? Sie holt das Testament wieder aus dem Mülleimer, schaut sich den präzis zerrissenen Umschlag an, »Test« steht auf der einen Hälfte, nimmt das zerrissene Testament heraus.

Das Wasser kocht. Sie überbrüht den Tee in der Tasse, was soll sie machen, während der Tee zieht, das Testament lesen? Ist die

Zeit des Teeziehens lang genug, um die letzte Verfügung eines Menschen zu lesen? Manche Verwandten fliegen für so eine Verlesung durch die halbe Welt und hinterlassen einen ökologischen Fußabdruck sondergleichen. Sie könnte versuchen, während der Tee zieht, an etwas Positives zu denken. Gute Idee.
Fällt ihr nichts ein.
Leere im Kopf, was positive Gedanken angeht.
Blumen. Parfum. Das sind positive Sachen, nicht wahr? Sind Farbe, Duft, Natur, Schönheit. So was.
Genau, Parfum! Ohne einen Moment des Zögerns schlittert sie aus der Küche, aua, ins Bad, besprüht sich mit dem Parfum, das sie in Marrakesch gekauft hat und den schönen Namen ›Sanaa‹ trägt. Eher eine positive Tat statt eines positiven Gedankens, aber es riecht gut und erzeugt für einen Moment ein Gefühl der Leichtigkeit. Zurück in der Küche ist der Tee fertig gezogen. Muss. Sie hat keine Zeit mehr, länger auf den Tee zu warten, sie muss das Testament verlesen.

Mit Tee und Testament, mit zwei Ts also, setzt sie sich auf die Couch und öffnet die beiden Papierhälften, die zusammen ein Blatt sind. Testament steht oben drüber. In Handschrift, rechtshändig.
»Hiermit verfüge ich, dass mein Haus auf dem Land an meine Freundin (Name, Adresse) und deren Tochter übergeht. Die Unterlagen dafür befinden sich in dem Ordner im Schrank neben meinem Schreibtisch, der mit ›Countryhouse‹ gekennzeichnet ist. Das Haus ist schuldenfrei. Weiterhin erhält mein Bruder (Name, Adresse) mein gesamtes Produktions- und Sound-Equipment. Alles Bargeld auf meinem Konto erhält meine Schwester (Name, Adresse). Mein musikalischer Leiter

(Name, Adresse) erhält den Höfner 500/1 Violin-Bass, als auch meine Gitarren. Mein Manager (Name, Adresse) erhält alle Royals der zukünftig verkauften Musik meiner aufgenommenen Alben und Filmmusiken, im Gegenzug bitte ich ihn, sich um alle administrativen Belange zu kümmern, was die Wohnungsauflösung, steuerliche Angelegenheiten, die Kündigung des Mietvertrags, der Versicherungen, der Daueraufträge der Konten usw. anbelangt, so dass meine Geschwister keine Nachteile davon haben. Ich habe keine Nachkommen.« Als ob nicht alle wüssten, dass sie kinderlos ist.

»Ich hoffe, dass hiermit alles geklärt ist. Falls nicht, bitte verzeiht mir.«

Name, Datum, Adresse, 5. Stock.

Fünfter Stock?! Sie ist froh, dass das keiner gelesen hat. Keiner mehr lesen würde. Sie rührt ihren Tee, bis die Ohren rauschen. Wie schreibt man ein Testament? Das bringt einem ja keiner bei, woran man da denken muss und wie die korrekten Formulierungen sind. Sie hat offensichtlich versucht, es sehr sachlich zu schreiben, was auch nur so mittel gelungen ist. Ihrer Freundin Françine und deren Tochter Claire, ihrem musikalischen Leiter Ben, ihren Geschwistern Iana und Younis und ihrem Agenten Aykut – ihnen hat Johaenne alles vermacht, was sie besitzt. An Kapital, Instrumenten und Immobilie jedenfalls. Das macht man so, man vermacht das, was man versilbern kann. Oder worauf musiziert wird. Ihm hatte sie nichts hinterlassen, er hatte alles, was nicht zu versilbern war, erhalten.

Sie schlürft den Tee, er mildert ein wenig den Schock über das Testament. Aber letztlich hat sie ja alles gesagt. Oder hat was gefehlt? War es gerecht und großzügig? Hätten sich alle gut behandelt gefühlt? Sie säuft die ganze Tasse schlückchenweise aus.

Ich hätte das Testament toasten sollen, ich hab das Gefühl, das war keine gute Idee, es zu lesen. Sie steht abrupt auf und sucht ein Feuerzeug, wirft das Testament in die metallene Spüle und zündet es an. Das Feuerzeug gibt nur eine spärliche Flamme, aber das Papier brennt schließlich. Als es vollständig zu Asche verbrannt ist, lässt sie Wasser drüberlaufen und spült es weg.
Der Versuch ihres Freitods war auch ein Test. Ist sie durchgefallen? Jedenfalls ist sie nicht heruntergefallen. Ich muss aus der Wohnung raus. Das Herz klopft schon wieder los. Wie komm ich hier raus? Ich habe einen Bademantel an, darunter bin ich nackt, wenn ich rausgehe, muss ich mir was anziehen. Was zieh ich an? Sie steht regungslos und hört dem Rauschen des Blutes in ihren Ohren zu, in das sich Musik mischt. Musik?

Sie schaut zum Fenster hinaus, öffnet es, hinter dem Fenster ist Luft – und Musik. Jetzt lauter zu hören. Trompete. Auf dem Friedhof läuft eine Prozession zu einem Grab. Ungefähr zwanzig schwarz gekleidete Menschen laufen einem Sarg hinterher, begleitet von drei Musikern, die Blechblasinstrumente spielen. Ich hätte verfügen sollen, dass sich alle zur Beerdigung bunt anziehen, das wäre mal eine Maßnahme gewesen, das hätte ich gern gesehen. Eine Motto-Beerdigung quasi. Aber sie hatte gar nichts verfügt bezüglich der Beerdigung, das hat sie vollständig vergessen. Sie schaut auf die Prozession und hört den herüberwehenden Brass-Tönen zu.
Die Prozession verschwindet schließlich hinter altem Baumbestand des Friedhofs und kommt dort vermutlich zu einem Halt. Das kann sie von hier, von der Zuschauertribüne, Block 5 nicht sehen. Vielleicht hat sie ›5. Stock‹ unter das Testament geschrieben, als vielbeschworenen Hilfeschrei? War das das De-

tail, das man in Thrillern immer sucht? Wollte sie damit den Hinweis geben, dass sie gedenke, sich aus dem 5. Stock zu stürzen? Um klarzustellen, dass es kein Unfall gewesen wäre? Das Testament wird ja naturgemäß nach Ableben der testierenden Person verlesen, insofern nützt da nun wirklich kein Hinweis. Wie gut, dass es jetzt verbrannt ist.
Sie hat nun ein Ziel: die Beerdigung. Und zieht sich an. Zieht zwei Panties übereinander, wegen der Blase, und eine Jogginghose, einen BH, ein T-Shirt, einen Hoodie, schlüpft mit den Socken in Latschen. Greift nach ihrem Portemonnaie, wirft ein Gelorevoice ein, wegen der durch das Übergeben angegriffenen Stimmbänder, Schlüssel, raus, Tür zu, abschließen, raus, raus, raus. Als sie unten vor der Haustür angekommen ist, schließt sie für einen Moment die Augen. Der Herzschlag klopft von innen gegen die Lider.

Sie geht los und stolpert fast über ihre Stühle. Sie hatte sie gestern Abend auf die Straße gestellt, und sie stehen tatsächlich immer noch hier. Der Zettel, auf dem ›zum Mitnehmen‹ stand, ist weggeflattert, nur ein Stück Tesa klebt noch an der Holzlehne. Auf eines der petrolfarbenen Polster hat ein Vogel gekackt, das soll ja wohl Glück bringen, wobei die Kacke auf dem Kopf landen muss fürs Glück, oder wie war die Regel? Eine Lähmung breitet sich in ihrem Körper aus, die sie all den Schwung verlieren lässt, der sie bis auf den Bürgersteig gebracht hat. Sie kann nicht mit Unerwartetem umgehen, und die Stühle sind unerwartet, obwohl sie erwartbar gewesen wären. Was soll sie nun tun? Die Stühle hier stehen lassen, in der Hoffnung, dass sie auch nach ihrer Rückkehr vom Friedhof noch hier stehen? Oder hochschleppen?

Hochschleppen?! Ausgeschlossen!
Vielleicht einen der Nachbarn, die sie nicht kennt, fragen, ob er sie kurz zu sich nimmt? Da müsste sie mit jemandem sprechen … Wenn sich doch nur im Bürgersteig ein Spalt öffnen würde und die Stühle dort hineinfielen.
»Entschuldigung, brauchen Sie Hilfe zum Reintragen?«, fragt es neben ihr.
Sie dreht sich zu der Stimme um. Ein junger Mann mit Kopfhörern steht da und lächelt. Dass er mit normaler Lautstärke sprechen kann, trotz der Musik in seinem Kopf, findet sie verwunderlich.
»Soll ich Ihnen schnell helfen?!«
Sie schaut ihn ratlos an. »Ja«, beginnt sie und weiß nicht weiter.
Er nimmt die Kopfhörer ab. »Kein Problem. Hier rein?« Er zeigt auf die Eingangstür, die gerade hinter ihr zugefallen ist.
»Ja. Super.«
Er lacht. Worüber? Über ihre Latschen vielleicht? Sie schaut auf ihre Füße.
»Meine Füße sind kaputt«, sagt sie zusammenhangslos.
»Oh, das tut mir leid.« Er ist ein normaler Mensch, mit Empathie und weißen Kopfhörern auf dem Kopf.
»Sie müssten eben aufschließen.«
Er hat recht. Er ist ein Mensch, der recht hat. Sie zieht den Schlüsselbund aus der Jackentasche und starrt reglos auf die verschiedenen Schlüssel. Dann geht sie zur Eingangstür und schließt auf. Bingo. Der Mann hat bereits zwei Stühle in der Hand und stellt sie in den Hausflur. Er ist schnell. Und unangestrengt. Sie lässt die Haustür einrasten und stellt sich zu den Stühlen auf den Bürgersteig. Wenn sie ein Stuhl wäre, würde

er sie jetzt hineintragen, aber als Mensch kann man nicht zu einem Stuhl reinkarnieren, das ist sicher.
Er trägt bereits die nächsten zwei Stühle an ihr vorbei. Sie geht ihm hinterher.
»In welchen Stock müssen die Stühle?«
Und jetzt weiß sie was. Eine Antwort.
»Sie können sie hier stehen lassen, vielen Dank. Mein Mann wird sie später hochtragen, kein Problem, der kann das. Vielen Dank.«
»Okay. Schönen Tag noch.« Er setzt die Kopfhörer schon wieder auf und geht lächelnd ab.
Sie winkt ihm hinterher, aber das sieht er nicht mehr.
»Warten Sie«, ruft sie dann, aber er hört auch nicht mehr. Die Musik läuft wieder. Sie hätte gern gewusst, was er für Musik hört. Er ist sportlich und vielleicht gerade auf dem Weg zum Fitness-Studio. Was hört man als junger, durchtrainierter, hilfsbereiter Mann mit Undercut? Französischen Hiphop? Oder englische Songwriter? Zeitgenössische Klassik gar? Amerikanischen R&B? 80er? Alles ist hier möglich. Muchacha eher nicht. Und auch keine Schlager oder Nazirap.
Sie schiebt die Stühle in einer Ecke zusammen. Erneut einen Zettel an den Tesa-Rest zu kleben, auf dem »bitte stehen lassen« stünde, kann sie in Ermangelung von Zettel und Stift nicht durchführen. Sie hat den Mann mit den weißen Kopfhörern danach fragen wollen, aber er hat ihr dramatisches »warten Sie« nicht gehört, in seinem Kopf erklang: »Wundersamer Alter, willst du mit mir gehen, willst zu meinen Liedern deine Leier drehen?«, Schubert. So stellt sie sich das jedenfalls vor, da diese Musik zu ihrer Stimmung passen würde, sie war tatsächlich gerade zu einer wunderlichen Alten geworden. Jetzt

bleibt lediglich die Hoffnung, dass niemand die Stühle mitnähme. Die Hoffnung, die stirbt ja immer zuletzt.
Sterben, das ist das Stichwort. Sie zieht die Tür zu und schließt sie vernünftig von außen ab. Nun kann niemand mehr aus dem ersten, zweiten, dritten oder vierten Stock die Tür aufsummen, und es kann auch niemand mehr das Haus verlassen, der keinen Hausschlüssel hat. Passiert.

Sie begibt sich auf den Weg zum Friedhof.
Die Straße hinunter, am Späti vorbei, am Damaskus-Grill rechts abbiegen und an der Graffiti-Mauer entlang. Die Augen auf die Latschen geheftet. Bushaltestelle und Friseur liegen lassen und wieder rechts abbiegen, durch das ziegelsteinerne Tor zum Friedhof, wo gerade ein Mensch beerdigt wird. Sie käme zu spät, das ist klar, sie ist immer zu spät. Sie war auch zu spät gewesen, um zu erkennen, dass der Mensch, der sie verlassen hat, weil sie es versaut hatte, wie sie fand, ihr am wichtigsten ist im Leben. Sie ist immer zu spät, obwohl sie so schnell denken kann und so schön singen.
Das Rauschen der Straße verliert sich hier, die Bäume sind uralt, und der Frühling schenkt ihnen Jugendlichkeit. Alt und doch neu. Sie geht auf ordentlichen Wegen und an nebeneinanderliegenden, übersichtlichen Gräbern entlang. Rechte Winkel irgendwie. Weiter auf einer breiten Allee, die umsäumt ist von den großen Laubbäumen, aus denen transparentes, frisches Grün sprießt. Es ist schön. Es ist Natur, die in einem Kreislauf von Leben und Tod immer weitermacht. Die Vögel sind zurückgekehrt.
Sie zittert ein wenig und geht, als würde sie wandern, sie will zum frisch ausgehobenen Grab, das sie vom Küchenfenster des

Dachgeschosses nicht hat sehen können. Wie kann man ein Grab auf einem Friedhof finden? Gibt es auch dafür inzwischen eine App? Wenn nicht, könnte sie die just erfinden. Eine App, mit der man die Toten finden könnte, alphabetisch geordnet, wahlweise nach Nach- oder auch Vornamen. Wie in einem Game klickte man auf das entsprechende digitale Grab und erhielte eine biographische Information über die verstorbene Person, die natürlich autorisiert werden müsste, aber sowieso zumeist von den Toten selbst oder deren Angehörigen verfasst werden würde. Gute Sache, hier noch mal frei, sein Leben neu zu gestalten oder zu erfinden, nun, da man tot ist. Die biographischen Notizen gäbe es sowohl schriftlich, in diversen Sprachen, als auch als Audiofile, für Blinde oder Analphabeten. Dazu benötigte man wiederum Schauspielerinnen, um sie einzulesen. Sie würde also lebendigen Menschen mit ihrer Toten-App Arbeit geben. Das ist ein Grund zur Freude. Erst die Abwesenheit von Freude macht einem begreiflich, wie wertvoll sie sein kann, das ist quasi wie mit Krieg und Frieden.

Nun sieht sie einen Haufen Schwarzgekleideter auf sich zukommen. Sie atmet ein und aus und kniet sich an ein Grab, tut, als wäre sie versunken, in Trauer, Zwiesprache oder Gebet. Irgendetwas Letztes, wovor Menschen Respekt haben.

Und dann geht sie die letzten Meter und steht allein an dem offenen, frischen Grab. Die Verwandten sind weggegangen und versammeln sich auf der Abschiedsfeier in irgendeinem gemieteten Hinterzimmer mit kleinen Blumentöpfen auf dem Tisch und Teelichtern daneben; dort trinken sie wahrscheinlich Schnaps und versuchen, nicht daran zu denken, dass die Erkenntnis, dass dieser Mensch in der Box nicht mehr zurückkehrt, erst viel später käme. Sie schaut in das Loch, in dem ein Sarg ist und

Erde und Blütenblätter. Der Grabstein ist noch nicht gesetzt, sie weiß weder das Geschlecht noch das Geburtsjahr oder Alter der beziehungsweise des Toten. Sie stellt sich vor, sie läge dort und stünde am eigenen Grab.

Amazing grace,
how sweet the sound,
that saved a wretch like me.
I once was lost but now I'm found,
was blind, but now I see.

Sie singt. Das Gelorevoice hat schon Wirkung entfaltet.
Die Sargträger und Brass-Spieler, die hinter einem Baum rauchen, applaudieren. Sie erschrickt so sehr, dass sie in ihren Latschen ausrutscht und in das Grab fällt.
Dong. Sie liegt auf dem Holz, das akustisch wie zu dem Korpus einer Cajon wird. Ein fetter Ton. Halb auf dem Sarg liegt sie nun, wie eine abgeschnittene Marionette, das Knie hat erneut was abgekriegt, scheint's. Es ist dunkel und feucht. Eng. Sie sieht Wurzeln, die aus der Erde herausschauen. Dies wäre für die Ewigkeit. Davor ist die Endlichkeit. Endlich ewig. Wobei letztlich nur die Gräber der Juden und Jüdinnen für die Ewigkeit sind, die Christen und Christinnen werden entsorgt, da kommt irgendwann jemand anderes ins Loch. Umweltfreundlich quasi und sichtlich platzsparend. Will man das, will man so enden? In einem Loch? Ohne Licht? Auch wenn man nichts mehr merkt, aber im Ernst, will man in der Erde liegen mit Erde auf sich drauf? In einer Kiste, die zugenagelt ist und versenkt ins Dunkle, Kühle? Sie bekommt Angst. Was, wenn jetzt Erde mit einem Bagger über sie geschüttet werden würde, mit einem

Tempo und Lärm, dass sie sich nicht mehr bemerkbar machen könnte.

Panik ergreift sie, und sie rappelt sich auf, scheiß aufs Knie, sie muss hier raus, schleunigst, sie hat doch nicht ihren Selbstmordversuch überlebt, um dann in einem fremden Grab mit einer unbekannten Person, von der sie nicht mal weiß, ob sie männlich oder weiblich ist, für die Ewigkeit zusammenzubleiben. Sie ist ja nicht mal in der Lage für eine gewisse Lebenszeit mit einer bekannten männlichen Person über der Erde zusammenzubleiben. Sie muss aus dem Grab raus.

Sie kniet sich auf allen vieren auf den Sarg. Dies ist nicht lustig, das ist kein Sketch, es ist peinlich und furchteinflößend. Sie dreht sich um und blickt in den Himmel, er gehört zum irdischen Leben, auch wenn wir, nachdem wir gestorben sind, in den Himmel kommen, wenn wir brav waren.

Die Musiker und Totengräber sind ans Grab getreten und schauen zu ihr runter. Sie schaut zu ihnen hoch, eine Perspektive, die man nur aus Filmen kennt.

Hände werden ihr gereicht.

»Geb Hand, ziehen wir dich hoch.«

»Ach, entschuldigen Sie bitte, ich bin ausgerutscht.«

»Jaja, kein Problem, wir helfen.«

Sie sind nett. Sie stellt sich auf den Holzkasten und streckt ihre Hände aus. Wo sind die Latschen?

»Einen Moment, meine Schuhe.« Die Latschen sind bei dem kurzen Sturz abgefallen. Einer liegt auf der Box, den anderen sieht sie nicht. Egal. Sie wirft den Schuh aus dem Loch hinaus und greift nach den Händen, wird hochgezogen, als wäre sie in einem Paternoster. »Vater unser, der du bist im Himmel.« Der ist im Himmel, der Vater, die Menschen müssen in die Erde.

»Vater unser, der du bist unter der Erde«, würde man sich nicht vorstellen wollen. Fahrstühle heißen Paternoster, weil sie immer im Kreis fahren, so wie auch der Rosenkranz im Gebet immer durch die Hand gleitet, in einer endlosen Schleife. Das weiß sie, weil ihr Bruder in einer Fahrstuhltechnik-Firma gearbeitet hatte, bevor er Toningenieur wurde und ihr den Ursprung der Namensgebung erklärt hatte.
Sie steht wieder auf der Erde, statt darin zu liegen. Zurück im Leben. Sie umarmt den neben ihr stehenden Mann, der eine Trompete in der Hand hält.
»Danke, danke, danke, Sie haben mir das Leben gerettet.«
Die Männer lachen. Einer überreicht ihr den Latschen wie einen Grammy Award. Sie nimmt ihn ohne Schuhe.
»Entschuldigung«, sagt sie.
»Sind Sie Verwandte?«
Was soll sie jetzt sagen, sie hat gerade an ihren Bruder gedacht, mit dem ist sie verwandt, sie hat ihn in ihrem Testament bedacht. Statt einer Antwort sagt sie: »Haben Sie vorhin gespielt?«
»Ja, wir sind Musiker.«
»Das war schön, was war das?«
»War Totenmusik aus unsere Heimat Rumänien.«
»Würden Sie das noch mal spielen?«
Die Männer schauen sich an und machen tatsächlich das, was man gemeinhin denkt, dass Männer tun, wenn sie eine Schiebermütze tragen: Sie kratzen sich am Kopf. Nicht alle, nur einer. Und dann spielen die drei, und sie beginnt zu weinen. Spätestens jetzt ist klar, dass sie verwandt sein muss. Die rumänischen Musiker können nicht wissen, dass sie weint, weil sie sich in ihrem Leben so verloren fühlt, aber das Ende keine Option ist.

Als sie damals auf dem Flughafen in Stockholm gelandet war, stand er am Flughafen und sah gut aus. Sein Lächeln breitete sich in seinem ganzen schönen Gesicht aus, und seine vollen Lippen waren sanft und weich, als er sie küsste und sagte: »Meine Süße.«

Sie checkten zusammen in einem Hotel ein und wollten später essen gehen und durch die Stadt bummeln. Es war ein kühler Herbsttag mit Sonne, blauem Himmel und bunten Bäumen, wunderschön, das Wasser direkt an der Stadt dran und das Zimmer im siebten Stock. Sie liebten sich stundenlang, und alle halbe Stunde schlug die Turmuhr einer Kirche, bis sie schließlich sechsmal schlug und die Dämmerung über die Stadt zog. Und als sie später durch die Stadt bummelten, hätte die Welt zu Ende gehen können, das Leben war vollkommen und sie zusammen, nichts hätte ihnen etwas anhaben können, nicht einmal ein Weltuntergang oder eine Reifenpanne. Ihre Hand versank in seiner, und am liebsten wäre sie in seine Hosentasche gekrochen. Zurück im Hotel machten sie die schwedische Glotze an und legten sich aufeinander in das Bett, schauten Nachrichten, die nur er verstand, da sie kein Schwedisch konnte, und schliefen schließlich in dieser Position ein, unterbrochen von Liebesanfällen, die ihre Körper ineinander gleiten ließen. Am nächsten Morgen fuhren sie mit seinem großen Auto aus der Stadt hinaus, stundenlang durch die glasklare, nachhaltige Landschaft, bis zu einem Freund, der im Wald wohnte, mit dem sie den ganzen Abend Wodka tranken und Garnelen pulten und aßen. Berge von Garnelen. Waldgarnelen. Sie legten Musik auf und tanzten zu dritt Phantasietango, und später bauten sie sich auf der Tanzfläche ein Bett mit einem unpraktischen Arschritz in der Mitte. Auch am nächsten Tag fuhren sie weiter und stie-

gen aus, um an einem Fluss entlangzulaufen, über eine Holzbrücke zu gehen, dem fließenden Wasser zuzuschauen, davon zu trinken und Luft einzuatmen. Und so immer weiter, die Welt ging nicht unter, die Liebe ging weiter, und die Nähe nahm kein Ende. Das Glück ist temporär, das ist klar, aber manchmal gibt es Glücksphasen, die dauern länger als ein Kuss. So war das.
Jetzt ist es nicht mehr so, jetzt ist er weg, und sie weint zu rumänischer Musik, vor einem offenen Grab eines Unbekannten, mit einem lachsfarbenen, vereinzelten Latschen in der Hand.
Er ist wie sie, er hat auch seinen Partner verloren, der ist beerdigt worden ohne Zeremonie. Noch bevor das Stück zu Ende ist, geht sie weg und winkt im Abgehen den Musikern, die ihr das Leben gerettet haben, zu, sie spielen weiter, als wäre dies ein Film, und zu der Filmmusik sieht man die Großaufnahme einer Frau, die über einen Friedhof läuft. The End. Abspann.
Was passiert nach dem Abspann?! Als Kind hatte sie sich das immer gefragt, wenn schwarz-weiße Fred-Astaire-Filme im Fernsehen liefen, in denen Fred deutsch sprach und mit Ginger Rogers tanzte. Am Ende heirateten alle und küssten sich oder andersrum. Ob die Ehen heiter waren, hat niemanden mehr interessiert.

Als sie wieder unter dem ziegelsteinernen Tor steht, das den Weg zur wahnsinnig befahrenen Straße in die Welt freigibt, wie einen Eingang zur Hölle, kehren die Geräusche zurück. Der Autolärm, die Gesprächsfetzen und Rufe, Hupen und irgendwelche Dinge, die Krach machen, aus unerfindlichen Gründen, als müsse man laut sein, um zu hören, dass man lebt.
Als Kind hatte sie ein Buch, das sie sehr liebte und das »Paulchen allein auf der Welt« hieß und übrigens von einem schwe-

dischen Autor verfasst worden war im Jahr 1942. Da wachte Paulchen morgens auf, und niemand war zu Hause, kein Vater, keine Mutter, keine Geschwister. Er ging vor die Tür, und auch in der Stadt war niemand, so dass er die Straßenbahn zu seinem Vergnügen selbst fahren konnte. Jedenfalls chillte Paul allein in der Stadt, aß Bonbons in rauen Mengen, und aus den anfänglichen Freuden entwickelte sich eine starke Einsamkeit. Gottseidank war dies nur sein Traum gewesen, und er war glücklich, als er daraus am nächsten Morgen erwachte und seine Mama ihm ein Frühstück bereitete und er nicht allein auf der Welt war, denn happiness only exists when shared.
Sie teilt kein Glück mehr. Da ist kein Glück, das hätte geteilt werden können, denn offensichtlich ist das Glück gar nicht nur zum Teilen da, sondern entsteht zumeist erst in der Zweisamkeit oder anderen Personenkonstellationen.

Wo nun hin? Überlegt sie und bleibt unter dem Höllentor stehen. Zurück zu den Stühlen im Hausflur? Allein im Hausflur? Oder die Straße mit den Imbissbuden, den Friseuren, den Spätis und den ominösen An- und Verkaufsgeschäften entlanglaufen, bis zum Einkaufszentrum, in dem eine ungemütliche Bibliothek wohnt. »Ich könnte über die Straße gehen, um die Seite zu wechseln. Vielleicht ändert sich damit die Haltung. Dann schaue ich quasi vom anderen Ufer des Hades auf den Eingang zum Friedhof. Außerdem wäre die Straßenüberquerung auch eine Herausforderung. Challenge accepted. Dort könnte ich versuchen, etwas zum Essen zu finden, es bestellen, aufessen und mich danach um die Stühle kümmern. Ein Plan. Ein Plan ist gut, der gibt Stabilität. Das Problem nur sind die Füße. Noch immer. Sie zieht den einen Schuh an. Immerhin. Und stellt sich zwischen parkenden Autos an die Straße, um auf eine Verkehrslücke zu warten, die ihr die Chance gäbe, auf die andere Seite zu gelangen. Sie findet das schwierig. Vielleicht hat Moses sich so gefühlt, bevor sich das Rote Meer vor ihm öffnete. Wobei Schluss sein muss mit den biblischen und griechischen Vergleichen, weil sie weder bibelfest ist noch religiös. Ein Auto hält direkt vor ihr auf der Straße. Na super, was wird jetzt aus dem Plan.

Eine Frau steigt aus, die ein Handy zwischen ihr Ohr und das Kopftuch gesteckt hat und auf Türkisch in das unsichtbare Mobiltelefon spricht, während sie Kinder und Einkäufe aus dem Auto hervorholt. Ein Kind kommt auf den Arm, eines hält sich an ihrem Rock fest, den Einkauf nimmt sie mit der freien Hand. Sie drängelt sich an Johaenne vorbei, und das Auto, das ein Mann mit grauem Haupthaar chauffiert, rauscht ab. Nun ist der Übergang wieder sichtbar und frei. Der Verkehr braust. Sie geht bis zur Mittellinie, dann kommt ein Auto mit hoher Geschwindigkeit von rechts und hupt zu allem Überfluss, dass sie sich die Ohren zuhält. Ihr Herz beginnt wieder zu klopfen, als würde es rauswollen aus dem Körper, in dem es wahrscheinlich dunkel ist wie in einem Sarg. Sie gelangt auf die andere Seite und stützt sich auf einen Kofferraum, wartet, bis sich der innere Trubel beruhigt. Ein paar Teenager gehen verkabelt an ihr vorbei und schauen sie an, als sei sie ein Insekt in Größe 1 Meter 70. Sie streckt ihnen die Zunge heraus und hört, wie die Teenager noch entfernt »Fotze« sagen.

So. Bürgersteig. Gleichbedeutend mit: Sicherheit vor Personenkraftwagen. Es sei denn, PKWs fahren auf Fußgänger los, um sie wahllos totzumachen, als Zeichen von Macht, Überlegenheit oder Ausdruck von Religiosität.

Sie dreht sich um und sieht nun von der anderen Seite den Eingang zum Friedhof: das schöne dunkelrot gemauerte Tor, das rechts und links in eine Mauer übergeht, die vollgesprüht ist mit unverständlichen Graffitis. Sie hat eine Sehnsucht. Nach? »Warten auf … kann vergleichsweise auch Glück sein«, hatte ihr einst eine Malerin gesagt, als sie klein war und die Malerin groß. Was die wohl jetzt macht, vielleicht ist sie tot oder allein in einem Seniorenheim mit einem Rollator und Erinnerungen an Zeiten, die erst anschließend gut sind, weil man oft erst später begreift, was früher gut war.

»Ich muss was essen«, sagt sie und geht los, wie Paulchen, nur dass sie nicht allein auf der Welt ist.
Aus den türkischen Imbissen sind syrische geworden. Manchmal hat sie in den neonbeleuchteten Imbissrestaurants, mit den durchgescheuerten PVC-Böden, den von innen beschlagenen Fensterscheiben und kleinen Tischen, die wie in einem American Diner positioniert sind, gesessen, sich heißen, starken, süßen, schwarzen Tee aus dem Samowar genommen, Halloumi und Hummus gegessen und versucht zu schreiben.
Die kurzen Notizen, Geschichten oder Begegnungen, die sie aufgeschrieben hatte, verdichtete sie zu Hause zu Songtexten, wenn sie an Keyboard oder Gitarre saß. Das scheint ewig her, sie hat schon lang nichts mehr geschrieben, vielleicht ist sie geistig impotent geworden. Oder hat eine kreative Midlife-Crisis oder künstlerische Wechseljahre.
Sie braucht Serotonin, wird ihr klar, als wäre sie durch einen Zauber zu einem Wissenschaftler geworden, dessen Denken in leeren, aufgeräumten Räumen stattfindet, in denen Platz ist, um die Gedanken wachsen zu lassen, bis sie Gestalt annähmen. Sie

würden erst zur Tür des Geistes hinausgehen, wenn sie fertig gedacht wären. Und erst danach würde der nächste Gedanke in die ordentliche Gedankenwohnung des Wissenschaftlers gelassen werden, damit es kein Durcheinander gäbe, oder Gedankengänge sich womöglich kennenlernen oder gegenseitig infizieren würden. So wie es bei ihr der Fall ist. Ihre Gedankenweltwohnung ist wie eine Kommune des antiautoritären Zeitalters. Zu jeder Zeit spazieren Gedanken unangekündigt ein und aus. Und die sitzen dann da. Auf der Couch und wollen gedacht werden, und sie muss sich mit ihren ungebetenen Gästen beschäftigen und ist nicht in der Lage, sie hinauszukomplimentieren.

Serotonin ist ein Gewebshormon, im Gegensatz zum klassischen Hormon, das anders als andere Hormone im Hirn oder Darm gebildet wird. Serotonin nennt man im Volksmund auch Glückshormon, da es stimmungsverbessernd ist, Gelassenheit erhöht, Impulsivität und Aggressivität mindert und ausgleichend wirkt. Ist der Serotoninspiegel zu niedrig, erhöhen sich Impulsivität und Aggressivität, ist ausreichend Serotonin vorhanden oder wird es dem Körper zugeführt, dämpft es Angstzustände. Depressive Schübe kann man möglicherweise auch auf einen zu niedrigen Serotoninhaushalt zurückführen.

Und deshalb bräuchte sie Serotonin, am besten direkt in den Körper injiziert. Hat sie aber keins, weil das Leben eben kein Ponyhof ist, sag ich ja. Wobei das eine unheimliche Vorstellung wäre: das Leben als Ponyhof. Was sollte sie mit den Tieren anfangen? Sie striegeln? Sie kriegte die eigenen Haare ja schon kaum in den Griff.

Wo ist noch mal die syrische Bude, in die Mohammad immer mit seinen Touris geht und in der man, als Teil der Tour, vom

Koch ein Stück Baklava erhält? Mohammad, der in Damaskus groß geworden ist und nun hier bei seiner Tante lebt und der deutschen Touristen seinen Kiez zeigt und sie mit Informationen füttert, die sonst niemand liefern kann. Er hatte Zahnmedizin studiert und das Studium abgebrochen, wegen: Krieg, und sich dann auf den Weg gemacht, bis in eine deutsche Turnhalle hinein. Er hatte Glück, er hatte eine Tante, die hier schon lange lebte und in der ungemütlichen Bibliothek arbeitete. Er war in Politik bewandert und geographisch ein Ass. Er war hübsch, klug, bescheiden und höflich. Er trug einen Rucksack, akkurate Kleidung und liebte das Essen seiner Tante. Er sprach eloquentes Deutsch und wollte hier weiter studieren, sobald alle Amtsgänge getätigt und Erlaubnisse ausgesprochen worden wären von Menschen, die an seine Weltgewandtheit und Bildung niemals heranreichen würden. Er war freundlich und zugeneigt gewesen, als sie bei ihm die zweistündige Tour gebucht hatten, sie und der Mann, der aus ihrem Leben verschwunden war. Aus den zwei Stunden wurden drei, doch als sie sich verabschiedet hatten, blieb seine professionelle Haltung des Stadtführers bestehen, die die Kluft zwischen ihnen verdeutlichte. Sie fühlten sich danach beschenkt und beschämt, denn er hatte ihnen so viel gegeben, und sie konnten nur den vereinbarten Betrag bezahlen, aber nicht die Vorschriften, die zwischen ihm und seinem Studium standen, ändern oder die Katastrophe in seinem Heimatland befrieden.

Sie hat keinen Mann mehr, Mohammad hat keine Heimat mehr. Diese ist als Pars pro Toto aufbewahrt in der Wohnung seiner Tante, die ihm Bücher aus der Bibliothek mitbringt, die in Deutsch geschrieben sind, wie zum Beispiel »Das Märchen vom letzten Gedanken«, in dem Edgar Hilsenrath über den

Genozid an den Armeniern schrieb, ein Schriftsteller, der auch seine Heimat verloren hatte und in sein verlorenes Heimatland zurückkehrte, 35 Jahre nachdem er es als zwölfjähriges Kind verlassen musste, weil er Sehnsucht nach seiner Geliebten hatte, wie er es einmal formulierte. Seine Geliebte war die deutsche Sprache. Sie wartete auf ihn, sie hatte ihn nicht verlassen.

Immer weiter humpelt sie, als ginge sie durch einen Tunnel, der auf dem Bürgersteig nur für sie verlief. Wenn sie hinunterschaut, sieht sie den Rhythmus eines Sockens und eines Latschens: Socken, Latschen, Socken, Latschen …

Sie bleibt vor einem Laden stehen, in dem alle Gegenstände aus Plastik sind und jeweils einen Euro kosten. Sie wagt sich hinein und wird überwältigt vom Zuviel künstlicher Farbe und des Plastikgeruchs, so dass sie zurückhastet auf den Bürgersteig. Dort bleibt sie hospitalistisch unter einem Baum stehen, der mit Hundekot gedüngt wird, und sieht den Menschen zu, die hinein- und hinausgehen.

»Entschuldigung«, sagt sie nach endlosen Minuten zu einer jungen Frau mit Leggings, die wie eine Jeans aussehen.

»Ja?«, sagt die Frau freundlich, die wunderschöne Augen hat, die mit einem dicken Lidstrich bemalt sind.

»Entschuldigung, könnten Sie mir vielleicht ein paar Latschen kaufen? Ich hab meinen verloren.« Sie schaut auf ihre Füße. Die Frau auch – und beginnt zu lachen. Es ist ein heiteres, kein schadenfrohes Lachen.

»Oje, wie ist das denn passiert?«

»Ich bin in ein Grab gefallen«, könnte sie sagen, weil es die Wahrheit ist, aber sie traut sich nicht, die Wahrheit ist manchmal wahnsinnig.

»Ich bin in einen Hundehaufen getreten …«

Die Frau lacht noch mal und wirft ihren Kopf nach hinten. Sie ist unbeschwert und großartig.

»Das kenne ich. Welche Schuhgröße haben Sie denn?«

»39.«

»Farbe?«

»Ist völlig egal.«

»Okay, ich schau mal, ob die so was haben.«

Und schon geht sie in den Laden, als wäre das ein Spaziergang. Sie hat nicht gefragt, warum sie nicht selbst hineingeht, um sich Schuhe zu kaufen, merkt sie, als sie unruhig auf ihre Rückkehr wartet. Das ist ungewöhnlich. Ogott, sie hat ihr auch kein Geld gegeben. Keinen Euro. Ob die Latschen auch nur einen Euro kosten? Einzeln oder als Paar? Sie stellt sich an den Eingang, heiße Luft bläst heraus.

Da sieht sie die Frau an der Kasse stehen mit blauen Plastikbadelatschen in der Hand. Hauptgewinn. Lächelnd kommt sie auf Johaenne zu.

»Hier, blaue Schuhe. Gab es leider nur in Größe 40. Ich hoffe, das ist okay?«

»Ja, natürlich, vielen Dank, das ist großartig, ich danke Ihnen. Was haben sie gekostet, ich habe Ihnen gar kein Geld mitgegeben.«

»Einen Euro natürlich, steht ja dran: Ein-Euro-Shop.« Sie lacht schon wieder. Wie beneidenswert.

Sie sucht nach einem Euro, das hätte sie besser vorbereiten sollen.

»Nein, nein, lassen Sie. Ich schenke Ihnen die Schuhe. Dann denken Sie manchmal an mich. Tschüss?« Sie sagt tschüss wie eine Frage.

Und weg ist sie. Sie ist wahrscheinlich ein Engel. Sprachlos schaut Johaenne ihr hinterher, als sie mit ihrer engen Leggingsjeans elegant über die Straße läuft und im Verkehr untertaucht. Hat sie gar nichts gekauft? Ist sie nur für sie in den Laden gegangen? Johaenne versteht die Welt nicht mehr, aber das ist nicht wirklich neu.

Sie schaut die weiß-blau gestreiften Schuhe in ihrer Hand an, sie sind mit einer Plastikschnur miteinander verbunden oder auch aneinander festgekettet, je nach Gefühlslage. Sie reißt die Schnur auseinander, wirft die Schuhe vor sich auf den Boden, zieht ihren einen alten Latschen aus und schlüpft in die neuen, sehr günstigen Schuhe hinein. Sie passen. Sie sind größer als der Fenstersims, auf dem sie gestern Nacht so lange ausgeharrt hat und mutlos geworden ist, angesichts des absurden Unterfangens und der Todesangst, die sie befallen hat. Sie will nicht dran denken. Er wollte nicht an sie denken, vielleicht war sie ihm peinlich geworden, vielleicht bedauerte er, dass er so viele Jahre mit ihr vertan hatte. Sie weiß es nicht, er hat nicht geredet. Als sie sich an der nächsten Straßenkreuzung zum Ein-Euro-Shop umdreht, liegt ihr lachsfarbener Latschen wie ein amputierter Fuß noch immer mitten auf dem Bürgersteig. Sie hat ihn, nachdem sie ihren Fuß herausgezogen hatte, unangefasst dort liegen gelassen. Die Schuhe sind wie sie: Der eine Fuß steht im Grab, der andere ist im Stadtgetümmel verlorengegangen und zurückgelassen worden. Eine bessere Beschreibung ihres derzeitigen Zustands hätte sie sich nicht ausdenken können.

Ein Polizeiwagen macht direkt neben ihrem Ohr sein Geheul an, beschleunigt und rast über die rote Ampel. Sie hält sich, soweit es möglich ist, den ganzen Kopf zu, lehnt sich mit dem Rü-

cken gegen eine Hauswand und versucht, mit ihr zu verschmelzen. Bis diese Polizeifrequenz ausfadet, dauert es … sie kann die Sirene noch immer hören, wie sie, auf das Auto made in Germany draufgeschraubt, die Straße hinunterfährt. Bitte eine Gasse bilden. Menschen glotzen sie an, wie sie an der Wand lehnt, was glotzen die, diese Glotzer. Sie möchte schreien: Was glotzt ihr so, habt ihr kein eigenes Leben, das ihr anglotzen könnt?!
Kohlenhydrate sollen stimmungsverbessernd wirken, fast wie Serotonin. Sie nimmt den nächsten arabischen Imbiss, geht hinein und setzt sich ganz hinten an einen American-Diner-Tisch, verharrt dort, bis das Herz weniger stark schlägt, und sie sich traut herumzugucken.
Auf dem Tisch liegt die Speisekarte, Glück gehabt, da muss man nicht mehr danach fragen. Sie nimmt sie, sie ist schmal und länglich und gelb, und die Ecken des Papiers lösen sich bereits auf, die Speisekarte ist voll mit den Flecken und der Klebrigkeit der Speisen.
Sie liest. Halloumi und Hummus. Worte mit H, wie Himmel. Oder Herrlichkeit. Herrenmensch. Oder Hure. Was nun. Zur Theke gehen? An den Leuten vorbei? Wo ist das Klo. Ihr Blick irrlichtert durch den Raum und findet das Schild »Toilette«. Ein silbrig-schwarzer Aufkleber, mit einem Pfeil darunter, der mit einem Edding direkt auf die Wand gemalt ist.
Sie geht los. Auf das Zeichen zu. Es zeigt in einen Gang, in dem Klappstühle und ein Besen an der Wand lehnen. Daneben stehen übereinandergestapelte, in Plastik eingeschweißte Halbe-Liter-Plastikflaschen. Sie geht eine Treppe hinunter, es riecht schimmlig. Unten eine Tür mit der Aufschrift »Toilette«, derselbe schwarz-silbrige Aufkleber, keine getrennten Klos. Unisex. Im Toilettenraum ein kleines Waschbecken, auf dem ein

Seifenspender mit knallpinker Seife steht. Der Papierspender ist leer. Ein schmutziges kleines Handtuch hängt an einem Nagel. Sie zieht die Tür hinter sich zu, es gibt kein Schloss, sondern nur einen Bolzen, der lose in die Wand eindringt. Der Raum ist so schmal, dass sie ihre Arme nach rechts und links gegen die Wand drücken kann. Das tut sie.

Festhalten, kurz allein sein, keiner da, der glotzen könnte oder sie ansprechen, keiner, der etwas fragt, worauf sie keine Antwort hat. Kurz zur Besinnung kommen, durchatmen, bis die Anspannung weggeht. Sie hat sich zu weit aus der Wohnung hinausgewagt. Sie muss etwas essen. Essen ist wichtig.

Wenn sie den Halloumiteller hier auf das Klo bestellen könnte. Gerichte, die kommentarlos durch eine Durchreiche geschoben werden – das wäre eine Geschäftsidee. Eine für Verrückte.

Sie nimmt die Hände von den Wänden und beginnt sich zu entspannen. Sie wäscht sich die Hände mit pinker Seife, trocknet sie mit Klopapier und geht gestärkt die Treppe wieder hoch. Da kommt ihr ein junger Mann mit Besen entgegen. Ein Hexer vielleicht? Mann mit Besen? Vielleicht bringt er ihn in den Stall, zu den anderen Besen. »Hello«, sagt er.

»Ja, danke«, sagt sie und weiß sofort, dass das falsch war.

Oben geht sie direkt an den Tresen.

»Hallo, was kann ich für dich tun«, sagt der Mann hinter dem Tresen, der schwitzt, weil so viel heiße Geräte um ihn herumstehen.

»Halloumiteller mit Hummus bitte. Und Saft.«

»Karotte-Orange?«

»Ja, danke«, sagt sie schon wieder. »Ich sitze in der Ecke.«

»Jaja, hab ich schon gesehen, ich bringe es dir an den Tisch.«

Er ist nett.

Sie marschiert wieder in die Diner-Ecke, die frei geblieben ist. Glück muss man haben.

Wow, denkt sie, das war mal was. Ich habe Essen bestellt und war auf der Toilette. Dennoch war sie auf dem Friedhof entspannter gewesen. Dort hatte sie Menschen berühren, sogar ein Gespräch führen können – und gesungen hatte sie auch!

»Entschuldigung«, ruft sie dem Mann zu, der den Nebentisch abräumt, der nicht neben ihr ist, sondern vor ihr, wie bei Zugabteilen.

»Ja, bitte?«

»Entschuldigung, haben Sie vielleicht einen Stift und Papier?«

»Kein Problem«, sagt er, »einen Moment.« Er räumt weiter ab und entfernt sich. Jetzt hat er bestimmt schon vergessen, worum ich ihn bat. Ist vielleicht auch zu unverschämt gewesen, diese Bitte. Sie schaut auf ihre Hände, die gewaschenen. Hebt sie an, um zu sehen, ob sie zittern. Zittern nicht. Da kommt der Mann mit einem durchsichtigen Kuli mit einem blauen Firmenlogo darauf und einem durchgerissenen karierten DIN-A4-Blatt zurück. Er hat es nicht vergessen.

»Tut mir leid, ich habe so schnell kein anderes Papier finden können. Geht das?«

»Ja, danke«, sagt sie, als könne sie nur diesen einen Satz. Darum lächelt sie ihn an, in Ermangelung der Worte, die dieser Situation gerecht werden könnten. Er lächelt zurück und geht schon wieder abräumen.

Sie nimmt den Stift und schreibt wahllos Worte auf das zerknautschte Papier: Test. Karotten Orangen Saft. KOS. Wie ist dein Name. Essen ist gut. Essen ist gut!!! Warum bin ich hier, wohin führt mich der Kugelschreiber. 1234567woistmeinefraugeblieben. Nein! Wo ist mein Mann geblieben Fragezeichen. Ist wohl in Amerika. Da ist er nicht. USA. Was ist das für ein Saft, der USA heißt. U wie Unschuld. Apfel-Unschuld-Saft. **U**n**S**chulds**A**pfelsaft. Das passt. Eva und Adam. Sie pflückte den Apfel der Erkenntnis, und daraufhin hat Gott sie rausgeworfen. Versteh einer.

Sie macht eine Pause im Schreiben, schaut hoch. Da kommt das Essen. Der schwitzende Mann von der Theke bringt es persönlich, und es sieht sagenhaft aus. Freude.

»Bitte, Madame, einmal Halloumi mit Hummus und ein exquisiter Saft mit Liebe gemacht.«

»Oh, danke«, sagt sie und freut sich. Mensch, da geht doch noch mehr. »Also, vielen Dank, das sieht großartig aus.«

»Sehr gern.«

Und dann beginnt sie zu essen, als wäre es das erste Mal.

Sie waren zusammen italienisch essen gewesen. Er hatte Pizza bestellt, sie Pasta. Er war irgendwann, nach verunglückter Konversation aufgestanden, hatte seine Mütze genommen und gesagt, nein, so wird das nichts, und war gegangen. Aus dem Restaurant raus. Ganz leicht. Sie musste danach die Pasta stehen lassen, weil ihr der Appetit vergangen war.

»Warum kommst du nicht mit nach New York?«, hatte sie gefragt.

»New York?«

»Ja. Wir haben dort ein Konzert auf einem Indie-Festival, hatte ich dir doch gesagt, weißt du noch? Ich freu mich wie ein Welpe.«

»Ah, jaja. Genau. Wann ist das noch mal?«

»Im Oktober.«

Es nervte, wenn man alles doppelt und dreifach sagen musste, sie konnte sich das nicht leisten, allein zeitlich nicht, man kann sich ja mal Sachen merken, das kann ja nicht so schwer sein, wenn man sich liebte und praktisch jeden Tag zusammen war und irgendwie so etwas tat, wie das Leben miteinander zu verbringen oder Interesse am Tun und Sein des anderen oder der anderen zu haben. Sie hatte Dutzende und Aberdutzende Songtexte im Kopf, da kann man auch nicht fragen: Äh, wie geht der noch mal?

All diese ungesagten Gedanken lagen in den zwei Worten ›im Oktober‹. Was man, was er und auch sie dabei hörte, war Genervtheit. Sie wollte ihren Mann mit nach New York nehmen, und es störte sie, dass er nicht sofort mitwollte.

»Ich kann mir nicht alle deine Termine merken.«

»Im Oktober ist es, also in sechs Wochen ungefähr«, versuchte sie ihre Genervtheit zu besänftigen.

»Ah, super.«

»Magst du nicht mitkommen? Ich würde mich so freuen. Das Hotel wird doch eh bezahlt und mein Flug auch, und nach New York kommt man echt günstig, ich hab schon geguckt, ich müsste nur jetzt bald buchen für dich. Ich kümmere mich darum.«

»Ich weiß nicht, da hast du doch die ganze Zeit zu tun, ich kann auch gerade schlecht weg.«

»Warum denn? Was hast du denn im Oktober?«

»Mal sehen. Ich sag's dir morgen, okay?«

»Morgen?«

»Ja, mich stresst das, wenn du so einen Druck machst.«

»Ich mach doch gar keinen Druck, Mensch. Ich frage nur, ob du mit nach New York kommen möchtest, das ist doch nun wirklich nicht so schwierig. Das ist doch was Schönes.«

Der Vorwurf in ihrer Stimme war nicht abzuschütteln.

»Ich hab schon wieder Magenschmerzen, dass das aber auch immer so sein muss.«
»Was denn? Ich habe doch nur gefragt, ob du …«
»Jetzt hör doch mal mit dem Generve auf.« Er schmiss das Besteck in die Pizza.
Sie schwieg.
»Wir können uns irgendwie nicht mehr unterhalten«, sagte er und sah sie nicht an.
»Aber das stimmt doch gar nicht«, sagte sie so sanft wie möglich, und es gelang nicht.
»Nee, das wird so nichts.« Sagte er, nahm die Mütze und ging.
Heute begreift sie, was geschehen war. Sie war sich so sicher gewesen, dass ihnen das niemals passieren würde. Aber es war so, dass sie sich in ihrer Musik verwirklichte, und bei ihm lief es beruflich nicht, so dass er in einen depressiven Schub hineinschlitterte – und sie hatte es nicht gemerkt. Sie hatte nicht den Druck rausgenommen, sie wollte ihn bei sich haben und verstand nicht, dass er alles für sie machte und sie immer mehr verlangte. Obwohl sie nicht fand, dass es zu viel verlangt war, sie nach New York zu begleiten. Das wäre doch etwas Schönes, hatte sie gedacht, sie wären zusammen im big apple. Unschuldsapfel. Aber sie hatte dort zu tun und er nicht. Dabei war er nicht der Typ, dem Erfolg wesentlich war. Aber das war eben ein Irrtum. Erfolg und Anerkennung sind zwei verschiedene Dinge. Wenn man nicht einmal Anerkennung erhält, auch unter Ausbleiben des Erfolgs, dann sitzt man ziemlich in der Scheiße.
Er wollte nicht in einem Büro für Landschaftsarchitektur angestellt sein, nicht nine to five für einen Boss arbeiten, verstand sie, am liebsten war er in oder mit der Erde, die nicht nur Gräber bereithielt, baute Naturteiche oder fünfhundert Meter lan-

ge Bänke aus Totholz, renaturierte, pflanzte Alleen oder noch besser Wälder. Es war toll, was er machte, er tat es allein, kein Geld, kein Office am Kudamm, niemand sah es. Doch: sie. Reichte nicht. Sie verstand jetzt, dass er gegangen war, um sich und seinen Beruf wieder klarzukriegen. In seiner Zeit, seinem Rhythmus und ohne eine Person mit einem anderen Tempo neben sich.

»Das war wohl das beste Essen meines Lebens«, sagt sie zum Teller, den sie mit Pitabrot sauberwischt. Sie ist ein neuer Mensch, einer mit Kohlenhydraten und Kalorien in sich drin und ein paar KOS- oder USA-Vitaminen.
Sie nimmt das halbe DIN-A4-Blatt und kritzelt alle Sätze durch. Wie ein Mandala, nur ohne Ausmalblumen. Schließlich sind neuneinhalb Balken auf dem Blatt. Sie steht auf, zahlt, gibt den Stift zurück, grüßt zum Abschied und verlässt das libanesische Restaurant.
Es dämmert allmählich, die Sonne steht tief, und die Dächer sind in oranges Licht getaucht. An einer Ecke eines Jugendstilhauses steht ein Engel auf dem Giebel, er ist golden und glänzt in der untergehenden Sonne. Sie winkt ihm in ihrer heiteren Sattheitsstimmung zu, der Engel winkt zurück.
Als sie in ihre Straße einbiegt, kommt ihr die Frettchenfrau auf dem Bürgersteig entgegen. Johaenne senkt den Blick und entscheidet sich, die Straßenseite zu wechseln. Aber da ist es bereits zu spät, die Frau hat offensichtlich Adleraugen.
»Mensch, Kindchen, da sindse ja wieder«, ruft sie ihr zu. »Na, dett war ja watt.«
»Oh, hallo, kennen wir uns?« Sie versucht, wenigstens auf blöd zu machen.

»Na, mich könnse nich vereiern, sie sind doch die junge Frau, die jestern Nacht da oben in die Luke stand. Da war ick doch mit Hubert. Wissense nich mehr?«
»Oh, doch doch, jetzt, wo Sie es sagen.«
»Watt war denn los jewesen, sachma.«
»Ach, nicht wichtig.«
»Na, so unwichtich kann dett ja nich jewesen sein, wennde dir rausstürzen wolltest.«
»Nein, das wollte ich ja nicht, hab nur nach meiner Katze …«
»Sindse nicht die Sängerin von die Casting-Show? Hier, wie heißtse gleich, sachmaschnell …«
»Sängerin? Nein, ich bin Religionslehrerin.«
»Achwatt, dett gloob ick nich.«
»Also, jedenfalls, ich muss los, mein Mann erwartet mich.«
»Na, is ja jut. Ick sach Hubert Bescheid.«
»Okay. Tschüss?« Sie sagte es mit Fragezeichen, wie das Jeansleggingsmädchen.
Und das ist eben das Problem. Manchmal sind die Menschen nett, und sie merkt es nicht, weil immer dieser Fluchtreflex einsetzt, sowie jemand versucht, mit ihr zu kontakten. Sie läuft, so schnell ihre kaputten Füße sie in den Plastiklatschen tragen, über die kleine Seitenstraße, als würde sie auf der anderen Seite wohnen, obwohl die Frau ja weiß, wo sie wohnt.
Sie hetzt durch die Autos, die überall herumstehen, wie riesige Blumentöpfe oder Sperrmüll, und alle Heiterkeit, alle Kohlenhydrate sind wie weggeblasen. Sie hetzt wieder. Wie in der Nacht, nachdem er das italienische Restaurant verlassen und sie ein Essen bezahlt hatte, das von beiden Gästen kaum angerührt worden war.

»Mögen Sie nicht, die Essen?«

»Doch, doch, es ist ganz vorzüglich«, beeilte sie sich dem italienischen Kellner zu sagen, »aber uns ist etwas dazwischengekommen, ein Notfall, entschuldigen Sie bitte, Ihr Essen ist grandios. Wir kommen bald wieder.« Und sie hetzte aus dem italienischen Restaurant, dessen Namen sie schon wieder vergessen hatte, irgendetwas Kompliziertes mit Händen und Brot, in Italienisch.

Sie lief auf die Straße, es war ein kalter Abend, und sie zitterte, aber nicht vor Kälte. Er war weg. Er war wieder weg. Wo war sein Auto? Zwei Querstraßen weiter, vielleicht saß er ja noch im Auto. Sie rannte. Als sie in die Querstraße einbog, sah sie sein großes Auto schon von weitem, es stand dort noch, Gottseidank. Aber er saß nicht darin. Das Auto war abgeschlossen, und er war nicht darin. Er war irgendwo anders, nur wo.

Sie hatte es mal wieder vermasselt und irrte nun suchend durch die Straßen. Fand die nächste U-Bahn, raste die Treppen hinunter und lief auf den Bahnsteigen herum. Raste die Treppen auf der anderen Seite des Bahnsteigs wieder hoch, hetzte in den nächsten Park, von einer Bank zur nächsten. Nirgends. Nichts. Sie war zu spät. Sie wusste nicht, wo er war, wie er von hier weggekommen war, wo war er??! Warum war er nicht im Auto? Das Auto! Vielleicht jetzt. Sie rannte zurück zu seinem Auto. Es stand noch immer dort. Sie schaute durch die Fenster ins Innere des ihr so vertrauten Autos hinein, all sein Werkzeug darin, die Erde, die Schubkarre, die martialischen Gartengeräte: Kettensäge, Vertikutierer, Äxte, Messer, enorme Scheren. Sie lehnte sich gegen das Auto, zückte ihr Handy und begann zu weinen, während sie seine Nummer tippte.

Sie kommt vor ihrer Haustür an und bleibt stehen. Stopp! So wird das nichts, so geht das nicht, ich muss zurück, zur Frettchenfrau. Sie war mein Lebensretter, und ich war kurz angebunden, aus Angst, dass mir jemand zu nahe kommt und mir irgendwelche beschissenen Ratschläge gibt, einen uncharmanten Witz macht oder mich aus Versehen beleidigt.

Sie läuft zurück, in der Hoffnung, dass die Frau noch irgendwo herumtigert und darauf wartet, dass ihr Frettchen gegen einen Baum pinkelt.

Die Frau ist weg. So wie er. Alle verlassen sie, kein Wunder. Nein, die Frau steht am Kiosk, und kauft Zigaretten zum Stopfen und Tabak. Ein Riesentopf, 500 Gramm. Johaenne entschleunigt ihren Schritt, wartet ein paar Meter vom Kiosk entfernt und schaut auf einen Aufsteller, auf dem in fetten Buchstaben steht: ›Skandinavien-Nebel kommt nach Deutschland.‹

Nachdem die Frettchenfrau sich vom Kioskbesitzer verabschiedet hat, geht Johaenne auf sie zu: »Hallo.«

Die Frau sieht Johaenne überrascht an. Und schweigt, unerwarteterweise.

»Ich möchte mich bei Ihnen bedanken. Ja, ich bin die, die sich gestern aus dem Fenster stürzen wollte. Ich habe gar keine Katze. Und Sie und Hubert haben dazu beigetragen, dass ich es nicht gemacht habe. Ihre Anteilnahme, obwohl Sie mich ja gar nicht kennen, das fand ich wirklich großartig, entschuldigen Sie bitte, dass ich eben so kurz angebunden war. Ist gerade nicht die beste Zeit meines Lebens. Jedenfalls schönen Gruß an Hubert und danke schön.«

»Na dann is ja jut.« Sie zündet sich eine Zigarette an, die sie aus ihrer Jackentasche herauszaubert, in der die gestopften Dinger lose herumzuliegen scheinen.

»Wie heißt denn ihr Frettchen?«
»Ditt is keen Frettchen.«
»Oh, was ist es?«
»Dett isn Marder, der heißt Fritz, wie Vati.«
»Ach echt? Mein Opa hieß auch Fritz.«
»Tja, wollnwa mal hoffen, dass ihr Fritz nich bei der SS war.«
»Oh …«
»Ja, damit leb ick jetzt, damit ick dett nich verjesse, woher ick komm. Dett kann man nämlich nich überleben, so'n Krieg und die janze Scheiße. Watt meinste, wie gern ick ma ausm Fenster rausjeworfen hätt. Hab ick aber nich, sondern war anne Kasse meen janzet Leben, und jezze fummel ick ma mit die paar Kröten vonne Rente zurecht, weil ick nämlich keen Talent zum Singen hab wie du, da weesste, was de hast. Weesste dett überhaupt? Na, machma jut.«
Dann geht sie. Mit Fritz, dem SS-Marder. Johaenne sieht ihr hinterher.

Sie schlich von seinem Auto nach Hause, am nächsten Morgen musste sie zu einem Jazzfestival nach Luxemburg fliegen und hatte keine Ahnung, wie das gehen sollte.
Von ihrer Wohnung, in die der Mann heute Nacht nicht zurückkehren würde, rief sie ihre Freundin Françine an, von der sie wusste, dass sie trotz Kind um diese Zeit wach und in Form war, vor ihrem Computer hockte und entweder an einem neuen Soziologie-Blockbuster schrieb oder eine Vorlesung vorbereitete.
Johaenne weinte hemmungslos am Telefon, Françine konnte sie kaum verstehen, reimte sich aber alles zusammen, die Situation war kein Einzelfall.

»Das ist sein Coping-Mechanismus, Jott, das weißt du doch«, sagte sie.

Es war Françine, die den Namen »Jott« erfunden hatte, sie hätte keine Zeit für drei Silben, meinte sie. Doch wehe, jemand hätte es gewagt, zu ihr Franzi zu sagen.

»Aber ich, ich bin doch das Problem!«, rief Jott durch die Tränen hindurch, »Ich mache alles immer schlimmer, ich sage Dinge, die ich nicht sagen will, bin ungeduldig, warum bin ich so, ich will so nicht sein, ich lieb ihn so sehr und mache alles falsch.« Sie konnte keine Erwachsenensätze mehr produzieren, sondern plärrte wie ein Teenager selbstmitleidig herum.

»Soll ich kommen, mein Herz?«, fragte Françine.

»Und Claire?!«

»Sascha ist da, ich kann also weg.«

»Nein, nein, bleib du bitte zu Haus, ich versuch zu schlafen, ich muss ganz früh zum Flughafen.«

»Ich kann auch bei dir übernachten. Wenn du es dir anders überlegst, ruf an, ich nehm das Telefon mit ans Bett.«

Johaenne machte kein Auge zu, und als sie im Flugzeug saß und aus dem Fenster schaute, hoffte sie, dass sich jetzt der Schlaf einstellen würde. Sie war so erschöpft, dass sogar die Angst vor dem Fliegen egal war.

Mit einer absurden Sonnenbrille wie ein Hollywoodstar war sie mit ihrem Bass auf dem Rücken über den Flughafen geschlichen, die anderen aus der Band kamen mit Auto oder Zug aus anderen Städten nach Luxemburg.

»Wo bist du?«, hatte sie geschrieben. Und »bitte melde dich doch« und »ich mache mir Sorgen« und »Liebster, bitte geh ans Telefon« und »es tut mir leid« und »Ich halte es nicht aus, wenn du einfach weg bist«. Sie machte sich klein wie ein Dackel, dessen Beine gerade lang genug waren, dass der Bauch nicht auf dem Boden schleifte. Es war egal, sie konnte die Sprachlosigkeit nicht ertragen, die Ohnmacht, in die er sie katapultierte, indem er aus ihrem Universum verschwand, hinein in ein schwarzes Loch. Das Schweigen war erbarmungslos, und seine Fähigkeit, Konflikte zu vermeiden und auszusitzen, hatte geradezu olympische Ausmaße erreicht. Wenn er ihr eine reingehauen hätte, wäre es ihr fast lieber gewesen. Sein Umgang mit Konflikten kam Feigheit gefährlich nahe. Françine hatte recht: das Weggehen, das Verschwinden war sein Coping-Mechanismus. Er musste irgendwo im Versteck abwarten, bis er wieder sein konnte. Er sein konnte. Oder so tun könnte, als wäre nichts. Wie ein verletztes Tier saß er irgendwo und wartete ab, bis der Tumult in seinem Kopf sich legen würde und er sich wieder zusammenreißen könnte, um gemäß seinem Motto, dass ihm niemals irgendwas etwas ausmachen würde, nonchalant sein könnte. Das war natürlich Selbstbetrug, den er sich nicht eingestand, sondern in ein vermeintlich pragmatisches Prinzip verwandelte.

Da sie in einem Streit kein Gegenüber hatte, passierte es, dass ihre Verzweiflung Auswüchse annahm, die sie, wenn sie Waffen besessen hätte, wahrscheinlich zu einem Amok verführt hätte. Kahles Land hinterlassen, weil der einzige Adressat, der wesentlich war, der Bedeutung hatte und an den sie ihr Herz verloren hatte, auf unbekannte Zeit verschwunden war, wie durch einen Spuk. So wurde er zu einem Geist und sie zu einem Gespenst, oder andersherum, was herzlich egal war, da es sowieso ziemlich das Gleiche ist. Immerhin waren sie sich dort ähnlich: Im Vergleich mit Figuren der Märchenwelt.

Und ja, sie sah heute Morgen aus wie ein Gespenst und fühlte sich auch so, obwohl man bislang nicht hatte herausfinden können, wie Gespenster sich fühlen, das stand nirgends geschrieben, höchstens, wie man ein Gespensterkleid zu Fasching anfertigte, konnte man nachschlagen.

Der Mann saß im schwarzen Loch. Schön konnte das auch für ihn nicht sein, er tat, als wäre er nicht, bis er wieder ward. Ein Mensch im besten Fall. Er konnte sich ausschalten, seine Sicherungen herausdrehen. Dunkel. Unauffindbar für die Frau, alle und sich selbst.

Sie flogen in die Wolkendecke hinein, und das Flugzeug rumpelte wie über Kopfsteinpflaster. Die Vorstellung des Kopfsteins half ihr den Umstand zu verdrängen, dass die Fliegenden keine Vögel waren und hier nichts zu suchen hatten, dass unter dem Flugzeugbauch ein paar Kilometer lagen bis zum Erdboden. Sie stellte sich also vor, dass sie über Kopfsteinpflaster ruckelte, wie in einer Goetheschen Kutsche. Dann war schließlich das Gerumpel vorbei, sie tauchten aus der Wolkendecke auf, und da waren blauer Himmel und die Sonne. Das Licht war wie eine Befreiung, sie nahm ihre Sonnenbrille ab und schaute hinaus. Es war alles weit und leicht und hell, und so könnte das Leben sein. Die Schönheit fiel durch das Fenster direkt in sie hinein. Sie klemmte ihren Kopf zwischen Sitz und Flugzeugwand und machte die Augen zu. Endlich fiel sie in einen schlafähnlichen Schlaf.

Dann gongte es, und sie sollten sich anschnallen, die Tische hochklappen und Laptops schließen, weil sie jetzt landen würden in der luxemburgischen Hauptstadt Luxemburg. Sie öffnete die Augen, es war sonnig, und sie sah die ordentlich gezirkelten grünen Felder klar und kontrastreich, wie durch Brillengläser mit Dioptrien für Kurzsichtige. Die Landschaft war fruchtbar und aufgeräumt, ein Fluss schlängelte sich hindurch und funkelte freundlich. Schön war das, friedlich. Sie sog die landschaftliche Schönheit und Ordnung in sich ein, in der Hoffnung, dass ihr Gefühlschaos davon ebenfalls aufgeräumt würde, die Seele oder was hing ihr wie eine Zunge aus dem Leib heraus. Sie starrte aus dem Fenster wie ein Kind beim ersten Flug und merkte schließlich, dass sie den Mund leicht geöffnet hatte und es heraustropfte. Sie sehnte sich nach einer Vollnarkose.

Sie landeten. Sie setzte die Brille wieder auf. Dunkel – war auch nicht recht.

Vorm Abflug, beim Security-Check, war ein Mann in einem langen weißen Gewand vor ihr durchsucht worden. Sehr gründlich wurden seine Beine geprüft, die offensichtlich unter dem Kleid behost waren. Dauerte. Sein Gewand fiel in mehreren Lagen bis zu seinen Knöcheln hinab, es war schneeweiß und aus weichem Stoff. Dazu trug er einen roten Bart und praktische Wandersandaletten ohne Socken. Die Security-Person untersuchte, orthopädisch fast, das Knie des so anders gekleideten Mannes und schien die Chance zu wittern, einen heiligen Mann auffliegen zu lassen, der jedoch zu der Untersuchung freundlich lächelte und seine Arme wie Flügel ausgebreitet hatte, als bräuchte er kein Flugzeug. Er versuchte, es dem Sicherheitsmann einfach zu machen, ihn nicht bei dessen Arbeit zu stören und war heiter, gelassen und geduldig – so wie sie sein wollte.

Da heute alles egal war, sprach sie ihn an, als er den in die Box gelegten Rosenkranz, der geröntgt worden war, wieder an seinem Gürtel befestigte.

»Sie sehen toll aus«, sagte sie.

Er lachte.

»Was sind Sie?«

»Ich bin eine katholischen Priester«, sagte er mit eindeutig amerikanischem Akzent, »und gehöre zu den Dominikanerorden.«
»Wow«, sagte sie unpassenderweise. Der Priester hatte wahrscheinlich keine Probleme. Er hatte keine Ehe, keinen Liebeskummer oder Beziehungskonflikte, keinen Sex, und wenn er stritt, dann nur mit Gott.
»Das ist Ihnen nicht zum ersten Mal passiert, dass Sie so gründlich untersucht werden, oder?« Er lachte aus ganzem Herzen, als hätte sie einen Bombenwitz erzählt, und um seine Augen bildeten sich attraktive Lachfältchen.
»Oh, yes, aber das ist kein Problem.«
Sie hoffte, er flöge mit derselben Maschine wie sie, aber das war nicht der Fall. Wahrscheinlich reiste er zu einem Katholiken-Festival nach Brasilien und nicht zu einem Jazzfestival nach Luxemburg, wo übrigens 73 % der Einheimischen katholisch sind.
Der Soundcheck war eine Katastrophe. Ihre Band ›The girl in the other room‹ waren Ellin: Drums, Ayo: Piano, Ben: Gitarre, Nilz: Trompete, Johaenne: Bass. Das war ihr Markenzeichen geworden: Das Mädchen mit dem Bass, obwohl sie schon lang kein Mädchen mehr war. »Wie Paul McCartney«, hatte jemand mal peinlicherweise geschrieben. Sie war aber rechtshändig und ja, Paul McCartney hatte auch mal einen Höfner 500/1 Violin-Bass gespielt. So wie sie. Oder andersrum. Ihr Modell war älter als sie selbst und wahrscheinlich der schönste Bass der Welt. Sie passte auf ihren erwachsenen Bass so auf, wie sie sich vorstellte, dass man sein eigenes Kind beschützte. Sie hatte kein Kind, sie hatte nicht mal eingefrorene Eier. Und nun?
Johaenne war Frontfrau und Sängerin der Band, und das Singen hatte sie auch tatsächlich in der Jazzabteilung der HdK

Berlin studiert, das glaubt immer keiner, weil: Singen kann ja jeder – oder Schauspielen. »Das kann man studieren? Wusst ich gar nicht.« Woher nehmen wir nur all unser Nichtwissen. Sie schrieb fast das gesamte Material, Ben war der musikalische Leiter. Anfangs waren Ben und sie ein Duo gewesen, dann kam einer nach dem anderen in ihr Musikerleben geflattert, bis sie schließlich zu fünft waren. Quintett statt Duett. Mit dem Song ›The girl in the basement‹ kamen sie in die Charts und erhielten für ihr Album zum ersten Mal einen »Echo«, best newcomer. Den gab es damals noch, den Echo. Johaenne wurde schließlich zu ›The Voice Kids of Germany‹ in die Jury eingeladen und erhielt das Angebot, einen Titelsong für einen Film zu schreiben, der kommerziell erfolgreich wurde. Ihre Karriere ging ab wie Schmidts Katze.

Aber jetzt war sie in Luxemburg auf dem Jazzfest, und die Verfassung war schlecht, der Druck hoch. Sie trank so viel Thymiantee, wie sie vermochte, lutschte ein Gelorevoice nach dem anderen, summte, klopfte, versuchte, ihre Stimme herauszulocken aus dem Dunkel ihres Innenlebens. Doch in ihrem Hals war kein Leben, das hinausgesungen werden wollte, die Stimmbänder wollten nicht mitmachen. Ihr amerikanischer Gesangslehrer hatte niemals Mitleid mit ihr gehabt, wenn sie erkältet war oder Bronchitis hatte, sondern sagte, das ist Technik und »vocal chords are muscles«, und dann kam sein Caruso-Beispiel.

Sie wusste, wie es geht, sie hätte die Zeit bis 19 Uhr nutzen und sich konzentriert einsingen können, aber sie war zu beschäftigt mit ihrer Angst.

Wie eine KI erledigte sie den Soundcheck und die Bühnenprobe. Sie spielte Songs an, checkte Übergänge, richtete den Moni-

tor ein, und ihr Toningenieur sagte, dass es gut klänge und sie doch wüsste, dass der Sound besser würde, wenn erst das Publikum im Saal wäre. Die Konzerthalle war ein ehemaliges Gefängnis. Na bravo. Sie wusste, wie scheiße sie klang, aber sie wollte die Lüge glauben. Die Band war entspannt wie immer. Sie war angespannt und dachte an ihren verschwundenen Mann.
Er hatte sich eingerichtet in passiver Aggressivität, sie in aussagelose Liebenswürdigkeit und monotone Freundlichkeit gehüllt und machte aus ihr, die seine Geliebte, seine Frau, seine Partnerin war, die er geliebt und begehrt hatte, nein?, die er klug und witzig fand, eine Unbekannte, vielmehr einen Irgendjemand, einen Jedermann, ohne Bedeutung und Platz in seinem Leben. So jedenfalls empfand sie sein Verhalten. Faktisch war das sicher nicht. Gefühl statt Beweis. Vielleicht war er sich dessen gar nicht bewusst. Es war Teil ihrer Partnerschafts-Dynamik, die sie unachtsam einstudiert hatten, wie Tango, und aus der sie nicht mehr rausspringen konnten, da sie beide den Zeitpunkt dafür verpasst hatten.
Sie zog sich um und schminkte sich. Das ging. Die Schuhe hatte sie vergessen, na super. Sollte sie welche kaufen? Nein, danke, jetzt bloß nicht rausgehen. Dann eben barfuß, da könnte man denken, es sei Absicht.
Sie nahm ihr Mobiltelefon zur Hand, um … – und plötzlich, für einen Moment, stellte sich die professionelle Musikerin Johaenne vor die private Jott und schaltete das Handy aus, statt Nachrichten zu checken. Jetzt noch eine Katastrophe so kurz vor dem Gig, das wäre der Todesstoß. Der Richter sprach vier Worte: »Tode durch den Strang.« Das war der Richterspruch der Alliierten gewesen während der Nürnberger Prozesse 1946. Wie kam sie jetzt darauf?

Der Veranstalter kam in ihre Garderobe und sagte, dass er sich auf das Konzert freuen würde und dass es fast ausverkauft sei und er kurz eine Ansage machen müsste, um den Sponsoren zu danken.

»Im Ernst?«

»Ja, tut mir leid, geht ganz schnell, nur fünf Minuten.«

»Fünf Minuten??!!«

»Ja, oder weniger.«

Nun war auch schon alles egal. Dies war ja nicht das Tempodrom, wo sie spielten, sondern ein Jazzfestival in Luxemburg, mit freiem Eintritt für das Publikum, so reich ist Luxemburg. In der gesamten Stadt waren kleinere und größere Bühnen aufgebaut, überall dudelte es, und die Band würde demnach vor einem mehr oder weniger interessierten Publikum spielen. Sie konzertierten in einem ehemaligen Gefängnis, das zu einem Kulturzentrum mit über tausend Plätzen umgebaut worden war, doch sie wollte sich einbilden, dass die Energie der Gefängniszeit an den Wänden haftete, wie alte Raufasertapete. Aber das war wohl nur im Kopf und nicht das wirkliche Gefühl, sie hatte ihre Gefühle letzte Nacht aufgebraucht, und das Wort ›Gefängnis‹ machte, dass sie sich direkt wie in einer emotionalen Haft fühlte. Die Menschen konnten also, laut Konzept, hinein- und hinausgehen, wie sie wollten. Sie hatten kein Ticket erwerben müssen, da konnte man der Band gegenüber respektlos sein. So dachte sie zumindest und versuchte sich bereits innerlich auf ein Kommen und Gehen und Unruhe im Zuschauerraum einzustellen. Beruhigend war das nicht. Und nun, vorweg noch die Dankesreden für die Bank, die Autofirma, den Bürgermeister, die Versicherung und Gott.

Ben, musikalischer Leiter, Gitarrist und Kumpel, kam in die

hübsche, saubere Garderobe, vielleicht eine ehemalige Zelle. Sie stellte ihn dem Veranstalter vor, aber sie kannten sich bereits. Naklar, sie stellte immer nur Leute einander vor, die sich schon kannten, das kannte sie schon.

»Also Hals- und Beinbruch«, sagte der Veranstalter, der einen schlechtsitzenden Anzug trug, gut gelaunt war, sich die Hände rieb und die Garderobe verließ. Auch das noch, Hals und Beine brechen ...

»How are you, Dschott?«, fragte Ben, stellte ihr einen Tee hin und setzte sich neben sie auf die Backstage-Couch. Er sagte »Dschott«. Seine Familie war aus Edinburgh, und er war wegen der Liebe nach Berlin gekommen, nicht der zur Stadt, sondern zu einem Mädchen, die Liebe war schnell weg, er blieb, litt, lernte deutsch, versuchte, sich in der Musikszene zu etablieren, schwierig, und spielte eines schönen Augustabends mit einem Jazztrompeter, Nilz übrigens, ein Hauskonzert bei einer reichen und einflussreichen Fernsehredakteurin im Westen der Stadt. Im lampionbeschienenen Stehtischchen-Garten nach dem Konzert lernten er und Johaenne sich kennen. Sie hatte ihn angesprochen und gefragt, was sein musikalischer Background sei, wegen der Duesenberg-Gitarre, die er spielte, und Ben war begeistert, dass Johaenne die Hannoveraner Gitarrenfirma kannte. Sie gaben ein bisschen voreinander an mit ihrem musikalischen Fachwissen, bis sie davon ganz erledigt waren, sich auf Kissen ins Gras hockten und über Songs sprachen, die sie gern selbst geschrieben hätten.

»You're not smoking, I assume?!«, sagte er richtigerweise zu einer Sängerin.

»I shouldn't«, antwortete sie, »deswegen habe ich keine Kippen dabei. Du?«

»Kippen?«
»Zigaretten.«
»Ah. Brilliant word.«
Er hatte Zigaretten, sie hatte vermutet, dass er drehen würde, falsch gedacht.
Sie rauchten, lagen mittlerweile auf den Kissen, schauten in den Himmel und waren ab dem Moment Freunde. Wie in einem Cartoon. So kann's gehen. Er erzählte von seiner Mum, deren Vorfahren irgendwann von den karibischen Inseln auf die regnerische europäische Insel gekommen waren oder gekommen wurden und von seinem Dad, dem Schotten. Und dass beide Eltern bei internationalen Nichtregierungsorganisationen arbeiteten und mittlerweile das schottische Landesbüro einer der UN-Organisation leiteten. Johaenne hatte Bens Eltern kennengelernt, als sie mit der Band in Glasgow gespielt hatten, und, Ehrenwort, sie liebte ihre Mama wirklich aus ganzem Herzen, aber sie hätte Bens Eltern am liebsten adoptiert, und wenn man dachte, Ben sei der netteste Mensch der Welt, wait until you meet his parents.
Nun fragte er, wie es ihr ginge. Gute Frage. Auf einer Scala von null bis zehn, oder wie soll sie das jetzt beantworten? Daher sagt sie: »Ach …«
»Seriously, what is it?« Ben schaute Jott direkt in die Augen und legte seinen Arm hinten auf der Couch um sie.
»Mein Mann ist mal wieder verschwunden …«
»Oh noo, again? I am so sorry.« Seine Stimme war empathisch, nicht empört.
»Ich bin so erledigt, ich hab überhaupt nicht geschlafen.«
»Once you're on stage, you'll gonna rock the house. We came such a long way, baby.«

»Thank you, Ben.«
»I'm here for you, you know that, right?« Er nahm kurz ihre Hand.
Sie nickte. Er schien nicht überzeugt.
»You do, don't you?« Sein Blick war eindringlich.
»Ja«, war die schlappe Antwort.
Nach der endlosen Dankesrede des Anzugträgers, von wegen fünf Minuten, ging die Band auf die Bühne, Applaus, und spielte das Intro zum ersten Stück, während sie noch nervös auf der Seitenbühne stand, bis auch sie den mirakulösen Bühnenraum betrat, der sie wie eine Rüstung beschützte und der vermutlich der einzige Ort auf der Welt war, an dem sie sich frei oder sicher oder welches Adjektiv auch immer es war, fühlte. Sie trat mit ihrem Bass vor das Standmikro und begann ein Riff zu spielen, derweil sie ›Tode durch den Strang‹ dachte.
Vorsichtig begann sie zu singen, als würde sie das Gelände prüfen. All die Scheiße der letzten 24 Stunden floss wie ein steter Bach in ihren Gesang hinein und durch ihn hinaus.
Nach dem ersten Song schaute sie ihre australische Schlagzeugerin an. Ellin spielte mit zwei Basedrums und diversen Requisiten aus dem Baumarkt, die sie an ihr Set gestellt hatte, wie zwei ineinandergeschobene Plastikrohre, die sie mit einem Plug und einem Effektgerät versehen hatte. Ihre Arme waren bis hoch zum Hals tätowiert. Erinnerungen an die Reisen, die sie damals, als junger Mensch, durch Australien unternommen hatte, auf der Suche nach Instrumenten, Inspiration und Herkunft. Ellin zwinkerte Johaenne zu. Das ehemalige Gefängnis, das zu einer akustisch glänzenden Konzerthalle umgebaut worden war, wurde mit Musik geflutet, und die Zuhörenden, wer hätte das gedacht, blieben im Saal und hörten interessiert

zu, statt unruhig hinaus- und hineinzugehen, wie Johaenne es befürchtet hatte. Ihre Stimmbänder funktionierten, als wären sie gerade aus einem Ei herausgepellt worden, Ben und ihr Gesangslehrer hatten recht gehabt.
Nach dem Konzert saß sie in ihrer Garderobe, und in ihrem Körper lieferten sich Adrenalin und Erschöpfung einen Kampf. Der Verlierer war Johaenne, und sie glitt vom Stuhl in eine Ohnmacht hinein, aus der sie auf dem Boden erwachte und in die Gesichter von Ellin, Nilz, Ben und Ayo blickte, die neben ihr hockten, ihre Füße hochhielten, Wasser einschenkten und sich sorgten. Nilz gab ihr homöopathische Kügelchen, sie schluckte sie runter, das war falsch.

Sie spürt ihre Sockenfüße in den blau-weiß gestreiften Latschen kalt werden, als sie wieder zu ihrem Haus geht und sich die Straßenlaternen mit einem tonlosen Schlag einschalten. Eine der Lampen steht direkt vor ihrem Hauseingang, so dass sie den Schlüssel gut sehen kann, als sie ihn in die Haustür steckt.
Sie erschrickt, als sie vor ihren eigenen Stühlen steht, die sie am Nachmittag im Hausflur in die Ecke geschoben hatte. Zwei der petrolfarbenen Midcentury-Stühle sind noch da, einer davon mit Vogelkacke, die anderen zwei sind offensichtlich entwendet worden.
Sie schleppt sie hoch. In die Wohnung, aus der sie sich vergangene Nacht hinausstürzen wollte. Verschließt die Tür von innen und macht den Riegel davor. Setzt sich auf einen der Stühle und zieht Latschen und Socken aus. Betrachtet die Füße. Es sind ihre Füße. Sie sind kalt, aber die Schwellung ist fast vollständig abgeklungen. Gut. Warum ›klingen‹ Schwellungen, könnte man sich fragen.

»Hallo, ich bin wieder zu Hause«, ruft sie matt in die leere Wohnung hinein und bleibt neben der Eingangstür auf dem Stuhl sitzen. Der Arme, zwei seiner Geschwister wurden gekidnappt. Die Wohnung wirkt zerzaust, Johaenne möchte sie streicheln. Dieser Ort ist immer ihr Refugium gewesen, bot Sicherheit und war Ladegerät. Hier war es gemütlich warm und schön und freundlich. Auf der anderen Seite der Tür mit dem Riegel lag eine stinkende Welt, die oftmals einen abweisenden, düsteren Eindruck machte. Hier in der Wohnung zog sie sich zurück wie in eine Höhle und wurde wieder heil und im besten Fall synchron mit sich. Die Angst, das Gehetztsein, die Hässlichkeit der Menschen, ihre Rauheit in Umgang und Sprache, verlangsamten sich an diesem Ort. Hier konnte man sie nicht sehen und anfassen, sie beleidigen, verletzen, ansprechen oder ihr wohl oder übel mitspielen.

Da draußen, hinter der Tür, befand sich das, womit sie sich jeden Tag konfrontieren musste, nicht unbedingt freiwilligerweise. Sie hatte es durchgehalten – bis gestern. Gestern hatte sie nicht mehr die Kraft gehabt, den Riegel zu öffnen und fünf Stockwerke hinunterzugehen in eine Stadt, ein Land, einen Ort, der voll Menschen war, die zum größten Teil, im Gegensatz zu ihr, zu wissen schienen, wie das mit dem Leben geht, die sich mit und in sich sicher fühlten und selbstbewusst herumirrten, die laut und beschäftigt waren, selbstzufrieden, selbstverliebt und bewachsen mit einem Fell, das fühllos zu machen schien. Sie beneidete die Menschen um die Normalität ihres Lebens, wenn sie über den angehenden Straßenlaternen die Lichter in den Fenstern sah, und konnte sich nur Sicherheit und Glück vorstellen, das sich dort ereignete. Ohne sie. Ihr Leben ist gefährlich in Unordnung geraten. Zwei Stühle, ein möbelpolierter Tisch.

Sinnentleerte Räumlichkeiten. Sie würde alles wieder in Ordnung bringen, sagt sie sich, sie will und schafft das.

Von dem Konzert in Luxemburg fuhr die Band gemeinsam in einem Auto zurück nach Hause, diesmal hatten alle dieselbe Richtung. Das Telefon hatte bis dahin geschwiegen. Als sie ihn am Tag darauf zum hundertsten Mal anrief, ging er ran. Sie verabredeten sich in einem Café, lagen sich in den Armen, während er schwieg und sie weinte. Über New York sprachen sie nicht mehr. Es war klar, dass er nicht mitkommen würde. Der Versöhnungssex war, wie Versöhnungssex das so an sich hat, Weltklasse.

Nur ganz zum Schluss, da hatte er mit seiner leisen Stimme gesagt, so dass man auch hätte glauben mögen, man hätte sich verhört, sie hätte sich verhört, da hatte er gesagt, nach den fünftausend Malen, die sie miteinander geschlafen hatten, hatte er gesagt, nicht gefragt, sondern ausgesagt, wie unter Eid, dass sie, Johaenne, offensichtlich Sex nicht mögen würde. Doch, sie hatte sich verhört, wahrscheinlich, das konnte er ja nicht gemeint und gesagt haben. Konnte nicht sein. Doch er hatte es gesagt. Ja, er hatte es gesagt, aber nicht gemeint. Nicht meinen können. Gemeint war das Bedürfnis, ihr weh zu tun, denn auch ihm hätte, empirisch sozusagen, klar sein müssen, wenn sie beide zusammen irgendetwas konnten, dann Sex. Sex konnten sie, wie andere rudern können. Oder was auch immer andere Pärchen so können oder gemeinsam anstellen. Yoga, kochen. Sich lieben. Es war der Sex, der sie, Johaenne und den Mann, verband, verbündete, verbrüderte geradewegs. Sie waren ein perfektes sexuelles Duo und Duett. Wie Simon and Garfunkel in Sex. Oder Sonny Terry and Brownie McGhee. Wie Ike und

Tina Turner, wobei das ein schlechtes Beispiel ist, weil er sie verprügelt hat. Wie Messer und Gabel also. Sie waren wie eine Terz, ein perfekter Zweiklang. Und dann das? Das konnte er nicht meinen, das wollte er nur sagen, oder? Und siehe da: Es wirkte, es haute sie um, zwang sie in die Knie, es machte sie zu einer Frau, die sie zwar nicht war, die sie aber vor allem nicht sein wollte, und meinte, das auch begründen zu können bzw. rechtfertigen zu müssen. Und nun, durch diese wenigen Worte, war sie in seinen Augen diese anscheinend sexuell uninteressierte Frau geworden, hatte er sie dazu gemacht, als könne der Inhalt seines manipulativen Sprechens in ihr wahr werden. Das brachte er fertig, er brachte dies fertig. Er hatte sie mit einem Stempel versehen, der sie zweidimensional machte, und glaubte nun, was von ihm über sie ausgesagt worden war, glaubte, was er sagte, und erstaunlicherweise: glaubte sie es auch!
Die Abstände zwischen seinen Abwesenheiten wurden kürzer, die Gespräche knapper. Und ihr gelang es nicht, sich emotional zu zügeln. Wenn er sich von ihr angegriffen fühlte, was ständig der Fall war, flog eine Tür aus der Angel oder ein Mobiltelefon oder anderes Requisit durch das Wohnzimmer. Er war stark, es war furchteinflößend zuzusehen.
Und dann kam er eben irgendwann gar nicht mehr zurück. Er hatte sich eine Wohnung gemietet und verblieb dort den größten Teil der Zeit. Ging nachts, wenn sie auf Konzertreise war, in ihre ehemalige gemeinsame Wohnung und holte Stück für Stück seine Sachen heraus. Sie traute sich nicht zu fragen, was passierte, befürchtete, damit die absurde Situation noch prekärer zu machen. Er fuhr nach Schweden zu seinem Waldfreund. Kein Anruf seinerseits. Sie rief ihn fast täglich an. Er war freundlich zu ihr am Telefon, wie zu einem Postbeamten.

Als er zurückkam, fuhr er in seine Wohnung. Sie fragte, ob sie sich zum Essen treffen könnten. Gerade schlecht, viel zu tun. Dann fuhr er zu seiner Schwester, sie sei krank, er müsse sich kümmern. Oh, was hat sie, kann ich was tun. Ach, ist nicht so schlimm. Als er zurückkam, fuhr er in seine Wohnung. Wollen wir uns nicht mal wiedersehen? Ich bin so müde, morgen. Okay. Meldest du dich. Ja, mach ich. Er meldete sich nicht. Er tauchte Stück für Stück aus ihrer Welt ab und tat so, als sei nichts. Und sie auch, weil sie dachte, wenn sie nur keinen Druck ausübte, dann wird das schon wieder. Als sie sich nach Wochen und Wochen endlich wiedersahen und in einer langen Nacht in einer Bar saßen und tranken, sagte er beiläufig: »Wir sind doch gar nicht mehr zusammen.«

»Wiebitte?«, antwortete sie, »hast du dich von mir getrennt und vergessen, es mir zu sagen? Ich weiß davon nichts.«

»Ich muss mein Leben wieder auf die Reihe kriegen«, sagte er, »und das geht nur ohne dich.«

Das war schmerzhaft, aber auch klar formuliert. Dass er sich aber von ihr trennen wollte oder getrennt hatte, erwähnte er mit keinem Wort. Und schon gar nicht benutzten sie das Wort Liebe. Sie wusste ja, Liebe war für ihn Erpressung. Und nun war er aus ihrem Leben geschlichen und hatte wohl gehofft, sie würde es nicht bemerken. Wenn man einfach so tut, als gäbe es den anderen nicht mehr, dann verschwindet dieser Mensch vielleicht und hoffentlich. Dieser Mensch war sie. Und er war nicht nur aus ihrem Leben verschwunden, er hatte *sie* verschwinden lassen, und es war ihm gelungen.

Sie macht das Radio an. BBC World. »Inside Africa« heißt die Sendung, die gerade läuft, in der über floating schools in Simbabwe berichtet wird, und nach einer Weile des Zuhörens steht sie auf und beginnt die Vogelkacke vom Stuhlpolster zu wischen, während afrikanische Vogelstimmen sie über den Äther erreichen.

Nun war sie also weg. Sie war unsichtbar geworden und wusste nicht, wie man damit umzugehen hatte. Sie konnte atmen, laufen, sprechen, arbeiten, aber es war nicht real, sie tat all das, ohne dabei anwesend zu sein. Sie war zu einer Hülle geworden, wie Schlangenhaut, die man ja bekanntermaßen abstreifen kann und im Biomüll entsorgen. Oder war es Sondermüll? Vergessen. Es war nur eine Frage der Zeit, bis es ihr gelingen würde, sich auch von ihrem Selbst abzustreifen, um endgültig nicht mehr vorhanden zu sein.

Und so fand sie sich schließlich nackt auf 17 Metern Höhe wieder, um sich ein Ende zu bereiten und final zu verschwinden, um zu vergessen, dass es sie gab. Doch die Frettchenfrau mit dem Marder und Hubert hatten sie aufgelesen, und die Höhenangst hatte ein Übriges getan. Und vermutlich ist es so, dass sie keine Selbstmörderin ist, aber man kann auch alles noch werden. Man kann auch immer versuchen, neu anzufangen, aufzubauen, aufzubrechen, sich zu bewegen und zu verändern, das darf man. Und wenn man es darf, kann man es auch können. Es gibt genug Regionen dieser schönen Welt, in der Noch-mal-Anfangen oder überhaupt anfangen, in der aufzubauen, wegzugehen, sich zu bewegen oder sich zu artikulieren nicht gedurft wird. Sie ist keine Selbstmörderin, dieses Aus-dem-Leben-Scheiden ist für sie weder Option noch Wunsch, quod erat demonstrandum.

Und jetzt. Ist sie zurück vom nächtlichen Fenstersturz-Abenteuer, hat das Radio laufen und setzt sich nach der Putzaktion auf den gesäuberten Stuhl.

Ein Reißverschluss wird geöffnet. Er gehört zu einem kleinen Zelt, in dem sie sich befindet. Draußen Dunkelheit. Es ist eine warme Nacht. Sie krabbelt hinaus. Etwas baumelt vor ihrem Körper herab. Was ist das? Ein Strick. Eine Leine, die eng an ihrem Hals befestigt ist. Sie versucht, sie abzumachen, gelingt nicht. Sie könnte sie durchschneiden, doch sie hat weder Schere noch Messer. Sie wirft sich die Leine wie einen Zopf über den Rücken und geht vom Zelt weg in die Nacht. Das Zelt steht einsam auf einem Feld. Eine Straße führt durch das Feld. Sie geht auf der Straße, sie ist gesäumt von Laternen, die nicht leuchten. Rhythmisch sieht sie die Laternen an sich vorbeifliegen, offensichtlich geht sie so schnell, wie ein Auto fahren kann. Sieht die Skyline einer Stadt vor sich liegen, erreicht die Stadt, die aus ausgebrannten Häusern besteht. Läuft durch leere Straßen, die Leine schlägt gegen ihre nackten Knie. Die Häuser werden höher, Stockwerke türmen sich rechts und links auf, streben aufwärts; schwarze Löcher, wo Fensterscheiben waren. Die Stadt ist zu einer Schlucht geworden. Steht auf einem Bahnsteig wie auf einer Bühne, beidseitig verlaufen Schienen. Menschenleere, schwarz ausgebrannte Züge passieren, ohne Halt. Am Ende des Bahnsteigs eine Leiter, die klettert sie hinauf. Nach oben. Es gibt nur eine Richtung. Der Bahnsteig ist zu einem Abgrund weggerissen. Sie steigt die Leiter hoch, unter ihr lösen sich die Stufen auf. Sie sieht nicht, bis wohin die Leiter reichen wird, klettert und hört ihren Atem. Die Leine wird schwer an ihrem Hals zieht sie nach unten, bis sie die Leiter loslässt und fällt …

Wacht auf und sitzt noch immer auf dem Stuhl, auf dem sie wohl eingeschlafen ist. Es ist hell in der Wohnung. Morgendämmerung. Sie steht mühsam auf und legt sich in ihr Bett, zittert unter der Bettdecke, die blutverschmiert ist. Das Blut ist getrocknet und bräunlich. Sie fühlt die kalte Wärmflasche an ihren Füßen und denkt an seine großen warmen Füße auf den ihren. Weint.
So vergeht die Zeit. Die Zeit muss vergehen, damit das Leben besser wird, hofft man, aber die Zeit vergeht einfach nur, weil sie nichts anderes weiß und kann als vergehen, bis das Leben, aus welchen Gründen auch immer, zu Ende gelebt ist oder einfach abgewartet wurde.

Irgendwann schafft sie es aus dem Bett und lässt sich eine heiße Wanne einlaufen, liegt darin, lässt Wasser nachlaufen, bis zwischen ihren Fingern Meerjungfrauen wachsen, und hört und sieht sich auf ihrem Laptop die »Winterreise« von Franz Schubert an, gesungen von Thomas Quasthoff, begleitet von Daniel Barenboim in der Berliner Philharmonie. »Fremd bin ich eingezogen, fremd zieh ich wieder aus.« Sie nimmt Quasthoff und Barenboim mit in die Küche, bloß nicht allein sein jetzt, kocht Tee, trinkt ihn im Bett. Schläft ein. Schläft.
So vergeht die Zeit.
Schließlich, nachdem Tag und Nacht sich wiederholt abgewechselt und begonnen haben ineinander zu verschmelzen, steht sie auf und wechselt die Bettwäsche, steckt die mit dem Blut in die Waschmaschine. Sie stellt das BBC-Radio ins Bad, hört eine Reportage über Miles Davis und duscht wie ein guter Staatsbürger, wäscht ihre Haare, rasiert sich, cremt sich ein, schminkt und parfümiert sich, zieht eine schwarze Hose

und einen schwarzen Rollkragenpullover an. Sie läuft barfüßig durch die Wohnung zu den zwei Stühlen, die noch an der Wohnungstür stehen. Stellt einen an den polierten Tisch, geht zurück und holt den anderen, um ihn ebenfalls an den Tisch zu stellen. Hebt ihn an und will gerade losgehen, da fällt der Stuhl von den beiden Armlehnen ab, und als er auf dem Boden landet, fallen auch alle vier Beine ab. Sie erstarrt und lässt die Armlehnen fallen, die sie noch in ihren Händen hält. Vor ihr liegt nun ein Haufen aus Holz und Polster, der bis eben noch ein Stuhl gewesen ist.

3

Sie lädt den kaputten Stuhl in ihr Auto und fährt zu dem Restaurator, bei dem sie vor zwei Jahren alle vier Stühle gekauft hatte. Sein Geschäft liegt in einem anderen Stadtteil, zu dem sie dreißig Minuten fährt. Sie biegt in eine baumbestandene kleine Kopfsteinpflasterstraße ein, ihrer fast vergleichbar, in der Mehrfamilienhäuser stehen und, auffällig, keine Cafés, Geschäfte oder Bars zu finden sind, nur ein Kiosk, aka Späti, liegt gegenüber des Möbelladens. »By Malik«. Des geschlossenen Möbelladens!

Sie hätte wissen müssen, dass sie sich vorher telefonisch hätte anmelden sollen, bei dem etwas wunderlichen Restaurator, der zumeist nicht ans Telefon ging. Eine Fahrt in sein Möbelparadies wurde zu einer unberechenbaren Verabredung.

Heute ist sie unangekündigt zu ihm gefahren, nach mir die Sintflut, und geht in Lederjacke und Neun-Zentimeter-Boots, die ihr wie eine Uniform im Krieg das Leben im Frieden erleichtern, über die Straße zum Späti, setzt vor dem Geschäft eine Sonnenbrille auf, geht hinein und kauft sich Zigaretten. Cool. Siehste, geht doch. Sie fragt den Spätimann nach Feuer und Uhrzeit.

»Kurz nach fünf, genau 17 Uhr 08.« Schnapp, ein güldenes Gasfeuerzeug geht an. Sie entzündet daran ihre Zigarette.

»Danke.«
»Sehr gern, meine Dame«, sagt er und reicht ihr einen Aschenbecher.
Sie grinst ein bisschen über die Dame. Es ist eher der Gedanke an ein Grinsen als ein tatsächliches Lächeln, aber komm, wir sind auf dem Weg, das wird.
»Kann ich noch etwas für Sie tun?«
Er ist ein jüngerer Mann, mit warmen, sehr dunklen Augen und einem an der Kinnlinie genau abgezirkelten Bart und Augenbrauen, die deutlich mit einem Faden gezupft wurden. Sehr gepflegt, sehr parfümiert. Oud. Er trägt einen goldenen Ring mit Wappen auf dem linken kleinen Finger.
»Kennen Sie das Möbelgeschäft gegenüber?«, fragt sie ihn.
»Natürlich, das gehört Malik, er kommt immer zum Tee zu mir.«
»Wissen Sie, ob er heute noch mal kommt?«
»Ich kann ihn anrufen.«
»Würden Sie das machen?«
»Selbstverständlich«, sagt er, zückt sein Telefon, wählt, lässt es klingeln, sie raucht, starrt ihn an, warten. Schließlich schnalzt er mit der Zunge, legt den Kopf schräg, schaltet das Telefon aus. »Geht nicht ran. Tut mir leid. Ist es dringend?«
Sie macht die Zigarette aus, die ihr in die Glieder gefahren ist.
»Mein Stuhl ist zusammengekracht in alle seine Einzelteile. Ich weiß nicht, wie das passieren konnte, ich habe ihn angehoben, und alles ist auseinandergefallen.«
»Krass.« Er nimmt ihr den Aschenbecher ab, den sie noch in der Hand hält.
»Ja.« Sie unterhält sich, als wäre nie etwas gewesen, der Spätimann, er macht es ihr leicht.

»Wissen Sie, er ruft zurück, wenn er sieht, dass ich ihn angerufen habe.«
»Achja?«
»Wenn Sie möchten, können Sie so lange hier warten.«
Er zeigt auf ein Holzbrett, das als Tischplatte vor das Schaufenster geschraubt wurde, zwei Barhocker lassen die Platte zu einer Theke werden. Stellte man zwei weitere Hocker auf den Bürgersteig, säße man zu viert an einem erhöhten Tisch, der durch eine Scheibe getrennt ist.
»Aber vielleicht ruft er erst in drei Stunden zurück.«
»Vielleicht aber auch in zehn Minuten. Wie viel Zeit haben Sie denn?«
Die Frage ist ihr unangenehm. Wie viel Zeit habe ich noch. Eigentlich ist meine Zeit um, hätte sie schon um gewesen sein sollen, wenn die Nacht anders verlaufen wäre. Wie lange war das her, die Nacht? Die Tage sind vergangen, wie viele? Wo ist ihr Handy? Sie hat es nicht mitgenommen. Sie hat es überhaupt noch nicht angeschaltet.
Der Spätimann sieht ihr regungslos zu, wie sie regungslos steht und nicht auf seine Frage antwortet, die Frage, wie viel Zeit sie noch hätte.
»Darf ich Ihnen etwas zu trinken anbieten?«
»Danke, ja, ich glaube, ich warte ein bisschen.«
»Tee?«
»Sehr gern.«
„Mögen Sie türkischen Tee?
»Ja, sehr.«
„Mit Zucker?
»Unbedingt.«
Er freut sich.

»Sie kennen sich aus.«
Sie setzt sich an den Fensterplatz, und er kommt mit einem Glas Tee mit Löffel darin und einer angebrochenen Schachtel Würfelzucker zu ihr.
»Danke«, sagt sie und riecht an dem starken schwarzen Tee, der ihr entgegendampft.
»Die Menschen können heutzutage nicht mehr warten«, sagt der junge Mann, während er sich zu ihr setzt und eine Zigarette mit goldenem Filter anzündet. Den Aschenbecher hat er mitgebracht.
»Das sagen Sie, als so junger Mensch?« Sie will lachen und hofft, dass ihr Gesicht wenigstens nach Lächeln aussieht.
»Ich bin nicht so jung, wie ich aussehe.«
»Wie alt sind Sie denn?«
»42.«
»Oh …«
Er lacht. »Ja, ich weiß, ich hab gute Gene, so sagt man doch, nicht wahr?«
»Ja, so sagt man. Sie sehen gut aus.«
»Vielen Dank. Sie auch.« Nun lacht sie tatsächlich.
»Vielen Dank.«
Er nimmt die Zigarette in die linke Hand und reicht ihr seine rechte.
»Ich bin Malik.«
»Malik? So wie der Möbelmalik?«
Sie nimmt seine angebotene Hand, sie halten sich einen Moment länger, als es üblich ist.
»Ja, genauso. Derselbe Name. Richtig. Zufall.«
»Verrückt, Malik und Malik.«
»Malik ist im Arabischen der Name eines Engels.«

»Achja?«
»Ja.« Er lächelt, sie sieht seine schönen weißen und sehr ebenmäßigen Zähne.
Sie nimmt die Sonnenbrille ab.
»Oh, jetzt sind Sie noch schöner. Ihre Augen sind türkis.«
Sie wird verlegen, wirft zwei Zuckerstücke in den Tee, rührt um.
»Wie viel Zucker tun Sie in Ihren Tee?«
»Drei.«
Sie wirft ein weiteres Stück in den Tee.
»Sie sind cool, wie heißen Sie?«
»Ogott, entschuldigen Sie bitte, wie unaufmerksam. Ich heiße Johaenne.«
»Wie?«
»Johaenne. Mit ä. Aber zumeist werde ich Jott genannt.«
»Jott, wie Gott mit jott?«
»Quasi.«
Das Telefon klingelt. Es liegt neben der Kasse, er spricht arabisch. Sie schlürft ihren zuckersüßen Tee.
Malik verabschiedet sich ernst von seinem Gesprächspartner, kommt zu Jott an den Fenstertresen zurück, legt das Telefon darauf.
»Und?«
»Das war meine Schwester. Es geht ihr nicht gut, ich mache früher Schluss.«
»Oh, dann will ich Sie nicht aufhalten, ich kann ein anderes Mal kommen.«
»Nein, nein, trinken Sie Ihren Tee, dafür muss immer Zeit sein.«
Sie trinkt, und beide schauen aus dem Fenster, wie in einen Fernseher hinein, Menschen gehen vorbei, sie schweigen. Plötz-

lich, in die Stille hinein, fliegt ein Ball gegen die Scheibe. Johaenne fällt vor lauter Schreck fast vom Stuhl. Kinder kommen über die Straße gelaufen, Malik rennt raus, schreit übergangslos, derweil sein Telefon neben Jott mit arabischer Musik klingelt. Sie schaut auf das Display, MALIK steht da in Großbuchstaben, kein Nachname.

»Malik!«, ruft sie, »Telefon! Malik ist dran. Möbelmalik.«

»Gehen Sie ran«, ruft er von draußen, spricht dann wieder mit den fußballspielenden Kindern, die ihn trotz seiner Strenge anscheinend cool finden, und gerade mit ihm highfiven.

Johaenne wischt über das Display.

»Bei Malik?«, sagt sie.

»Wer ist da!«, hört sie.

»Ich bin eine Kundin von Ihnen und warte bei Malik im Späti auf Sie. Vor zwei Jahren habe ich bei Ihnen vier Stühle gekauft, und einer ist heute zusammengekracht, und ich wollte fragen …«

»Welche Stühle?«

»Ähm, midcentury Stühle mit petrolfarbenen Polstern.«

»Ich bin in zehn Minuten im Geschäft.«

»Oh, danke.«

Johaenne legt das Telefon auf den Tisch, Malik betritt den Kiosk.

»Und?«

»Er ist in zehn Minuten hier.«

»Sehen Sie, da hat sich das Warten gelohnt.«

»Ja, hat es. Und Sie können Ihren Laden schließen, ich kann draußen vor dem Geschäft warten.«

»Nein, nein, bleiben Sie hier, bis Malik kommt, Sie haben alle Zeit der Welt. Ich muss sowieso noch Kasse machen.«

Später steht sie vor dem Möbelgeschäft, das kein Schild über dem Eingang hängen hat. Ein Geschäft ohne Namen, mit einer großen Fensterscheibe, hinter der im ausgeleuchteten Verkaufsraum dicht an dicht wunderschöne restaurierte Möbel aus unterschiedlichen Jahrzehnten des 20. Jahrhunderts stehen.
Sie sieht Kioskmalik hinterher, der seinen Späti abgeschlossen hat und offensichtlich unweit wohnt, warum sollte er sonst zu Fuß gehen. Vielleicht geht er zu seinem Auto, das er in einer Querstraße geparkt hat? Nein, er geht nun in ein Haus hinein. Da wohnt wohl seine Schwester, der es nicht gut geht. Es wäre schön, auch Johaenne müsste nur die Straßenseite wechseln, um ihre Schwester zu besuchen, aber sie lebt in Tirol.
Malik ist im Hauseingang verschwunden.
Dass sich einander unbekannte Menschen für einige Minuten so nah verbinden können, sie quasi kurz das Leben miteinander verbringen, zusammen rauchen, Tee trinken, gemeinsam warten und alle Zeit der Welt haben, dasselbe Telefon benutzen, dass sie sich Komplimente machen und lachen, um dann in einem Hauseingang zu verschwinden und sich niemals wiederzusehen, c'est la vie.
Sie betrachtet das außergewöhnliche Mobiliar: Sideboards, Spiegel, Holzlampen, eine Chaiselongue, ein Sekretär. Ein Ensemble aus einer curryfarbenen Couch plus zwei Sesseln und Tisch dazu bildet eine Möbelfamilie. Wandfüllend ein Apothekerschrank mit Emailleschildern auf den kleinen Schubladen. Sie versucht, die altdeutsche Druckschrift darauf zu entziffern.
»Achso, kommen die vornehmen Leute jetzt in unseren Kiez, na bitte. Willste mal sehen, wie das Volk so lebt«, hört sie da eine höhnische Stimme hinter sich.
Sie dreht sich erschrocken um, schaut in das saubere Gesicht ei-

ner mittelalten Frau, deren blonder Pferdeschwanz straff nach hinten gezogen ist, wie bei einer Cheerleaderin, und in deren Augen Rache und Missgunst glitzern.
»Wiebitte?«
»Oh, wiebitte fragt sie. Ich kenn dich. Du hältst es nicht für nötig, freundlich zu sein. Ich weiß, wer du bist, du denkst, du bist was Besonderes und für dich würden keine Regeln gelten.«
»Entschuldigung, ich warte hier nur auf einen Freund.«
»Freunde hast du hier nicht. Denk mal drüber nach, ja, Fernsehtussi, denk mal drüber nach.« Sie grinst und geht rückwärtslaufend weg, zeigt auf ihre Stirn, wie um zu verdeutlichen, dass damit gedacht werden solle.
Johaenne stützt sich mit der Hand an der Scheibe ab, fängt an zu zittern. Die Ruhe, die sich langsam begann in ihrem Körper zu bilden, ist perdu, die Tante hat in ihr System gekackt, und die Welt ist untergegangen. Sie weiß nicht, ob sie weinen soll oder die Frau verprügeln möchte.

Die Haustür neben der Schaufensterscheibe öffnet sich, und Möbel-Malik tritt heraus. Ein magerer Typ mit kupferfarbenem, schlecht wachsendem Bart und einer Strickjoppe. Unscheinbar. Sein Erscheinungsbild ist nicht mit seinem arabischen Namen in Verbindung zu bringen.
»Guten Abend, sind Sie die Kundin, mit der ich gerade telefoniert habe?«
»Ja, genau, guten Abend.«
»Wo ist der kaputte Stuhl?«
»Im Auto, ich hole ihn.«
»Steht das Auto weit?«
»Nein, gleich da drüben.«

»Da haben Sie aber Glück gehabt, hier einen Parkplatz zu finden«, sagt er vorwurfsvoll.
»Ja, hab ich Glück gehabt ...«
Als der Restaurateur den Stuhlhaufen im Kofferraum sieht, pfeift er leicht durch die Zähne.
»Sepsis.«
»Was?«
»Komplettaufgabe. Der Stuhl.«
»Kann man ihn nicht wieder zusammenleimen?«
»Kann man, wenn man will.«
»Wie meinen Sie das?«
»Wie ich's sage. Kommen Sie, wir tragen ihn mal rein.«
Nachdem sie zu zweit alle Einzelteile auf das Currysofa gelegt haben, stehen sie davor wie vor einem offenen Sarg. Oder wie zwei Ärzte nach einer Obduktion. Wenn sie nur lange genug stehen bleiben, werden ihnen blutige Schürzen wachsen.
»Was haben Sie gemacht?«
»Ich hab ihn angehoben, da sind zuerst die Lehnen abgefallen und dann die Stuhlbeine.«
»Erst die Arme, dann die Beine. Verstehe.«
Johaenne schweigt, was soll sie auch das innige Verhältnis, das der Restaurateur zu seinen Kreaturen hat, kommentieren, was ihn dazu verleitet, Arme und Beine zu sagen. Er hockt sich vor die Couch und kratzt auf dem Polster herum.
»Was ist das, war da ein Fleck?«
»Da hat ein Vogel draufgekackt.«
»Haben Sie einen Papagei?«
»Nein, der Stuhl stand kurzzeitig auf dem Bürgersteig. Ich weiß nicht, was für eine Vogelart es war, konnte ich an der Kacke nicht erkennen, ich hab sie nur weggemacht.«

»Warum stand der Stuhl draußen, es ist kein Gartenstuhl.«
»Das führt jetzt zu weit, um es zu erklären, es war nur kurz.«
»Hm.«
»Ja.«
»Arme und Beine sind abgefallen, und dann hat er sich vor lauter Panik in die Hose geschissen, der Stuhl.«
»Es war andersrum.«
»Er hat erst gekackt und dann die Extremitäten verloren?«
»Wenn Sie es unbedingt so bezeichnen wollen, ja.«
Sie wird ungeduldig, sie hat keine Lust mehr, sie will nach Hause und ins Bett, scheiß auf den Stuhl.
»Wollen Sie den Stuhl denn wirklich retten? Oder sich?«
Johaenne schnappt kurz nach Luft angesichts seiner Frage und sagt dann mit einer Klarheit, die sie bei ihrem Mann so nie hatte aufbringen können: »Ach, wissen Sie was, es ist egal, wenn Sie ihn nicht zusammenkleben wollen, ich pfeif drauf, ich dachte, Sie können das, aber offensichtlich können Sie das gar nicht oder wollen es nicht, mir ist das zu anstrengend. Zwei andere Stühle sind sowieso schon geklaut worden, es soll wohl nicht sein. Behalten sie den Schrott oder entsorgen Sie ihn. Tut mir leid, dass ich gestört habe.«
»Sie haben den Stuhl nicht gut behandelt, da kann ich nichts machen, das ist schwierig.«
»Jaja, ich weiß, es ist schwierig, und ich hab Glück gehabt.« Sagt sie, während sie bereits das Geschäft verlässt.
»Warten Sie.«
»Nein. Ich warte nicht mehr. Ich hab genug gewartet. Und ich weiß nicht, wie viel Zeit ich habe. Sicherlich nicht alle Zeit der Welt.«

Sie dreht sich für ihre Antwort nicht mal mehr zu ihm um, sondern geht zügig zu ihrem Auto, setzt sich hinein, startet es und lässt alle Scheiben herunter, fährt bereits los, während Nebel in das Wageninnere strömt. Komisch.
Der Nebel hat sich gebildet, derweil sie im Laden den Stuhl obduzierten, vermutet sie, denn wo kommt er plötzlich her? Vorhin war er noch nicht da, als sie in dieser Straße ankam und Tee bei Malik trank und die Kinder Fußball spielten, er war auch nicht da, als die Frau ihr ins System kackte oder sie mit Möbelmalik den verletzten Stuhl vom Auto in die Notaufnahme trug. Das ist merkwürdig. Was Wetter so alles kann. Oder Natur ist es wohl. Es waren die Menschen, die daraus Wetter machten, in der Hoffnung, es kontrollieren zu können und sich untertan zu machen, laut Bibel. Nicht das Wetter, sondern gleich die ganze Natur. Ein Größenwahn.
Als sie die Kopfsteinpflasterstraße hinunterruckelt, um nach Hause zu fahren, wo auf sie nur noch ein Stuhl warten wird, was traurig ist, weil auch sie nur noch eine Person ist, und es dennoch passt, ein Stuhl für eine Person, man kann sowieso nur auf einem Stuhl sitzen, als sie also diese neblige Straße hinunterfährt und die Dämmerung einsetzt, steht da eine Frau mitten auf der Fahrbahn. Sie ist barfuß und in sichtlich keinem guten Zustand. Johaenne fährt langsam auf sie zu und hält neben ihr. Sie schauen sich an, und etwas im Gesicht der Frau weckt bei Johaenne eine ferne Erinnerung. Und dann realisiert sie: Sie ist die junge Frau, die ihr die Schuhe im Ein-Euro-Shop gekauft hat! Eine Ewigkeit von einigen Tagen her. Die Frau mit der Jeansleggings, deren Lachen so leicht saß und die »Tschüss?« mit Fragezeichen gesagt hatte. Im selben Moment sieht Jott in den Augen der Frau, wie auch sie Johaenne entfernt erkennt.

Johaenne sagt, genauso klar und sicher, wie sie es gegenüber Möbelmalik gewesen ist: »Steigen Sie ein.«
Die Frau kriecht wortlos auf die Rückbank, und Johaenne fährt, so schnell es geht, aus der Straße raus, auf eine Hauptstraße, in der elektrisches Licht, Geschäfte und Menschen zu finden sind. Auch hier ist Nebel, der wie ein Diffusfilter vor oder über den Straßenlaternen liegt. Sie schließt die Fenster.
Sie fahren und schweigen. Irgendwann legt die Frau, die hinter dem Fahrersitz kauert, ihre klamme Hand auf Johaennes Schulter, und Jott legt ihre Hand darauf, und für einen kurzen Moment bleiben sie so, während im Rückspiegel das Gesicht der jungen Frau zu sehen ist, wie sie mit ihren schönen braunen Augen vor sich hinstarrt. Der Lidstrich ist verwischt, die Haare sind angeschlagen, anders kann man es nicht bezeichnen.

Sie fahren. Es dämmert. Es nebelt. Die Dämmerung hat sich in den Nebel geschlichen. Sie scheinen sich gut zu verstehen. Johaenne fährt durch diese Stadt, die sich einen Schleier angezogen hat oder hat anziehen lassen. Eine kurze Hochzeit für Nebel und Dämmerung, bis dass der Tod sie scheidet.
»Ich bin an dieser Hochzeit nicht interessiert«, denkt Johaenne. Die Frau hat ihre Hand zurückgezogen und sich beide Hände unter die Oberschenkel geklemmt.
»Ich kannte einen Mann«, beginnt Johaenne schließlich langsam, »der ein guter Musiker war. Er arbeitete in einer Bar und veranstaltete dort einmal einen Wettbewerb mit den anderen Barangestellten, bei dem es darum ging, wer in einem Monat am meisten Frauen abschleppen könnte. Er hat gewonnen. 27 Frauen in einem Monat, der ein Februar war. Ich fand ihn cool. Er war von seinen anständigen Eltern weggelaufen, die

sich zwei Jahre um ihren Sohn sorgten, bevor er ihnen mitteilte, wo er sei, und als er schließlich einige Jahre später ein Kind bekam, sah er es zum ersten Mal, als es vier Wochen alt war. Er hatte keine Zeit für andere Menschen, er musste sich um sich selbst kümmern, er war sich selbst sein bester Freund. Er war talentiert, lustig und einnehmend, vertrug Drogen, rauchte virtuos und hatte ein silbernes Feuerzeug, das einen schönen Klang von sich gab, wenn er es benutzte. Er schrieb Songs und eroberte damit die Herzen und Körper der Frauen. Wir waren ein abenteuerliches Liebespaar, und eines Abends versuchte er mich durch ein Fenster des ersten Stocks in den Garten zu werfen, was ihm nicht gelang. Später erzählte ich davon, als hätte er eine Heldentat vollbracht, ich fand ihn cool. An dem Tag, als er mich verriet, habe ich nachts meine Sachen gepackt und bin weggefahren. Ich hatte Glück, ich hatte ein Auto. Ich war barfuß.«

Die junge Frau ist unbeweglich geblieben, hat wie atemlos zugehört, sagt: »Sie hätten Latschen in Größe 40 gebraucht.«

»Stimmt.«

»In blau-weiß am besten.« Ein Grinsen stiehlt sich auf ihr Gesicht.

»Ja, die sind wie Siebenmeilenstiefel.«

Der Humor hat sie beide nicht verlassen, das ist beruhigend zu wissen. Ihre stärkste Waffe.

»Ich mach mal kurz Durchzug, ja?«

»Ja, das hilft.«

Jott lässt alle Fenster runterfahren, den Nebel einmal durch das Auto wirbeln, dann gehen die Fenster wieder zu. Sie machen sich auf den Weg zur Autobahn, um in einen anderen Stadtteil zu gelangen, schweigen, bis sie auf der Autobahn sind.

»Möchten Sie vielleicht nach vorn krabbeln?«
»Ja.«
»Trauen Sie sich das während der Fahrt zu?«
Die Frau schnalzt mit der Zunge, dumme Frage, und krabbelt nach vorn, schnallt sich an und schaut aus dem Beifahrerfenster. Jott sieht, dass sie friert, denn sie hält sich mit den Armen fest, als würde sie sich selbst umarmen.
»Ich hab Poheizung im Sitz, das geht ganz schnell, und ich mach auch die Fußheizung an, okay?«
»Ich liebe Poheizung, voll elegant.«
»Wenn Kopf und Füße warm sind, wird der Körper dazwischen warm, wie ein Sandwich, hat meine Mutter immer gesagt. Sie hatte für alles einen patenten Ratschlag. Ich hab die Ratschläge nur leider häufig nicht befolgt oder umgesetzt.«
»Meine Mutter sagte immer, ich solle mir ein Fell wachsen lassen, ein dickes.«
»Ja, kenn ich, das wächst nicht.«
»Nein, tut es nicht.«
Die Frau schaut Jott von der Seite an und fragt: »Wie lange waren Sie mit dem Mann zusammen, der Sie aus dem Fenster werfen wollte?«
»Vier Jahre.«
»Ich bin gerade an den Haaren die Treppe hinuntergezogen worden. Zwei Stockwerke. Nicht zum ersten Mal«, sagt sie und versucht, unbeteiligt zu klingen.
Jott schaut kurz zu ihr rüber und versteht nun, warum ihre Haare so angeschlagen aussehen. Weil sie angeschlagen sind. Oder wurden. Gottseidank sind da überhaupt noch Haare.
»Ich bin Johaenne.«
»Ich bin Jay.«

»Jay?«
»Ja, von Jamal.«
»Jamal ist ein Jungsname, nein?«
»Tja, das ist ein bisschen unklar. Darum Jay.«
»Johaenne ist auch verwirrend, wegen des ä mit ae geschrieben, darum Jott.«
»Jay und Jott. Wie Tom und Jerry. Wo fahren wir hin?«
»Wollen wir etwas essen gehen?«
»Ja.«
In dem Moment sehen sie, wie ein paar Pferde neben ihnen auf der Standspur entlanggaloppieren. Johaenne bremst.
»Siehst du das auch?«, fragt sie Jay.
»Die Pferde?«
»Ja. Das sind doch Pferde, oder?«
»Ja, das sind Pferde. Pferde im Nebel sozusagen.«
»Wieso sind Pferde auf der Autobahn?«
»Ich habe nicht die geringste Ahnung.«
Jott überholt die Pferde weiträumig und nimmt die nächste Abfahrt, hält vor einer roten Ampel neben einer hell leuchtenden Tankstelle. Auf dem Bürgersteig davor steht ein Fuchs und schnüffelt in einem umgekippten Mülleimer herum.
Jay schaut den Fuchs an. Er ist schön. Und einsam. Aus ihrem Frieren wird ein Zittern, das sich flächendeckend ausbreitet. Der Schock kommt immer erst später, das ist wie bei einem Verkehrsunfall. Jott zieht ihre Jacke aus und reicht sie Jamal.
Sie überlegt, ob sie nach Hause fahren soll, aber die Wohnung ist nicht mehr das, was sie mal war, ein Safe Space. Also in ein Restaurant? Barfuß? Welches? Sie hat's: Hotel!
»Wir fahren in ein Hotel, da kannst du dich hinlegen und etwas essen, dann wird alles besser.«

»Ja«, sagt Jay und zieht sich Jotts Jacke bis hoch zum Kinn.
»Ich hab kein Geld.«
»Ich hab eine Kreditkarte.«

Nur ein paar Minuten von der Autobahnabfahrt entfernt liegt das Hotel Fitzgerald. Johaenne kennt es gut, denn sie hatte im hoteleigenen Jazzclub gespielt, damals, als sie noch einen Mann hatte undsoweiter und ein Duett war, nicht nur mit dem Mann, sondern auch musikalisch mit Ben. Als sie sich ihr Leben noch verschönern wollte mit Musik und Liebe und Erfolg und Kram.
Von der Parkgarage, in die sie eingebogen sind, gelangt man zur Rezeption, egal, ob man barfuß ist oder Neun-Zentimeter-Boots trägt.
Als sie die Tür zum Hotelzimmer aufschließen, bugsiert Jott Jay direkt auf das Bett, wickelt sie in Decken und lässt eine Wanne ein. Das Déjà-vu, das sich dabei einstellt, spült sie in der Toilette runter. Das hier geht, das kann sie, es geht nicht um sie, es geht um eine fremde Frau, die ihr absurderweise ganz vertraut ist.
Nachdem der Roomservice gekommen und Jay aus der heißen Wanne gestiegen ist, sitzen sie auf dem Bett und essen Pommes, Caesar Salad und Tomatensuppe. Jay hat einen Bademantel an und friert und zittert nicht mehr.
»Darf ich Ihnen was erzählen?«
»Bitte.«
»Von meinem Mann?«
Jott nickt.
»Ich glaube, er ist manchmal verrückt vor Eifersucht. Das ist wie Persönlichkeitsverwandlung. Er durchsucht mein Handy,

meinen Kalender, meine sozialen Netzwerke, meine E-Mails oder macht Gegenstände kaputt. Einmal hat er das Glas in der Wohnzimmertür, an der ich gelehnt habe, mit der Faust durchgeschlagen, direkt neben meinem Kopf. Wie ein Shaolinmönch. Und hat sich dabei fast die Pulsader durchgeschnitten. Der Streit war natürlich sofort zu Ende, und ich hab ihm Glasstücke aus dem Unterarm rausgezogen, es hat so krass geblutet. Er ist ins Bad gerannt, um seinen Arm unter laufendes Wasser zu halten, und ich bin in Ohnmacht gefallen, weil ich von dem vielen Blut überfordert war. Dann sind wir ins Krankenhaus gefahren, und die Wunde wurde genäht. Die Naht verlief über das Handgelenk und die Handkantenseite bis zu den Fingern. Seitdem trägt er auf dem linken kleinen Finger einen goldenen Ring mit Wappen, der so aussieht, als hätte er ihn von einem Urgroßvater aus dem Orient geerbt, dabei ist er aus'm An- und Verkauf um die Ecke.«

»Ein goldener Ring? Wie heißt dein Mann?« »Malik.«

»Malik!?«

Jay nickt.

»Gehört ihm der Kiosk bei euch in der Straße?«

»Genau. Woher weißt du das?«

»Du bist seine Schwester.«

»Nein, ich bin nicht seine Schwester.« Jay muss lachen.

»Du bist seine Freundin.«

»Ich bin seine Frau.«

»Ogott, habt ihr Kinder?«

»Nein, ich bin 26.«

Sie war zwanzig Jahre jünger als Jott, und doch waren sie sich nah in ihrem Gefühl, was den Kummer, der in Beziehungen wachsen kann, angeht. Anscheinend verändert sich da im Laufe der Zeit nichts. Man lernt weder dazu noch aus schlechten Erfahrungen.

»Wann war das mit seinem Handgelenk?«

»Vor knapp einem Jahr.«

»Und was war heute?«, Johaenne hört sich ein bisschen wie ein Detective an.

»Ich hab ihn angerufen, um ihm zu sagen, dass ich am Abend mit einer Arbeitskollegin ins Kino gehen würde. Die Kollegin ist erst seit einem halben Jahr bei uns im Büro, sie ist voll süß und immer freundlich, sie kommt aus Hongkong und spricht so ein krasses Deutsch, unglaublich.« Jamal steigen die Tränen in die Augen, die einfach runterlaufen, ohne ihren Redefluss zu stören. »Wir wollten ins Kino gehen, sie kennt doch noch niemanden in der Stadt und wohnt ganz allein irgendwo, in einer Platte, glaube ich, und jetzt steht sie vor dem Scheißkino, und ich habe mein Handy und alles zu Haus gelassen, ich bin gar nicht mehr da, Ausweis auch, was mach ich denn jetzt, die arme Shenmi, sie sorgt sich bestimmt, was denkt sie, wenn ich nicht komme, was hinterlässt das nur für einen Eindruck, sie muss sich doch komplett verarscht fühlen.« Bei der Vorstellung an ihre im Nebel vor dem Kino wartende Kollegin und vermutlich zukünftige Freundin weint Jamal umso stärker. »Es tut mir so leid, was mach ich denn, was soll ich denn nur machen.« Es kommt fast gar kein Ton mehr aus ihr raus, nur noch dieses Weinen mit offenem Mund, wie bei kleinen Kindern, wenn nicht mehr eingeatmet werden kann, so dass man meint, am Weinen zu ersticken. So, wie es eben ist, wenn man nicht mehr im Geringsten so tun kann als ob.

Jay weint, weil es ihr leidtut, dass ihre Freundin auf sie wartet, sie denkt an die andere, weil das einfacher ist, als an das ihr selbst

Widerfahrene zu denken. Doch jetzt, einmal in emotionalen Schwung geraten, steigt mit den Tränen über Shenmi auch der eigene Kummer auf und wird mit rausgeweint. Jott gibt Jay Taschentücher und streicht ihr über den Frottee-Rücken.

»In welches Kino wolltet ihr denn gehen?«

»Corleone.«

»Ich ruf da an und sag Bescheid. Ich kümmere mich drum, okay?«

»Okay.«

»Wie heißt deine Freundin?«

»Shenmi.«

»Okay.«

Hoteltelefon.

»Wann fängt das Kino an? Wie spät ist es überhaupt?«

»Ich weiß nicht, mein Handy liegt zu Hause. Und das Kino beginnt um 19 Uhr.«

Jott wählt den Knopf für die Rezeption, das steht auf den Tasten des Festnetztelefons am Bett, und fragt nach der Nummer des Kinos und was man tun muss, wenn man aus dem Hotel hinaustelefonieren will. »Das wäre dann die Null, und bitte kurz auf den durchgehenden Ton warten.« Infos, die sie eigentlich noch aus Prä-Smartphone-Zeiten wissen müsste, aber man befindet sich im digitalen Zeitalter, da spricht man eigentlich mit Bots statt mit Rezeptionisten. Es ist wunderbar, mit einem Rezeptionisten zu sprechen, er ist höflich und etwas überkorrekt, repräsentiert eine privilegierte, heile Welt irgendwie, aus der er vermutlich selber nicht kommt, und sie fragt, nach einem Blick aus dem Hotelzimmerfenster, vor dem keine Tageszeit ablesbar ist, der Nebel ist mittlerweile so stark wie ein Dampfbad: »Entschuldigung, könnten Sie mir sagen, wie spät es ist?«

»Es ist 19 Uhr 02.«

»Ah, schon. Vielen Dank. Der Nebel ist merkwürdig.«

»Ja, das stimmt«, sagt der Rezeptionist, der kein Bot ist.

Heute hat ein neues Zeitalter begonnen, es ist Tag eins der Nebelzeit.

Sie notiert die Nummer des Kinos, die der freundliche Rezeptionist ihr nun durchgibt, auf dem Block neben dem Telefon, mit einem Bleistift auf dem ›Fitzgerald‹ steht.

Nachdem sie aufgelegt hat, schaut sie auf den Stift und schreibt unter die Nummer:

Always get that mood indigo
Since my baby said goodbye
In the evening when lights are low
I'm so lonesome I could cry
Cause there's nobody who cares about me
I'm just a soul who's
Bluer than blue can be
When I get that mood indigo
I could lay me down and die.

›Mood Indigo‹ hatte Duke Ellington geschrieben, die Lyrics waren von Irving Mills, und Johaenne hatte es in diesem Hotel gesungen, als sie noch Hotellobby-Musik machte, zusammen mit Ben, ihrem Kumpel und Gitarristen, nach dem sie plötzlich schlimmes Heimweh bekommt. Er wusste, was in einer Notsituation zu tun sei, konnte Jott beruhigen, wenn das Gefühl mit ihr mal wieder davongaloppierte. Ben. Aber der Mann konnte das auch, er konnte das, weltmeisterlich, er beruhigte und umarmte sie, machte sich ein bisschen lustig über sie, was sie zum Lachen brachte, und küsste sie auf die Augen. Dann war sie wieder ready for the world. Nicht dran denken.

Sie drückt die Null des Telefons, wartet auf den durchgehenden Ton und wählt dann die Nummer des Kinos. Während sie wartet, dass jemand abnimmt, überlegt sie, dass die verlorene oder unglückliche Liebe interessantere Musik hervorgebracht hat als die glückliche Liebe, aber wahrscheinlich kommt das immer auf den eigenen Zustand an und darauf, was man sucht. Man sucht doch immer nach Gleichgesinnten, die dasselbe fühlen, gut finden oder ähnliche Erlebnisse hatten, damit die Einsamkeit weggeht, damit man sich nicht mehr so ›blue‹ fühlt und in keinem ›mood indigo‹ versinkt.

»Corlonegunahmd?«

»Achso, ja, guten Abend, bin ich da mit dem Kino Corleone verbunden?«

»Ja.«

»Entschuldigen Sie bitte, es müsste eine junge asiatische Frau in der Nähe der Kasse stehen, ich war mit ihr verabredet, aber leider ist etwas dazwischengekommen. Sie hat kein Handy, könnten Sie ihr das kurz ausrichten? Mein Name ist Jamal.«

»Jay«, flüstert Jay. Sie hat aufgehört zu weinen und schnäuzt sich lautstark, Jott hält sich das Ohr zu.

»Äh, mein Name ist Jay, bitte. Ich kann leider nicht kommen. Sagen Sie ihr das bitte?«

»Momento.«

Schnäuzen. Warten.

»Hier ist keine Asiatin.«

»Was? Doch, sie muss da sein, vielleicht vor dem Kino?«

»Hören Sie, hier ist echt was los, falls sie noch vorbeikommt, sage ich es ihr. Ciao.«

»Dankesehr, Ciao.« Auflegen.

»Sie ist nicht da«, sagt sie zu Jay. »Vielmehr, sie steht gerade nicht in der Nähe der Kasse, vielleicht ist sie vor der Tür oder schon im Kinosaal, oder sie hat dich angerufen und abgesagt, weil sie vielleicht krank ist. Kann doch sein, bei dem komischen Nebelwetter.«

Jamal will schon wieder anfangen zu weinen. Es scheint einen unerschöpflichen Fluss aus Tränen in ihr zu geben, der abgeweint werden muss.

»Bitte, Jay, es ist nicht schlimm, so etwas kann passieren, sie wird das verstehen, es ist kein Weltuntergang. Erzähl mir weiter, was heute passiert ist. Du hast Malik angerufen, da war ich im Kiosk, er ging ans Telefon und sprach arabisch. Er hat gesagt, dass es seiner Schwester nicht gut geht und er heute früher den Laden schließen würde.«

»Du warst im Späti?«

»Ja, ich hab Zigaretten gekauft und dort gewartet, bis der Möbelladen gegenüber aufmacht.«

»Okay?«

Das Fragezeichen am Ende des Satzes ist Jott bereits bekannt.

»Wir haben uns unterhalten, er hat mir Tee angeboten, und da ist mir sein goldener Ring aufgefallen.«

»Und er hat gesagt, seiner Schwester geht es nicht gut?!«

»Ja, nachdem er telefoniert hat.«

»Er hat gar keine Schwester. Er hat zwei Brüder in Frankreich. Er hat mit mir telefoniert und hat mir nicht geglaubt, dass ich mit einer Kollegin ausgehe, wer das wäre, er hätte noch nie von ihr gehört. Als ob er die Namen meiner Kollegen kennen würde.« Sie verdreht die Augen. Ihr Tränenfluss hat sich in Redefluss verwandelt, sie regt sich auf und wird zu der Persönlichkeit, die sie wahrscheinlich ist, wenn sie nicht von der Bleidecke des Kummers und der Ängstlichkeit erdrückt wird.

»Ich war sofort verärgert, weil wir immer diese Dynamik haben, die ein bestimmtes Verhalten des anderen provoziert und wir in einen Kreislauf kommen, durch den wir es immer nur schlimmer machen. Weil keiner einfach mal weich wird oder loslässt oder aufhört, weil ich mich immer gleich angegriffen fühle, weil er mich ja auch angreift. Finde ich. Warum macht er das, und dann greife ich zurück an oder werde pampig oder spitz, und das regt ihn dann, irgendwie auch verständlicherweise, auf, und schon sitzen wir in der Falle und kommen nicht mehr raus.«

»Arbeitest du als Psychologin?«

»Nein«, Jay lacht, »ich arbeite bei einer Firma, die Landmaschinen in den arabischen und asiatischen Raum verkauft. Daher braucht man Angestellte, die bilingual sind.«

»Verstehe, darum auch Shinmen.«

»Shenmi!« Jay haut sich tatsächlich auf den Oberschenkel vor Lachen. Ihre Emotionen haben einen kurzen Weg in die Welt: Weinen, Wut und Lachen sitzen direkt nebeneinander auf einem Ast. Die präzise Analyse ihrer Beziehungsdynamik gilt auch für Jott. Sie will sie heiraten.

»Und dann?«

»Dann hat er mir eine geballert, und ich hab nach ihm getreten und ihn angeschrien, was er für ein Scheißtyp ist, und keine Ahnung, was noch, Beleidigungen, die ihn erst recht in Rage brachten. Und dann hat er in meine Haare gegriffen und mich die Treppen runtergezerrt. Kopfüber auf dem Rücken. Du hast keine Ahnung, wie weh das tut, vor allem die Demütigung.«

Jott schweigt.

Jay zieht den oberen Teil des Bademantels runter, zeigt Jott ihren nackten Rücken. »Kuckmal, wo die Wirbel überall abgeschabt sind?« Jott sieht es. Die in Reihe formierten heraussstehenden Knorpelchen ihrer Wirbelsäule weisen alle eine kleine Verletzung auf.

»Wo wollte er dich denn hinschleppen? Gab's da eine Idee oder einfach nur runter und raus?«

»Nee nee, nix raus. Zu seiner Mutter sollte ich geschleppt werden, die wohnt Erdgeschoss. Böse Alte.« Sie wickelt sich wieder in den Bademantel, fester als zuvor.

»Warum die Mutter?«

»Ach, ich weiß es nicht, damit ich vor Gericht stehe vielleicht. Oder sie darauf achtet, dass ich nicht zu meiner Verabredung gehen würde. Aber nachdem er mich auf der letzten Stufe losgelassen hat, bin ich aus der Haustür auf die Straße gelaufen und kam mir vor wie eine Verrückte. Und dann warst du da. Ich hab Kopfschmerzen.«

»Ich hab Ibu.«

Nachdem Jay die Ibuprofen in vier Teile gehackt und runtergewürgt hat, fragt Johaenne: »Was machen wir jetzt? Soll ich dich nach Hause fahren? Oder willst du hier übernachten?«

»Nein, ich muss ja morgen arbeiten.«

»Dann chillen wir jetzt ein bisschen, und dann fahre ich dich zurück, und du sagst ihm einfach, dass du mit deiner Kollegin im Kino warst?«

»Dann müssen wir aber eine Zusammenfassung des Filmes lesen, er wird mich abfragen.«

»Oh Mann …«

Jott macht den Fernseher an. Zappt.

»Mach mal lauter«, sagt Jay.

Gerade wird ein Meteorologe im ›heute journal‹ über den Nebel befragt. Er erläutert, dass diese Art Wetterereignis in der Geschichte Europas so bislang nicht vorgekommen sei, seit der regelmäßigen Wetteraufzeichnung im Jahr 1881. Man vermute, dass sich die Nebelfront sowohl von Skandinavien als auch von Osteuropa her weiterhin in Richtung Deutschland bewegt und man beobachten könne, dass sie sich auf ihrem Weg weiter verdichten würde. »Vermutlich ist dies erst der Anfang, es ist nicht abzusehen, wann er sich auflöst.« Man sieht unverständliche, wabernde Wetterkarten, die die Grenzen Europas in weißer Farbe auflösen. Die Karte sieht aus wie ein Ultraschallbild.
Sie schalten um. Sondersendung im Ersten.
»In Dänemark auf der Insel Møn, am Møns Klint, dem Kreidefelsen, sind zwei Menschen wegen der schlechten Sichtverhältnisse auf der Steilküste tödlich verunfallt.«
Man sieht Vorher-nachher-Bilder. Vorher: Die Schönheit der Küste mit den weißen, steil abfallenden Felsen zum Strand, das Meer, Himmel, Sonne, Natur. Warum war ich noch nie auf Møn, denkt Jott, während Jay es im selben Moment ausspricht. Nachher: Ein weißes Nichts. Nebel in unterschiedlicher Dichte, der konturenlos übergeht in Wolken, Gischt oder Dampf. Was ist das, wo kommt der Nebel her, was ist los mit der Welt?! Würde man nicht sehen, was man sieht, würde man nicht glauben, dass dies Nachrichten sind und nicht ein dystopischer Film. Bewegtbild: Ein Wind zieht auf, kurz blitzt das Meer, man kann Uniformierte an ihren neongelben Westen erkennen und auch rote Feuerwehrautos, blinkende blaue Lichter, Flatterbänder, Tatort.
Andere europäische Städte sind wohl ebenfalls betroffen. Stockholm. Oslo. Minsk. Flugzeuge können nicht mehr fliegen,

Flugreisen sind eingestellt, alle Flughäfen in Nordeuropa liegen still. Menschen kommen nicht zurück in ihre südlichen, nebelfreien Heimatländer, man stellt Betten in Flughafenterminals auf. Aufnahmen der Flughäfen. Viele Menschen auf wenig Raum. Sofort denkt man an Krieg. Naturkatastrophen sind gewaltiger und wahrscheinlich auch gewalttätiger als Krieg, da sie nicht vom Menschen gemacht werden. Sie sind verunsichernd, denn was wissen wir von der Plötzlichkeit abrupt einsetzender Naturkatastrophen, die keine Absicht verfolgen, schon gar keine politische, sondern Naturwissenschaft sind, und denen ignorant begegnet wird, obwohl das Gegenteil der Fall sein sollte.

»Ich glaub, ich muss nach Haus«, sagt Jay und steht auf. »Ich nehm die U-Bahn, die fährt bestimmt noch, unter Tage ist kein Nebel.«

»Nein, nein, ich fahr dich. Wie schnell dieser Nebel sich verbreitet hat.«

»Ja, krass.«

»Bist du sicher, dass du zurückwillst?«

Im Fernseher ist der Nachrichtensprecher jetzt mit einem belarussischen Wissenschaftler verbunden, der simultan übersetzt wird. Jott schaltet aus.

»Ja, ich bin sicher«, sagt Jay sicher und ist bereits dabei, sich ihre Sachen anzuziehen. »Luftanhalten ist nichts für mich. Die ungelöste Situation löst ja das Problem nicht.«

»Da hast du recht.« Johaenne ist beeindruckt von Jamals klarer Haltung und beneidet sie, dass sie einen Mann hat, zu dem sie zurückkehren kann.

»Ich hab nichts anzuziehen.«

Mit dem Bademantel über ihren Klamotten und Hotelschlappen an den nackten Füßen verlässt Jay das Hotelzimmer Richtung Tiefgarage. So kommt sie schließlich auch zu ihren eigenen Latschen in Weiß und Einheitsgröße.

Nachdem Johaenne Jamal abgesetzt hat, sitzt sie allein im Auto und fährt in Richtung ihres Landhäuschens. Das Auto hat das allein entschieden. Sie öffnet das Fenster und zündet sich eine Zigarette an, mit dem Feuerzeug, das in der Junkbox liegt, in der sich auch Wimperntusche und die Fernbedienung für das elektrische Tor zum Hexenhaus befindet. Der Rauch verschmilzt mit dem Nebel. Es ist angenehm draußen, nicht kalt, der Mai ist gekommen. Sie schleicht, ihre Nebelleuchte hilft, es sind wenig Autos auf der Straße, sie kennt den Weg. Der Lärm der Stadt ist eingepackt, in Nebel und Schreck, Ungewissheit und Unwissenheit.

Wenn man nicht weiß, was passiert, macht es nichts. Wenn man nicht darüber spricht, dann ist alles, wie man wünscht, dass es sei. Bis zu dem Tag, an dem man aus dem Fenster geworfen oder die Treppe heruntergezerrt wird. Oder einfach stehengelassen ohne ein Wort. Oder ein Nebel über der Zivilisation liegt, wie eine Staubdecke.

»Die ungelöste Situation löst das Problem ja nicht«, den Satz von Jay hat sich Jott hinter die Ohren geschrieben.

Als Johaenne vor Jamals Haus hielt, konnte sie deren Herz klopfen hören. In Angst- oder Stresssituationen schüttet der Körper das Hormon Adrenalin aus, um alarmbereit zu sein, den Körper für Flucht oder Kampf zu aktivieren. Bei der Adrenalin-Ausschüttung steigt der Blutdruck als auch der Blutzuckerspiegel an, die Magen-Darm-Tätigkeit wird eingestellt, die Bronchien erweitern sich, und die Herzfrequenz erhöht sich. Auf diese

Weise entsteht Herzklopfen, auch bei Jamal, das Jott selbstredend nicht hören, sondern nur spüren konnte: die Furcht vor der Begegnung mit Malik.

Jay: »Ich hab deine Nummer nicht.«

Jott: »Ich hab mein Handy sowieso nicht dabei. Ich fahr aufs Land, ich kann die Stadt nicht mehr ertragen. Es gibt einen Zug dorthin. Seelake heißt der Ort, gibt einen Bahnhof. Komm mich besuchen. Ich bin das Haus außerhalb des Ortes am Waldrand, das Haus mit dem roten Tor.«

Jay: »Du hast ein Landhaus?«

Jott: »Ein Hexenhaus.«

Jay: »Wow, du bist reich.«

Jott: »Ist der alte Bungalow meines Vaters.«

Sie umarmten sich. Jay zog den Bademantel aus und behielt die Latschen an.

Jott sagte: »Soll ich warten?«

»Er wird bei seiner Mutter sein. Er wird sich hoffentlich beruhigen, aber vielleicht sind wir auch am Ende. Und wenn es so ist, dann muss ich gehen. Dann komm ich zu dir.«

»Mach das.«

»Nee, ich muss ja arbeiten.«

Jay stieg aus.

»Fahr.«

»Ich warte, bis du reingegangen bist.«

»Nein, das verkompliziert alles nur. Fahr. Mach dir keine Sorgen.«

Jott fuhr erneut und in die andere Richtung durch die Kopfsteinpflasterstraße, kam am Späti und am Möbelladen vorbei, der nach wie vor hell erleuchtet war, wie ein Aquarium. Darin befand sich nur noch, mittig, wie eine Installation, ein einzel-

nes Möbelstück: Ihr zusammengebrochener Stuhl ... Er hatte Selbstmord begangen. Sie nicht.
Im Rückspiegel sah Johaenne, wie Jamal noch immer auf der Straße stand, genauso wie am Nachmittag, nur diesmal fuhr Johaenne von ihr weg, statt auf sie zu.

Als sie auf dem Land ankommt, haben die Nacht und der Nebel einen Pakt geschlossen. Johaenne öffnet das elektrische Tor mit der Fernbedienung und fährt auf das Grundstück. Rabenschwarzer Nebel, Nacht, kein Gedanke mehr außer: Ich muss ins Bett. Das Tor schließt sich hinter ihr automatisch. Sie hat außer ihrer Handtasche nichts dabei. Sie tastet sich über die Wiese bis zum Haus, schließt auf und macht Licht. Die Räume sind ausgekühlt. Sie hockt sich vor den Kamin, legt Holz und Anzünder hinein, bis alles schön brennt, schließt die Ofentür. Setzt Wasser auf und zieht sich eine Wolljacke über. Mit Tee und einem alten Computer, der hier steht, setzt sie sich auf die Couch vor den Kamin, schaut in das Feuer. Kurz entsteht ein schönes Gefühl in ihr. Angekommen. Danke.
Nach einer Weile öffnet sie den Computer und gibt »Nebel« ein.
Der Nebel hat sich in Europa mittlerweile über 21 Länder ausgebreitet. Er ist schnell. Von nord- und osteuropäischen Ländern her überzieht er konstant den Kontinent bis nach Südeuropa. Fast zeitgleich ist er im Begriff, von der Atacama-Wüste in Chile ausgehend, dem nebligsten Ort der Welt, trotz der Trockenheit der Wüste Richtung USA zu ziehen. Amerikanische Meteorologen debattieren, Wetterkarten, Landkarten, Diagramme, Rätselraten.
Überfälle auf Frauen nehmen zu, Menschen werden im Nebel

überfallen und ausgeraubt. Man bittet dringend, zu Hause zu bleiben. Notfallnummern sind eingerichtet worden. Die Polizei ist in allen betroffenen Regionen in vollem Einsatz, die Feuerwehr in Deutschland hat einen Aufruf an zusätzliche Freiwillige gestartet.

Dann eine Eilmeldung in den deutschen Nachrichten: Die Wälder um Athen herum brennen. Rauch statt Nebel. In welch kurzer Zeit das Weltgefüge umzukippen vermag. Jott schließt die Fenster auf dem Computer. Sie muss mit jemandem sprechen, hat aber kein Telefon. Öffnet ihr E-Mail-Programm und Dutzende ungeöffneter Mails erscheinen. Ihr Hals schnürt sich zu. Über eine Woche hat sie geschwiegen. Wie er. Sie hat das Gleiche getan, bemerkt sie bestürzt, sie hat sich bei den Menschen, die sie liebt, die sie lieben und mit denen sie arbeitet, nicht gemeldet, sie hat die Sorgen der anderen ausgeblendet, hat nicht an sie gedacht, sondern nur an sich und ihren eigenen Weltschmerz. Für einen Augen-Blick versteht sie den Mann, vielleicht ging es ihm die ganze Zeit so.

Sie schreibt ihrem Agenten eine E-Mail und bittet ihn, alle kommenden Konzerte abzusagen, sie bräuchte eine Pause. »Es tut mir sehr leid, ich hoffe, es hassen mich jetzt nicht alle. Bin auf dem Land (Adresse unten) und hab hier kein Telefon. Nur E-Mail. Drücker von Jott.«

An ihre Musiker und den Tonmann schreibt sie Mails ähnlichen Inhalts. Sie muss die Notbremse ziehen. Sie hat sich nicht für das Leben und gegen den Tod entschieden, wenn sie einfach so weitermacht wie bisher und durch ihr Leben hetzt, als sei es ein Marathon.

Und schließlich schreibt sie ihrer Freundin Françine: »Liebste, geht es dir gut? Bitte verzeih mein Schweigen, du hast dich bestimmt gesorgt und mich angerufen oder getextet, sorge dich nicht, ich hab mein Handy und den Computer seit einer Woche aus. Bin jetzt auf dem Land. Ich bleibe auf unbestimmte Zeit hier draußen, es ist viel passiert, wir müssen uns updaten. Kommt mich besuchen. Das Leben hat eine andere Richtung genommen, ich kenne sie nur noch nicht. Sei umarmt von deiner Johaenne.«

Sie klappt den Computer zu, legt Holz nach, putzt sich die Zähne und geht ins Bett. Sie will nur noch schlafen, sonst weiß sie nicht mehr, was sie will.

4

Sie befindet sich in einem heruntergekommenen, farblosen Zirkuszelt mit unbekannten Menschen, die aus Holz geschnitzt sind. Ein Chor aus Thomanerjungen, eine Armee Nussknacker in weißen Hemden rennt durcheinander. Das Bild ist oberhalb ihrer Hälse abgeschnitten, keine Gesichter zu sehen. Im Zirkuszelt hängen Stofftüren, endlos, ewig betritt man neue Räume, die erlöschen, nachdem man hindurchgeschritten ist. Es wird von ihr erwartet, das Problem zu lösen. Was ist das Problem? Löwen.

Diese gehen entspannt um das Zelt herum. Schaut sie aus dem Zelt heraus, sieht sie nur das Hinterteil der Löwen, sie empfindet sie nicht als angriffslustig, aber bedrohlich in ihrer Anwesenheit und Nähe. Die Löwen kommen nicht herein. Sie sind von den Menschen getrennt durch eine Stoffbahn. Sie haben alle Zeit der Welt, warten, dass die Zeltbewohner zu ihnen hinaus an die frische Luft kommen. Die Menschen im Zelt haben Eile. Und Angst.

Sie geht durch die Stofftüren in die variablen Räume. Bildschirme sind in einem Wirrwarr kreuz und quer aufgestellt, hingehängt, angebracht. Sie holen das Leben der Welt hinein ins Zelt. Bilderflut ohne Ton. Chaos. Verwilderte Städte.

Um ihrer Aufgabe gerecht zu werden und die Menschen vor den Löwen zu beschützen, bittet sie, dass sich der Chor zum Singen formieren möge, Gesang, als Schutzwall gegen den Eindringling, der hier ein Löwe ist. Einer? Viele? Ein Chorsänger fällt während des Singens um. Er ist nun tot. Ein anderer Sänger tritt hinaus, will nicht mehr in der Klaustrophobie des Zeltes leben. Er geht und weiß, das Heraustreten kann tödlich enden. Wieder fällt einer um, sie geht im Kreis. Der Traum war bunt.

Sie schläft zehn Stunden. Als sie aufwacht und ins Bad gehen will, steht eine Person wie ein Geist unbeweglich vor ihrer Terrassentür. Ein Schreck fährt Jott in die Glieder, dann sieht sie: Es ist die Pianistin ihrer Band, Ayo. Dunkle Silhouette im hellen Nebel.
Jott öffnet schnell die Terrassentür.
»Ayo?! Wie kommst du hierher?«
Ayo starrt sie an. Sie schlottert.
»Ogott, was ist passiert, komm rein, komm schnell rein, komm, leg dich ins Bett, du bist ja eisig.«
Sie zieht Ayo die Schuhe aus und führt sie direkt ins Bett, unter die noch schlafwarme Decke, stopft diese um sie herum, legt sich dazu.
»Sag was, Ayo, sag was, bitte, ich erschreck mich zu Tode, was ist passiert? Wie bist du hierhergekommen, wie lange stehst du schon da draußen?«
»Hast du was zu trinken?«
»Ja, natürlich.«
Sie gibt ihr die Flasche Wasser, die am Bett steht, hält ihr den Kopf wie ein Kleinkind, während Ayo an der Flasche nuckelt und die Hälfte danebengeht.
»Er war bei mir.«
»Wer?«
»Wolf.«

»Dein Freund? Wie meinst du, er war bei dir …«
»Er stalkt mich seit zwei Monaten.«
»Was?!? Das hab ich nicht gewusst, Ayo. Das tut mir so leid.«
»Er ruft an und spricht morgens völlig betrunken von fünf bis sieben auf meine Mailbox, ich hör mir das nicht mehr an, es ist zu schlimm, unter der Gürtellinie, plus weinende Liebeserklärungen und größenwahnsinnige Selbstdarstellung. Er textet mir klopapierrollenlange Nachrichten und hat auf Instagram intime Fotos veröffentlicht.«
»Ogott, wie schrecklich. Warum hast du nicht die Nummer geändert? Und warum weiß ich das alles nicht?!«
»Du hast doch deinen eigenen Kram am Laufen.«
Jott reibt über Ayos Beine, um sie aufzuwärmen. Geht das jetzt so weiter, dass ihr Frauen wie Katzen zulaufen?
»Was ist ganz genau passiert?«
»Er stand gestern Nachmittag plötzlich auf meinem Balkon.«
»Wasss???!!! Du wohnst doch im vierten Stock!«
»Ja, er ist hochgeklettert, außen an allen Balkonen hoch.«
»Das ist doch crazy.«
»Vor ein paar Wochen hat er Blut an meine Klingel der Wohnungstür geschmiert, ich hab mich erschrocken, aber mir noch nicht so viel dabei gedacht. Als ich dann in die Wohnung kam, schien alles wie immer, und dann merkte ich, dass die Schranktür offen stand, und sah, dass meine gesamte Unterwäsche zerschnitten war.«
»Bitte, das ist nicht wahr. Wie kam er denn da in die Wohnung?«
»Er hat sich wohl einen Schlüssel nachgemacht.«
»Hast du nicht das Schloss ausgewechselt?«
»Doch, habe ich, darum stand er ja gestern auf dem Balkon,

weil er nicht mehr in die Wohnung reinkam. Er hat von außen gegen die Balkontür geschlagen, ich hab fast einen Herzinfarkt bekommen und bin aus der Wohnung gerannt, da hat er die Glasscheibe mit einem der Blumentöpfe, die auf dem Balkon stehen, eingeschlagen und ist mir hinterhergerannt.«

»Wir müssen die Polizei anrufen.«

»Hab ich gemacht, von einem Nachbarn aus. Als die Polizisten kamen, war er weg.«

»Und dann?«

»Dann hab ich aufgeräumt und Mülltüten gegen das kaputte Fenster geklebt und mich dabei geschnitten.«

»Sie zieht ihre Hände hervor, sie liegen auf der Bettdecke, wie bei Bernd dem Brot und sind übersät mit Schnittwunden.«

»Hast du die Wunden desinfiziert?«

»Warum?«

»Mann, Ayo.«

Jott läuft ins Bad und kommt mit Verband und Desinfektionsspray zurück. Sie hat einen Autoverbandskasten im Bad, den hatte der Mann dahingestellt, an so was dachte er. »Danke!«, denkt sie, und eigentlich möchte sie noch »Ich liebe dich dafür« denken, doch bevor sie es sich verbieten kann, ist es schon gedacht.

»Zeig mal deine Hände, wir müssen das jetzt desinfizieren und verbinden, an deinen Händen hängt doch dein Leben.«

Ayo verzieht keine Miene, als Jott die Handflächen und alle Finger mit Desinfekt einsprüht, etwas ungelenk einen Mullverband herumwickelt und die Schnitte mit Leukoplast, das schon ein wenig seinen Klebegeist aufgegeben hat, verklebt.

»Jetzt siehst du an den Händen ein bisschen aus wie Michael Jackson.«

Ayo schaut auf die Hände, dann auf Jott und gibt ihr einen Kuss. Jetzt sieht sie nicht mehr aus wie ein Geist, sondern wie die schöne und aufgewärmte Musikerin Ayo.

»Und was hat die Polizei gesagt?«

»Ich musste ewig Sachen beantworten und unterschreiben. Sie meinten, dass man Stalking anzeigen kann, ob ich das wollen würde. Aber ich will ihn nicht anzeigen, er macht das ja, weil er nicht zurechtkommt mit sich, mit mir, mit uns und damit, dass unsere Beziehung im Arsch ist ...«

»Ja ...«

»Er hat keinen anderen Kanal als diesen Wahnsinn, scheint es.«

»Er ist doch Schauspieler, oder? Da würde man denken, die können sprechen.«

»Tja ... Nachdem die Polizei weg war, bin ich aus der Wohnung abgehauen, und ehrlich gesagt, weiß ich nicht, ob ich da jemals wieder hin zurückmöchte. Gottseidank hatte ich eine Verabredung mit meiner kleinen Cousine, die kennst du, Sade, die Tochter von meinem Cousin.«

»Naklar kenn ich Sade.«

»Wir sind zum Rummel gegangen. War gute Ablenkung. Wir haben Zuckerwatte gegessen und mit Bällen auf Konservendosen geworfen und sind Kinderriesenrad gefahren, fand sie super. Ich übrigens auch, das Riesenrad für Kinder ist winzig, da kriegt man keine Höhenangst.«

Johaenne nickt zustimmend. Höhenangst ist ihr Wort.

»Gerade als wir ausgestiegen sind und Sade für uns beide entschieden hatte, dass wir noch mal fahren würden, sah ich ihn. Er stand neben dem Kassenhäuschen. Ich konnte ihn zuerst kaum erkennen, weil es so neblig geworden war, aber seine Körperhaltung ist unverkennbar, und er stand da ganz unbeweglich mit dem Hoodie über dem Kopf, wie eine Schaufensterpuppe und hat mich durch seine Sonnenbrille angestarrt. Mein Gehirn wurde ganz kalt.«

»Unheimlich.«

»Ja. Als er einen Schritt in meine Richtung machte, hab ich Sade fest an die Hand genommen, und wir sind geflohen. Backstage an den Schaustellerwagen vorbei und vom Rummel runter, in die Kirche rein. Die steht ja gleich daneben. Da war gerade Gottesdienst. Sade hat die Welt nicht mehr verstanden, fand die Rennerei aber auch ein bisschen abenteuerlich, was sie über die Enttäuschung, nicht noch mal Riesenrad zu fahren, hinweggerettet hat. In der Kirche hab ich leise ein Uber gerufen, während neben mir gebetet wurde, Sade hat sofort mitgebetet.«

Jott muss wider Willen lachen und Ayo auch, sie rutscht im Bett hoch und hält mit beiden verbundenen Händen die Wasserflasche, trinkt richtig viel, wie ein kleines Kind. Jott wartet, bis sie weitererzählt.

»Dann kam das Uber irgendwann vor die Kirche gefahren, und wir sind ganz schnell eingestiegen. Es waren wenig Autos auf den Straßen. Dieser Nebel ist ein Arschloch.«

»Stimmt.«

»Wir sind zu meiner Tante gefahren, die uns nicht so früh zurückerwartet hatte. Sade fing im Auto doch noch an zu weinen, wegen des Riesenrads, das hat mir fast mein Herz gebrochen. Wir haben dann zusammen zu Abend gegessen, und Sade und ich haben Phantasiekekse gebacken. Mann, war ich froh, als sie wieder lachte, weil ich eine Hand mit sechs Fingern aus Teig geformt hab.

Schließlich wurde Sade von ihren Eltern abgeholt, und ich bin geblieben und wollte bei Tante übernachten. Als ich bereits auf der Couch lag, bekam ich Textnachrichten von Wolf, dass er wüsste, wo ich sei, und runterkommen solle. Ich hab meiner Tante gesagt, dass ich heimlich aus der Wohnung rausmuss. Sie ist cool, ihr ist sofort was eingefallen. Gottseidank war mein Onkel nicht da, der hätte Wolf wahrscheinlich die Nase gebrochen.

Wir sind in den Keller gegangen, von dort kommt man ins Nachbarhaus und weiter in den Hinterhof, und so bin ich über die Hinterhöfe bis ans Ende der Straße. Ich hätte ja auch zu ihm rausgehen können, aber ich hatte Angst oder keine Ahnung. Ich bin dann in so eine Hartz-IV-Kneipe gegangen, die haben echt Augen gemacht, als plötzlich mitternächtlich eine schwarze Frau zwischen ihnen stand. Zum weißen Elefanten hieß das Ding auch noch.«

Ayo und Jott fangen gleichzeitig an zu lachen.

»Ich hab Schnaps getrunken und mich mit einem Typ unterhalten, der mich gefragt hat, was ich eine Stunde kosten würde, und ich sagte, kommt drauf an, in welcher Location.«

»Wiebitte?!«

»Naja, wenn ich im Konzerthaus spiele, kostet eine Stunde was anderes als eine Privatstunde Klavierunterricht oder der Kurs damals an der Volkshochschule über Musiktheorie, der nebenbei gesagt ein Alb war.«

»Du bist so eine coole Sau.«

»Er hat es nicht verstanden, das mit der Location, ich nehm mal an, er kannte das Wort nicht, er hat nur so getan, als wüsste er es, das Nichtwissen zuzugeben wäre ja schwieriger gewesen. Da war dann das Gespräch quasi schon beendet, und ich war irgendwie in die Kneipenmannschaft integriert, vielmehr toleriert, vielleicht weil ich Fremdwörter kannte. Und dann haben wir über was anderes geredet, über Bier, da gibt es ja wirklich viel Lokalpatriotismus, also bierlichen. Sie waren patriotisch, aber nicht aggressiv. Als ich gefragt wurde, welches Bier ich am liebsten trinken würde, hab ich gesagt, ich trink kein Bier und wenn, dann nur das, was ihr empfehlt. Dadurch wurde ich natürlich zur Queen des Ladens, kannste dir ja vorstellen, man stieß mit mir an und gab mir Bier aus, keine Ahnung, wie das hieß. Wie einfach das geht, man muss nur den Trigger kennen bei den Jungs. Nur bei meinem Freund hab ich das nicht geschafft, wahrscheinlich weil mir an ihm lag. Jedenfalls war ich in der Kneipe, bis sie den Laden zugemacht haben, um drei oder so. Dann hat mir der Kneipier ein Taxi bestellt, und während ich darauf wartete und nicht wusste, wohin ich mit dem Taxi überhaupt fahren will, habe ich deine E-Mail gelesen, und dann wusste ich wohin.«

»Aber wie bist du hergekommen, du hast doch kein Auto.«

»Ich bin mit dem Frühzug um 6 Uhr 23 aus der Stadt raus. Und vom Bahnhof Seelake mit Taxi zu dir. Da stand gerad eins. War wohl von Gott gesandt. Du wohnst ganz schön weit ab vom Schuss. Ich bin hinten durch den Graben und die stachligen Büsche geklettert, über das Tor kommt man ja nicht rüber.«

»Wahnsinn.«

»Du hast echt lang geschlafen. Du hast mein Klopfen gar nicht gehört.«

»Das tut mir so leid.«

»Ich muss mich waschen, kannst du mir Klamotten leihen?«

»Natürlich.«

Während Ayo duscht, macht Jott Tee, der Kühlschrank ist leer, aber es gibt rundes schwedisches Knäckebrot mit einem Loch drin und Marmelade und Bärlauchpaste, immerhin. Und ausgezeichneten Tee mit dem guten Honig vom Imker im Dorf. Und Gemüsebrühe ist auch noch da. Geht doch.

»Nachher muss ich aber einkaufen gehen«, sagt Jott laut, während sie den Ofen neu befeuert, den Tisch deckt und eine Kerze anzündet. Das Leben ist da. Und der Bungalow ist gemütlich warm geworden. »Das ist gut.«

»Was?«, ruft Ayo aus dem Bad.

»Ich hab nur mit mir selbst gesprochen.«

»Kaum bist du eine Woche weg, wirst du eine wunderliche Alte, die mit sich selber redet.«

»Ich war doch gar nicht weg.«

»Wie, wo warst du denn dann?«

»Gehst du nachher mit mir einkaufen?«

Ayo erscheint in Jotts Klamotten in der Küche, sie hat ein Handtuch zu einem Turban um den Kopf geschlungen und sieht nach dieser durchwachten Nacht bombe aus.

Das Haus ist klein, aber oho. Ein 50er-Jahre-Flachdach-Bungalow mit einer geräumigen Wohnküche, Bad, Diele, Schlafzimmer, Wohnzimmer und einem weiteren Zimmer, das das Gästezimmer werden sollte, aber noch mit Krempel vollgestellt ist. Die eklige Küche hatten sie rausgerissen und komplett neu gemacht. Im Wohn- und Schlafzimmer waren große Fenster eingebaut worden. Vor das Haus sollte eine Terrasse verlegt werden, die allerdings nicht fertig wurde, weshalb Stapel von Sandsteinplatten herumstanden.

Die Wände im Inneren des Hauses, inklusive Küche und Bad,

hatte der Vater bemalt, sie sahen aus wie ein LSD-Trip. Er war seinem Alkoholismus durch eine Pankreatitis im Alter von 79 Jahren zum Opfer gefallen. Es war ein langsamer Selbstmord, er hätte nicht sterben müssen, er hätte nur aufhören müssen zu saufen, aber das war keine Option für ihn. Dieses Haus hatte einem Mann gehört, der mit der Welt im Krieg lag und letztlich wohl daran zu Grunde gegangen war. Die Kinder waren ihm offensichtlich kein Ausweg gewesen. Die Frau auch nicht. Andere Geschichte.

Er hatte das Haus testamentarisch seinen drei Kindern vermacht, aber ihre Geschwister Younis und Iana hatten im Gegensatz zu Johaenne kein Interesse daran und wollten es verkaufen, cash ist gut, und so hatte Johaenne das Haus schätzen lassen, 75 000 Euro, einen Kredit aufgenommen und ihre Geschwister ausgezahlt. Sie hatte begonnen, es gemeinsam mit dem Mann zu renovieren, den sie liebte und zu dem sie oftmals nicht nett war, wenn sie beruflich oder finanziell oder emotional unter Druck stand, was leider häufig der Fall war, und wenn sie daran dachte, wurde ihr heiß vor Scham. Sie hatten die LSD-Wände mit Farben überstrichen, deren Namen »Elephant Breath« und »Poesie der Stille« lauteten, und den dunkelblauen fleckigen Auslegeteppich durch Holzboden ersetzt. Im Bad hatten sie Armaturen und Toilette ausgetauscht und die siffigen braunen Kacheln mit Kautschukfarbe in Türkis überstrichen. Und weil noch Farbe übrig war und sie gerade so in Schwung waren, strichen sie auch die kleinkarierten, schlecht gefliesten, ekligen, ehemals weißen Fußbodenkacheln in derselben Farbe. »Tierisch«, sagte er immer, wenn er etwas gut fand. Das Bad war tierisch. Fand sie auch. Es war ein Swimmingpool.

Vater Ludwig hatte nach der Trennung das Hexenhaus für lau

gekauft und darin allein gehaust, ihre Mutter lebte mit den drei Kindern Younis, Johaenne und Iana in der Stadt. Iana war genau doppelt so viel jünger, wie Younis älter war als Jott: acht Jahre jünger und vier Jahre älter. Macht zusammen 12. 1 + 2 = 3. Drei Kinder von inzwischen toten Eltern.

Younis und Johaenne waren als Teenager unzertrennlich, machten alles zusammen. Klein-Iana hatten sie immer mitgeschleppt, sie wurde hinten aufs Fahrrad geklemmt, wenn sie zum Schwimmen gefahren waren oder in den Park zu irgendwelchen Konzerten, Hauptsache zusammen, Mama musste arbeiten, Schlüsselkinder, Cornflakes statt Mittagessen, läuft. Younis war ein großer Bruder, wie man ihn sich nur wünschen konnte, inklusive des Umstands, dass er alle Boyfriends von Jott scheiße fand. Und dann, nach seinem Studium zum Toningenieur, haute er ab. Nach London. Den Kontakt hatten sie nicht verloren, sie besuchten sich, und dann schließlich war er es, der ihre erste Platte als Toning aufnahm. Geschwisterliches Teamwork. Gedankt wurde es mit einem Jazz-Newcomer-Echo, Applaus.

Iana entwickelte sich in eine andere Richtung, sie grollte den Eltern, nahm Abstand und suchte ihre Verwirklichung nicht in der Kunst, sondern in der Nachhaltigkeit und alternativem Lebensstil. Daher war es für Jott fast verwunderlich, dass sie an dem Haus nicht interessiert war, da sie dort im Einklang mit der Natur hätte leben können, aber sie verstand, da war zu viel Vaterenergie in die Wände gemalt worden, die aber nun mit Schwimmbadfarbe gebannt worden war. Von Johaenne und dem Mann. Tierisch.

Es gab nur wenig Mobiliar im Hexenhaus. Die Möbel ihres Vaters hatten sie verschenkt, zum Sperrmüll gebracht oder in das Extrazimmer gequetscht. Das Besondere des Grundstücks war der Garten, auf dem ein singender Pappelwald und viele Obstbäume standen. Verwildert und schön. Das Haus lag, mit nur einem Nachbarn neben sich, nahe am Wald, umgeben von Wiesen, Feldern, Bullerbü. Im Wald gab es einen See. Vielleicht kam daher der Name Seelake.

Manchmal kam ihre Freundin Françine allein zum Arbeiten raus, manchmal kam sie mit ihrer kleinen Tochter Claire zu Besuch, und sie spazierten gemeinsam zum Waldsee, da Claire sich so gern gruselte und meinte, dass ein Monster im See leben würde. Es war niedlich zu sehen, wie sich ihre zarten Härchen auf den Armen vor Grusel aufstellten, während ihre Augen gleichzeitig vor Begeisterung glühten und sie sich mit vielen umständlichen Worten vorstellte, dass sie die Hauptfigur in einer Geschichte wie Ronja Räubertochter sei, die das Monster besiegt oder es sich zum besten Freund macht, da war sie noch unentschieden, es gab beide Optionen. Claire Charismatica.

Auch Ben war ins Hexenhaus gekommen, sie schrieben Songs oder arrangierten, aber am liebsten hackte er Holz mit dem Mann, oder sie machten andere männliche Sachen, während Jott einen Crumble backte. Abends aßen sie, tranken noch mehr, rauchten zu viele Zigaretten, lange Nächte, Musik, Sex mit dem Mann, traurige Lieder von den Highlands in Schottisch, Ben konnte singen und brachte den entsprechenden Whiskey für die Stimmung und lockere Stimmbänder mit. Ein echtes Leben von echten Menschen hatte es hier gegeben. Normal. Schön. Mit Freunden und Liebsten. Aber schlussendlich war die Vaterenergie des Hexenhauses doch nicht unter der Kautschukfarbe verschwunden, so dass alles zu Bruch ging, aber vermutlich hatte der Bruch nichts mit dem Vater zu tun, sie können nicht für alles verantwortlich sein, die Väter, auch wenn das eine bequeme Vorstellung ist, sondern das Selbstmitleid und der Kummer schlugen manchmal über Jotts Kopf zusammen, so wie das Wasser der Seelake über dem des Monsters.

»Meinst du, ich darf ein bisschen schlafen? Ich bin echt erledigt«, sagt Ayo mit dem Turban, nachdem sie gefrühstückt haben.

»Natürlich, geh ins Bett, nimm den Tee mit.«

Ayo gibt Jott noch einen Kuss und schaut sie eindringlich an: »Danke, Hanna.« So nannte nur Ayo sie.

»Ich danke dir, dass du da bist, Ayo, du kommst wie vom Himmel gesandt.«

»Du erzählst mir aber noch, wo du warst, ja?«

»Jaja.«

»Komische Zeit gerade.«

»Ja. Komisch. Der Nebel ist beunruhigend.«

Ayo nickt.

»Dafür ist die Bärlauchpaste bombe.«

Sie verschwindet im Schlafzimmer. Tür zu.

Ayo. Die Pianistin. Sie hatten sich in Hamburg-Bahrenfeld in der Manufaktur von Steinway kennengelernt. Steinweg war ein deutscher Möbelmeister in New York City, der Stadt, die niemals schlief. Ayo probierte den Steinway »Spirio R« aus, einen Flügel, mit dem man das Gespielte aufnehmen konnte. Kostete neu über 200 000 Euro und war somit unerschwinglich, aber der Weg hatte sich dennoch gelohnt, denn er führte sie zueinander.

Sie gingen Kaffee trinken und sprachen über Florence Price, die erste afroamerikanische Pianistin und Komponistin, die sich in den 1930ern in der klassischen Musikszene behauptete, mit vier Jahren ihr erstes Klavierkonzert gab, mit elf erste Kompositionen veröffentlichte und der in ihrem Leben der Durchbruch verwehrt blieb oder wurde. Ayo erzählte von Chi-chi Nwanokus klassischem Orchester in England und dass es ihr Traum wäre, dort zu spielen.

Sie tauschten Nummern aus, und Ayo kam zu einem Konzert von Johaennes Band, hatte anschließend backstage sehr viele Notes zu machen, setzte sich an das durchgerockte Upright-Klavier in der Künstlergarderobe und spielte aus dem Kopf die Songs, die sie gehört hatte, in den korrekten Tonarten, um musikalisch zu verdeutlichen, was ihre Kommentare seien. Die Band war sprachlos angesichts ihrer Musikalität und konnte den Anmerkungen kaum folgen, weil sie so beeindruckt waren, wie Ayo auf dem kaputten Klavier einfach alle Instrumente übernahm. Ellin stieg schließlich perkussiv ein und dann Ben. »Come on, Dschott, sing«, rief er, und Nilz spielte ein Trompetensolo, während Jott nach ihrem Bass griff.

Sie waren komplett. Quintett. ›The Girl in the other Room‹. Zwei Jahre später waren sie in den Charts, und Jott hatte bis heute ein schlechtes Gewissen, dass Ayo, die eigentlich mit Chichi hätte spielen wollen und sollen, nun bei ihnen mitmachte.

Im Supermarkt, der zwanzig Minuten Autofahrt entfernt liegt, herrscht Hamsterstimmung. Das Geschäft ist proppenvoll, die Menschen kaufen wie besessen ein. Johaenne lässt sich davon anstecken und kauft einen ganzen Einkaufswagen voll. Sie will mit Karte bezahlen, die wird aber nicht angenommen.

»Warum nicht?«

»Nur bar.«
»Was?«
»Tja, ich mach hier nicht die Regeln.«
Jott nimmt einige Einkäufe wieder aus dem Wagen, kann alles gerade so bezahlen.
Vor dem Supermarkt gibt es einen Bankautomaten, davor stehen zwei, drei, vier, fünf, sechs, sieben Leute. In der Warteschlange vor der Supermarktkasse hatte sie 14 Hinterköpfe gezählt, die vor ihr dran waren. Als Kind zählte sie alle Treppenstufen, auch die von Rolltreppen, das war schwierig. Während des Studiums an der Akademie zählte sie die Treppenstufen bis zum Unterrichtsraum der Stimmbildung im dritten Stock. Sie zählte, wie lang die Ampel rot blieb, bis sie umschaltete, oder wie viele Laternen in der Straße standen. Irgendwann begann sie Kacheln und Fliesen in öffentlichen Toiletten zu zählen, das war schlimm, das war kurz vor irre. Also begann sie, als Ablenkung, als Entzug vom Zählzwang quasi, leise zu singen, um sich die Zählerei abzugewöhnen. Singen statt zählen. Das gelang. Nur manchmal noch verfiel sie in ihren alten Tick. Sieben Leute also vor dem Bankautomaten. Sieben ist gut, 13 bringt Unglück. Es gibt Fluggesellschaften, die haben keine Reihe 13. Sie verstaut den Einkauf im Kofferraum, stellt sich am Bankautomaten an. Schließlich: Bitte geben Sie Ihre PIN ein, entnehmen Sie Ihre Karte und Ihr Geld. Glückssträhne.
Auf dem Weg nach Hause kommt sie an einer Tankstelle vorbei, wo diesmal statt Menschen fünf Autos Schlange stehen, davon vier SUVs, Benzin wird offenbar auch gehamstert, sie schaut auf ihren Benzinstand, geht noch.

Sie lässt die Tankstelle hinter sich und fährt weiter über eine Autobahnbrücke. Die Landstraße nach Seelake, die durch einen Wald führt, in dem der Nebel sich niedergelassen hat, ist rechts und links von Leitplanken eingefasst. Wahrscheinlich soll man lieber an den Leitplanken verunfallen als an einem Baum. Gut für den Baum jedenfalls.

Warte, was war das?

Sie schaut in den Rückspiegel, da war doch was an der Leitplanke?! Was? Der Nebel verhindert die Sicht, weiter als zwanzig oder dreißig Meter kann sie nicht sehen. Jott bremst und tuckert vorsichtig rückwärts. Wenn ihr jetzt ein SUV entgegendonnert, dann war's das, da hilft dann auch die Leitplanke nicht mehr. Sie kann allerdings rückwärts so gut fahren wie vorwärts, darum: nur Mut. Und siehe da, ihre Wahrnehmung hat sie nicht getäuscht: Ein kleiner Hund ist mit seiner Leine an der Leitplanke festgemacht. Er sitzt da ganz brav und verlassen auf seinem Popo und schaut in den Wald.

Jott hält an, macht die Warnblinkanlage an, steigt aus, geht zu dem Hund.

»Hallo, was hat man denn mit dir gemacht, du kleines Hundi«, sagt sie zu ihm und hockt sich hin.

Der Hund freut sich, dass sie zu ihm gekommen ist, er ist jung, ein Kindergartenhund sozusagen. Er begrüßt sie, lächelt, hechelt, springt mit seinen Vorderpfoten auf ihre Knie und wedelt, dass das noch welpenhaft weiche Hinterteil nur so wackelt. Johaenne schaut um sich, was soll sie machen. Sie streichelt den Hund, er leckt ihre Hand, er ist ganz freundlich und wahnsinnig niedlich. Ein Kurzhaartier, irgendetwas Gemischtes mit sandfarbenem Fell und braunen Augen. An seinem Halsband keine Marke oder Adresse.

»Hat man dich hier ausgesetzt? Das gibt es doch nicht, so was macht man doch heutzutage nicht mehr.«
Der Hund hat sich mittlerweile vor Wonne, dass er nicht mehr allein an der Leitplanke sitzen muss, auf den Rücken gelegt, die Hinterbeinchen klappen auseinander, er ist ein Junge, man sieht den rosa Bauch und die Eierchen, die Haltung ist ein bisschen obszön, er will richtig durchgestreichelt werden. Vielleicht hat er eine ansteckende Krankheit? Obwohl – das Halsband und die Leine sehen ganz ordentlich aus. Sie streichelt ihn, das Hundchen knabbert mit seinen Milchzähnen ein bisschen an ihren Knöcheln. Der Hundi ist so niedlich, dass sie ihn am liebsten herumtragen möchte. Wie kann man so einen niedlichen Hundewelpen aussetzen?! Kurzentschlossen schnallt sie ihn von der Leitplanke ab. Das Hundekind läuft neben ihr her, als wäre es nie anders gewesen. Er läuft auf drei Beinen, das Vierte, hinten rechts, zieht er hoch, irgendetwas stimmt damit nicht. Sie laufen am Auto vorbei und in den Wald hinein. Der Hund hat gute Laune, läuft ganz brav neben ihr her und schaut alle paar Sekunden zu Jott hoch, als hätte er Angst, dass sie gleich durch einen Zaubertrick verschwindet und er wieder festgebunden an der Leitplanke hockt. Jott bleibt stehen. Hundi auch.
»Warte mal.« Sie hockt sich zu ihm hinunter, und er springt wieder an ihr hoch, leckt ihr durchs Gesicht, schaut ihr direkt in die Augen. Jott sieht sich das Bein an, es ist nicht verletzt, aber schief und krumm. Vielleicht gebrochen und falsch von allein zusammengewachsen. Sie streicht drüber, zieht ein bisschen am Bein, er sagt nichts dazu, es tut wohl nicht weh, es ist nur einfach ein krummes, sehr dünnes Hundebeinchen, dessen Pfote wie bei einem Balletttänzer auswärts geht. Sie nimmt ihm die Leine ab.

»Lauf, mein Schatz!«
Und schon rennt er los, Galopp, pisst gegen einen Baum, kuckt sie erwartungsvoll an.
»Super, du kannst schon pinkeln wie'n Großer.« Sie lacht, er freut sich, dass er sie zum Lachen bringt, rennt zu ihr zurück, wedelt, springt kurz an ihr hoch und rennt wieder los, schnüffelt, es riecht gut, Johaenne kann sein Glück geradewegs sehen und fühlen. Es überträgt sich auf sie.
Wie lange er hier wohl schon saß?
Die beiden spazieren tiefer in den Wald hinein, und wenn man immer weiterliefe und die Himmelsrichtung kennte, käme man in Jotts Garten an. Ziemliche Strecke, der Wald ist groß. Wäre kein Nebel, schiene vermutlich die Sonne, und sie würde ihr Gesicht zu ihr hinwenden. Der Hund schnüffelt, beißt in kleine Sträucher und markiert den Wald, bis nichts mehr aus ihm rauskommt. Er hat, scheint's, schon vergessen, dass er ausgesetzt wurde. Sie ist auch ausgesetzt worden, aber ihr Vergessen geht leider nicht so schnell.
Der Wald ist ein Mischwald im Frühling, und knallgrünes Grün hat sich bereits überall im Geäst der Bäume ausgebreitet. Alles neu macht der Mai – dett wär's. Die Waldluft riecht nach einem Parfum, das man unbedingt kreieren sollte. Schon als Kind wollte sie immer den Moment erwischen, wenn die Blätter rauskriechen, wie Schildkröten vom Winterschlaf, aber es ist ihr bis heute nicht gelungen. Endlose Monate stehen schwarz geregnete Bäume wie Kohlezeichnungen im Land herum, und dann, bäng, über Nacht! wird es grün – und wieder hat sie es verpasst.
»Der Mai ist gekommen, die Bäume schlagen aus.« »Macht nichts, ich schlag zurück.«

Johaenne setzt sich ins Moos, lehnt sich gegen einen Baum, der Hund setzt sich nach einer Weile des Herumschnüffelns neben sie, legt den Kopf auf ihre ausgestreckten Beine. Sie legt ihre Hand auf seinen Kopf und macht die Augen zu.

Sie steht in einer Neubausiedlung mit unbekannten Nachbarn auf einer abschüssigen Teerstraße. Die Häuser schneeweiß, die Straße pechschwarz. Gärten gibt es keine. In den Vorgärten eingezäunte Mülleimer. Dunkelgrau. Aus der Gruppe auf der Straße, in der sie steht, löst sich eine Figur, die ein Pferd ist oder wird, braun, und rennt auf ein Haus zu. Ohne das Tempo zu drosseln, rennt es mit dem Kopf gegen die Hauswand, bleibt betäubt stehen und rührt sich nicht weiter, während die Gruppe dem Vorgang teilnahmslos zusieht.

Sie befindet sich nun vor der Tür einer Souterrain-Wohnung und klingelt. Ein Mann, einer Comicfigur gleich, öffnet. Die Muskelstränge seines Nackens sind riesig und wachsen zu zwei unverhältnismäßigen Buckeln rechts und links neben seinem haarlosen Erbskopf heraus. Sein Oberkörper ist nackt, haarlos wie der Kopf. Um seine Hüften hat er ein blaues Handtuch geschlungen. Er ist barfuß, und neben ihm auf der Türschwelle liegt ein ausgewachsener Tiger mit grauem Fell, der sich seine Pfoten leckt. Es wird kein Gespräch geführt. Ein Geräusch lässt sie aus dem Schlaf fahren, ist es der Wecker? Sie schaut auf den Wecker und kann die Uhrzeit nicht ablesen, da die digitalen Zahlen zwischen 9.30 und 14.30 zittern. 14.30?!! Halb drei? Sie hat alle Termine verschlafen, setzt sich im Bett auf, Panik befällt sie, verlässt das Bett, rennt durch eine ihr unbekannte Altbauwohnung und sucht nach einer Uhr, der sie vertrauen kann. Findet keine. Läuft in einem weißen Nachthemd aus der Wohnungstür hinaus, über den Flur in die offen stehende gegenüberliegende Wohnung hinein, die so groß und hoch ist wie eine Turnhalle. Zwei Männer stehen in der Tiefe des Raums. Architekten oder Handwerker. Sie hastet auf sie zu. Einer der Männer ist ihr Mann, er schaut sie an, als wäre sie ihm unbekannt. Sie ruft: Wie spät ist es? Halb drei, sagt er und entfernt sich unbeteiligt, will nicht im selben Raum sein wie die Verrückte im Nachthemd, die nach der Uhrzeit schreit, will nicht mehr dieselbe Luft atmen wie die Frau, der er viele Jahre mit seinen Küssen den Atem verschlug. Der andere Mann hat sich aufgelöst. So bleibt sie allein zurück und hat alles verschlafen.

Sie öffnet die Augen und sieht, dass ihr ein kleiner Ast mit weißen Blüten in den Schoß gefallen ist. Die Blütenblätter sind weiß mit gelben Sprenkeln, schwarzen Punkten und zarten Stacheln am Stiel. Wie im Dornröschenschloss. Wie lang hat sie geschlafen? Hundert Jahre? Ist es 14.30? Sie hat weder Uhr noch Handy, am Himmel ist nichts abzulesen, die Sonne wurde vom Nebel abgeschafft, willkommen im Aquarell-Land.

Also steht sie auf, mit Bildern von Tieren und dem sachlichen Gesichtsausdruck ihres Ex-Mannes vor ihrem inneren Auge, und geht mit dem gefundenen Hund zum Auto zurück. Das Blütenästchen hat sie in das Moos gesteckt, sieht aus wie Ikebana.

Sie lässt den Welpen in den Fußraum des Beifahrersitzes springen, steigt selber ein und fährt los. Nach Haus. Dass der Hund mitkommt, ist jetzt nicht mehr rückgängig zu machen und auch nicht gewollt.

Als sie zügig durch das Tor auf das Grundstück einfährt, versucht sie zu erkennen, ob sich in ihrer Abwesenheit etwas verändert hat, doch alles ist ruhig. Der Nebel steht im Garten, als hätte er ihn besetzt.

Nachdem sie den Einkauf ins Haus geschleppt und verstaut hat, macht sie mit dem Hund einen Gang über das Grundstück. Alles unverändert. Warum auch nicht. Wieso meint sie plötzlich, alles überwachen zu müssen? Sie geht in den Geräteschuppen, schaut hinein, es riecht nach Benzin. Der Hund schnüffelt sich bereits durch den Schuppen hindurch. Dort steht neben den Harken, Hacken, Schaufeln, Äxten und Gartenscheren der Rasenmäher, Dünger, Schläuche und jede Menge anderes Zeug, wie auch der Generator, den der Mann stehengelassen hat, und eine weitere Maschine, bei der sie nicht ganz sicher ist, was es sein soll. Druckluft vielleicht. Neben dem Schuppen der Holzhaufen und die alten ausgebauten Fenster, die er nicht wegschmeißen mochte, und weiterer Krempel, den er gehortet hat, statt zum Sperrmüll zu geben. Er hatte recht, man kann aus allem noch etwas basteln. Er war wie ein Kriegskind, er warf nichts weg, er war nachhaltig, bevor das Wort überhaupt erfunden war.

Auch hier ist alles wie immer. Sie geht bis ans Ende des Grundstücks und steigt über den klapprigen Zaun, lässt den Hund auf der anderen Seite warten, der am Zaun hochspringt und die kleinen Pfoten irgendwo einhakt, um ihr hinterherzuschauen, er kann sich lang machen wie eine Wurst und fiept.

»Bleib«, sagt sie. »bin gleich zurück.« Er wedelt und schaut unglücklich.

Sie läuft über die angrenzende wilde Wiese, um zu prüfen, ob die Nachbarn da sind. Kein Mensch zu sehen, keine offe-

nen Fenster, kein Auto. Schaut durch das Terrassenfenster ins Wohnzimmer, klopft, ruft, niemand antwortet.
Der Nachbar ist Koch, seine Frau Fotografin. Nette Leute, die viel unterwegs waren und selten herkamen. Sie halfen sich gegenseitig bei der Obsternte, liehen sich Gartengeräte aus oder nahmen Pakete entgegen. Ein paarmal hatten sie Johaenne und den Mann zum Essen eingeladen. Asiatisch. Schön war das, jetzt ist es vorbei.
Sie klettert über den Zaun zum Hund zurück, der darüber außer sich ist vor Freude. Sie nimmt ihn auf den Arm und streichelt ihn, er müffelt ein bisschen. Alles, was sie sieht, erscheint ihr unwirklich, obwohl es bekannt sein müsste, nur der Hund ist real, obwohl er unbekannt ist.
Die Blüte der Obstbäume ist schon fast vorbei, die weißen und rosa Blütenblätter bedecken als geklöppeltes Tischtuch den Boden kreisförmig um sie herum. Dieses Jahr muss sie das Obst allein ernten, und ihr neugewonnener Aktionismus erlebt bei der Vorstellung eine Flaute, das Haus ohne den Mann ist nichts. Er war der Connaisseur, der sich mit Erde, Bäumen, Garten, Werkzeugen berufsbedingt auskannte. In beständiger Ruhe lief er über das Grundstück und gab ihr Halt, wenn sie meinte, dass ihr alles zu viel wäre. Ihm war nichts zu viel, solange es nicht mit Gefühlen zu tun hatte.
Zurück im Haus gibt sie Hundi in Ermangelung von Hundefutter etwas Knäckebrot und Karotte und stellt eine Schüssel Wasser hin. Er ist ganz ausgedurstet und trinkt sehr viel und frisst schließlich freudig und lautstark Karotte und Knäcke. Jott hat sich neben ihn gesetzt, schaut ihm zu und freut sich darüber, wie es ihm schmeckt.
Sie sucht das Ladekabel für den Computer und findet es nicht.

Schlafzimmer? Später. Ayos Mobiltelefon liegt auf dem Küchentisch, es piept, ankommende Nachricht. Ayo hustet.
Ein bisschen Strom hat der Computer noch, und sie schreibt ihren Geschwistern. »Geht es euch gut? Ist bei euch auch Nebel? Gebt mir mal ein Lebenszeichen, ich bin irgendwie unruhig. Liebe von Jott. PS: Bin im Hexenhaus.«

Bevor der Computer aufgibt, checkt sie die News. Mit einem Schlag bricht die Welt herein. Als seien der Nebel in Europa und das Feuer um Athen nicht genug, sind nun in Ostafrika Heuschreckenschwärme über das Land hergefallen, die biblischen Ausmaßes sind. Sie liest: »Inzwischen sind auch Dschibuti und Eritrea im Norden betroffen. Die ersten Schwärme fielen in Uganda und Tansania ein, besonders schlimm betroffen sind Somalia, Kenia, Äthiopien und der Südsudan. Wenn es nicht gelingt, sie aufzuhalten, könnte die Insektenplage zu einer Hungerkatastrophe führen, vor der die ›Food and Agricultural Organization‹ der Vereinten Nationen eindringlich warnt.«
Somalia hat den Notstand ausgerufen. Die Heuschrecken sind im Begriff, sich nach Nordafrika, Pakistan und Indien auszubreiten.
»Wüstenheuschrecken sind normalerweise Einzelgänger, zwei Wochen nach der Eiablage schlüpfen die noch flügellosen Larven, sogenannte Nymphen. Sie entwickeln sich binnen sechs Wochen zu flugfähigen Heuschrecken; nach weiteren vier Wochen sind diese geschlechtsreif und können die Eier für die nächste Generation legen. Gibt es genug Nahrung, kommt es zu einer sprunghaften Vermehrung. Alle drei Monate verzwanzigfacht sich die Zahl der Tiere. Ein Schwarm der Größe 60 mal 40 Kilometer. Über 13 Millionen Menschen sind bedroht.«

Jott sieht Fotos von kenianischen Kindern, die versuchen, mit Stöcken faustgroße Heuschreckenleiber zu vertreiben. Kleine Heuschreckenschwärme fressen so viel an einem Tag wie 35 000 Menschen. Aber diese Schwärme sind größer.
»Nach starken Regenfällen in Ostafrika müssen Hunderttausende Menschen in sichere Gebiete fliehen, mehr als 2,5 Millionen Menschen sind betroffen. Im Südsudan sind mehr als 400 000 Menschen auf humanitäre Hilfe angewiesen.«
Erste Cholera-Fälle werden registriert. Die Ernte wird aufgefressen, bevor sie heranwachsen kann. Die WHO warnt vor Dürre- und Hungerkatastrophen, die zügig eintreten können. Der Planet ist in Aufruhr. Die Natur flippt aus.

2 %. Wo ist das Ladekabel, verdammt. Ayo hustet.
Jott schleicht zu ihrer Tür und öffnet sie behutsam, um einen Blick auf Ayo zu werfen, der Hund folgt. Ayo liegt im Bett, öffnet die Augen, die glasig sind, sie ist schweißgebadet.
»Da ist ein Hund«, sagt sie matt.
»Du bist krank«, antwortet Jott.
»Nein, mir ist nur warm.«
»Du hast Fieber«, sagt Jott und legt ihr die Hand auf die Stirn. Die glüht.
»Quatsch«, sagt Ayo.
»Ayo, bitte, du bist doch kein Soldat. Ich schau mal, ob ich ein Thermometer habe.«
Im Bad findet sie ein Thermometer, ist sich aber nicht ganz sicher, ob es noch funktioniert. Sie desinfiziert es und steckt es Ayo unter die Achsel, die zuckt zusammen.
»Das kitzelt, ich kann das nicht aushalten, das ist wie bei der Vorsorgeuntersuchung.«

»Dann steck dir das da jetzt selbst dahin, wir müssen wissen, wie hoch dein Fieber ist, wenn es zu hoch ist, rufe ich einen Arzt.«

39,6 Grad Celsius, falls das Thermometer nicht kaputt ist.

»Mir ist schwindelig«, sagt Ayo und schnappt nach Luft, der Husten klingt fies.

»Ich ruf einen Arzt.« Ayo antwortet nicht, sie dämmert weg.

Mit den letzten 2 % des Computers, wo ist das Ladekabel, Herrgottnochmal, dass sie aber auch ihr Telefon nicht dabei hat, sucht Jott die Telefonnummer des nächsten Krankenhauses aus dem Landkreis heraus, schreibt sie auf. Mit Ayos Telefon, auf dem weitere Textnachrichten, vermutlich von Wolf, eingegangen sind und dessen Batteriestand ebenfalls bereits rot zeigt, ruft sie das Krankenhaus an und landet in einer Ansageschleife. Jott stellt den Anruf auf Lautsprecher und sucht die Ladekabel. Nichts. Nirgends. Im Auto auch nicht. Die Musik aus dem Lautsprecher wird zum Alb. Gleich ist Ayos Telefon am Ende. Sie will sich die Adresse des Krankenhauses notieren, doch während sie noch danach sucht, verendet der Computer. Schwarz. Im selben Moment endet die Krankenhausmusik. Auch das Telefon hat keinen Akku mehr. Aus.

Was soll ich denn jetzt machen? Wie krank ist Ayo? Sollen wir zurück in die Stadt fahren? Was mach ich denn jetzt, Mama.

Mama ist tot. Schon seit zwanzig Jahren.

Jott macht Ayo Wadenwickel. Dann setzt sie sich zu ihr auf das Bett und wartet. Wartet ab. Lang, ewig. Nichts passiert. Ayo schläft, atmet angestrengt mit offenem Mund, hustet bronchial. Jott erneuert immer wieder die Wadenwickel. Zeit vergeht, bis die Dämmerung den Nebel verdunkelt. Dann tippelt der Hund herein, schaut sie an und fiept.

»Hundi«, sagt Johaenne, »musst du mal?«
Sie lässt den Hund raus, der männlich gegen einen Grashalm pinkelt und dann im Garten schnüffelnd herumläuft, als hätte er nie etwas anderes getan. So schnell in der neuen Heimat angekommen, beneidenswert. Der Nebel macht ihm nichts aus.
Jott schaut in den Himmel, der wie ein Deckel auf die Bäume herabgefallen ist. Sie setzt sich auf einen Stapel Sandsteinplatten vor dem Haus und raucht eine Zigarette, der Rauch vermischt sich mit dem Nebel, und am Ende des Gartens steht bereits die Dunkelheit und sagt: »Ich komme jetzt, Johaenne.«
»Ja, ich weiß, aber ich lasse dich nicht in mein Haus, denn da liegt Ayo, und sie wird gesund werden, ich werde ihr dabei helfen, und sie wird mich nicht verlassen, weil ich nie mehr verlassen werden möchte, von jenen, die ich liebe.«
Sie fühlt sich, als wäre ein Krieg zu Ende gegangen, und sie muss alles aufräumen. Das dauert. Alles ist in Aufruhr geraten, wo auch immer sie hinsieht oder hindenkt, befindet sich etwas aus Kriegszeiten, etwas aus den Fugen Geratenes und lose Enden. Alles, woran Erinnerung klebt, wird erneut angefasst werden müssen, muss heilen, benötigt Freundlichkeit und Achtsamkeit, und dazu braucht es Mut und innere Stärke. Auch der Stapel aus Steinen, auf denen sie sitzt, bewahrt Erinnerung, erst wenn sie daraus eine Terrasse gemacht hat, wird sich der Aggregatzustand und ein damit verbundenes Gefühl ändern. Hoffentlich. Jeder Moment der letzten Jahre, bevor er wegging, ist beklebt mit ihm, jedes ihrer Konzerte hält auch die Erinnerung bereit, wo er zu dem Zeitpunkt war und in welchem Zustand ihre Liebe. Irgendwann schrieb er nicht mehr »Gutes Konzert!« vorher und »Wie war's?« nachher. Er entschuldigte sich eigentlich nur noch, dass er irgendetwas, das ihr lieb und wichtig war, ver-

passt hatte: »Oh, Entschuldigung, Handy war nicht aufgeladen«, »Schuldigung, hab deinen Anruf nicht gehört«, »Oh, war das schon heute? Sorry«, »Sorry, mir geht es gerade nicht so gut.« Die Häufigkeit der Entschuldigungen entleerte deren Bedeutung.

Sie spürt ihre Verlorenheit körperlich, sie tut nur so, als wäre sie Johaenne. Aber vielleicht ist das derzeit die einzige Möglichkeit, ihr fällt zumindest gerade keine andere ein. Okay, dann mal los. »Komm, Hundi«, sagt sie zu Hundi und steht auf, »du kriegst jetzt ein Bad.« Die Zigarette tritt sie aus, geht mit dem Hund ins Haus und verschließt die Tür von innen. Die Dunkelheit klopft von außen dagegen.

Es war Sommer, als ihre Mutter starb. Es war Winter, als ihr Vater starb.

Ihre Mutter lag im Hospiz und konnte nur noch mit Hilfe einer Beatmungsmaschine, die neben ihrem Bett stand und ihr mit einem Schlauch acht Liter Sauerstoff pro Minute in die Nase blies, atmen. Sie konnte nicht mehr sprechen, nicht reagieren, nichts wahrnehmen, nicht in Kontakt treten. Johaenne fuhr jeden Tag in das Hospiz. Ihre Mutter kämpfte gegen den Tod, verweigerte sich ihm, sie wollte nicht sterben, sie liebte das Leben. Es ist nicht leicht, das Sterben, das bringt einem ja keiner bei, wie soll man das also können. Dieser Schritt auf die andere Seite. Der letzte Atemzug.

»Ihre Mutter stirbt«, hatte man ihr bei Ankunft im Hospiz gesagt. Woher wussten sie das? Johaenne hatte sich zu ihrer Mutter ins Bett gelegt und nahm sie in die Arme, sagte immer wieder: »Mama, ich bin da, ich bin da, Mama.« Ihre Mutter wurde beatmet und bewegte sich nicht, hatte die Augen geöffnet, aber

da schaute keine Mama mehr raus. »Mama, ich bin da, hab keine Angst, ich hab dich so lieb, liebste, beste Mama.« Das Weinen ließ ihre Stimme brechen, und in ihrem Hals entstand ein Kloß und Schmerz, weil das gleichzeitige Weinen und Sprechen den Kehlkopf bersten ließ.
Weil sie nicht wusste, was sie sagen sollte, begann sie zu singen. Es ist schwer zu singen, wenn man weint, die Töne halten nicht, sie wollen nicht gesungen werden, sie musste gegen den Schmerz im Kehlkopf ansingen. Es war das Einzige, das Letzte, was sie ihrer Mutter noch geben konnte: Musik.
Sie sang. Sang alle Lieder, von denen sie wusste, dass Mama sie liebte. Der Platz zwischen den Atemzügen ihrer Mutter wurde größer, das Einatmen klang nach Qual, und die Maschine war so laut. Dann: Nichts. Johaenne hielt die Luft an und fragte sich, ob ihre Mutter nun tot sei. Doch dann saugte sie wieder Luft ein, sie lebte noch einen Moment, noch einen Atemzug, bis zum letzten Atemzug. Und plötzlich wurde das Zimmer hell ... Der Lärm der Maschine ging in der Stille, die folgte, unter, und Johaenne sagte: »Du hast es geschafft. Ich hoffe, es tut nichts mehr weh, Mama.« Sie hielt ihre Mutter in den Armen, damit sie nicht fror, bis irgendwann eine Pflegerin dezent die Maschine abstellte. Johaenne spürte die Wärme des Körpers neben ihr, der langsam erkaltete.
Der Arzt sagte später: »Nach wissenschaftlichen Erkenntnissen kann man darauf schließen, dass das letzte Sinnesorgan das Gehör ist, das sich verabschiedet. Sie können also davon ausgehen, dass Ihre Mutter Sie noch gehört hat.«
Das Letzte, was ihre Mutter gehört hatte, war Johaennes Gesang gewesen. Es war nicht ihr bestes Singen gewesen, aber alles, was sie ihr noch hatte geben können. Ihre Mutter war in ihren

Armen gestorben, und das war das Wesentliche: sie war nicht allein gewesen. Vorwürfe, dass sie ihre Mutter nicht hatte retten können, machte sie sich dennoch.

Johaenne lässt ein bisschen lauwarmes Wasser in die Wanne und setzt Hundi hinein, dessen Schwanz sich unter seinen Bauch geklemmt hat, er fiept und sieht todunglücklich aus. Johaenne schrubbt ihn mit einem Stück Lavendelseife ab, ob das besonders gut für Hunde ist, weiß sie nicht genau, hofft aber, dass so mögliche Krankheitserreger oder Ungeziefer von ihm abgewaschen werden. Dann duscht sie ihn vorsichtig ab. Er zittert, es ist ein Trauerspiel. »Gleich geschafft.« Sie wickelt ihn in ein Handtuch, rubbelt ein bisschen und stellt ihn in die Mitte des Swimmingpoolbads. Er schüttelt sich ausgiebig, einmal von vorn nach hinten durch den Körper bis zur Schwanzspitze und rutscht danach mit seinem Kopf über das am Boden liegende Handtuch, trocknet sich selbständig ab. Macht er super. Johaenne schnuppert an ihm, er duftet ein bisschen nach Lavendel. Er leckt ihr über das Gesicht und wedelt schon wieder. Das ist toll, Tiere sind ganz unmittelbar, sie leiden im Moment, und wenn der Moment vorbei ist, ist auch das Leid vorbei. Kann man sich mal hinter die Ohren schreiben, wenn da nicht schon ein anderer Satz stünde. »Die ungelöste Situation löst das Problem ja nicht.«

Ayos Bett ist nass von Schweiß und Wadenwickeln. Jott holt neue Laken und Bezüge.

»Ayo«, flüstert sie, »Ayo.«

Ein Husten schüttelt Ayo durch.

»Wir müssen deine Bettwäsche wechseln.«

Ayos Atem ist rasselnd. Die gesamten oberen Atemwege sind an-

gegriffen, entzündet, in Flammen, Bronchitis wahrscheinlich. »Wir müssen nicht in die Stadt zurückfahren«, denkt Jott, »ich schaff das. Ich bin da.«
»Kannst du ein bisschen zur Seite rollen? Damit ich das Laken unter dir rausziehen kann.« Mit etwas Gerolle, Geschiebe und Geruckel gelingt es, Laken und Bezüge zu wechseln. 39,2 sagt das Thermometer, das Jott ohne eine Reaktion von Ayo in ihre Achsel hat stecken können. Das Fieber ist, dank Wadenwickel, gesunken. Mehr Wadenwickel also. Und Inhalieren.
Sie kocht Thymiantee mit Fenchelhonig, kriegt ihn esslöffelweise in Ayo hinein.
»Was ist das?«, fragt die.
»Thymiantee mit Fenchelhonig.«
»Schmeckt nach nix.«
»Kann nicht sein.«
»Schmeck nix.«
»Macht nichts.«
»Danke.«
Jott geht duschen, der Hund macht einen Bogen um das Badezimmer.
In der Nacht sitzen Jott und Hundi auf der Couch vor dem Ofen, in dem ein Feuer brennt, und essen Kartoffelbrei. Der schmeckt auch dem Hund. Schlafen halb aufeinanderliegend ein, so wie sie jahrelang mit ihrem Liebsten unter einer 135 × 200-Decke schlief, das konnten sie so gut wie sonst niemand.

Sie sitzt mit alten Frauen um ein Feuer herum und ist schwanger. Die Landschaft und die Dunkelheit halten sich an den Händen und spannen ein Zelt aus endloser Weite und ewiger Finsternis.
Die Frauen werfen Gewürze und kleine Holzstücke ins Feuer,

das zuckt und die Ingredienzen verschluckt. Sie schaut durch die orangenen Flammen auf ihre Gegenüber, deren Gesichter hinter der Hitze der Luft verschwimmen und neue Gesichter hervorbringen. Die Frauen tragen Ketten über ihren nackten Brüsten und rauchen Pfeife. Das Kind in ihr ist friedlich, es wächst und wird in diese Welt geboren werden, und sie steht vor einem Drehkreuz aus silbernem Metall, ihr Bauch ist groß, und sie passt damit nicht durch das Kreuz, hinter dem eine Straße zu sehen ist aus silbrigmetallenen Häusern mit aufgeklebten Fenstern aus dunkler Folie. Darüber steigt der Blick ungetrübt in ein tiefschwarzes Universum. Der Himmel ist zackig herausgerissen, als wäre er ein eingeschlagenes Fenster. Sie steckt mit dem Bauch im Drehkreuz fest, kommt weder vor noch zurück, muss aber in das vor ihr liegende blitzblank gesandstrahlte Edelstahlhaus, das ein Jeff-Koons-Krankenhaus ist, in dem sie gebären soll.

Dort liegt sie nun auf einer Pritsche, der Raum gleißend weiß, und sie gebärt. Um sie herum Regale mit Schubladen, endlos reichen sie in die Tiefe bis zum Fluchtpunkt, als befände sie sich in einer optischen Täuschung M.C. Eschers. Die Schubladen öffnen und schließen sich automatisch und selbsttätig. Eine formlose Frau in Weiß steht wie ein verschwommener Fleck neben ihr, eine Nana von Niki de Saint Phalle, der Traum ist voller Kunstwerke. Die Nana ist die Geburtshelferin, und sie verlässt den Ort des Geschehens durch eine sich öffnende Schublade und kehrt nicht mehr zurück. Das Kind, das geboren werden soll, ist bereits im Geburtskanal, und die Gebärende weiß nicht, was sie tun soll, so allein. Versucht, das Kind wieder zurück in sich hineinzusaugen. Sie wacht auf.

Der Hund neben ihr schläft, das Feuer im Ofen ist runtergebrannt. Sie zieht sich die Decke über das Gesicht und schläft mit dem Lavendelduft des Hundes in der Nase wieder ein, bis sich der Raum mit Morgenlicht füllt und ein neuer Tag anbricht, der sie ein weiteres Stück von dem Mann wegträgt. Oder ein neuer Tag, der sie zurückfallen lässt in die körperliche Sehnsucht nach ihm, einem Mann, von dem sie erfüllt war und in dem sie gleichzeitig aufbewahrt sein wollte. Er in ihr, sie in ihm. Wie russische Puppen. Manchmal sprang sie ihm auf die Hüfte, wollte ihn wie ein Kind mit Beinen und Armen umschlingen, er war stark, sie wusste, dass er sie halten konnte, doch er fiel um, er wollte sie nicht tragen müssen.

Sie schüttelt die Vorstellung von sich ab und sieht, dass Hundi gerade gegen den Garderobenständer pinkelt. Ihr Fehler, sie hat ihn nicht rechtzeitig rausgelassen, aber er hat offensichtlich nachgedacht, denn das Ding sieht ja auch ein bisschen aus wie ein Baum und ist aus Holz. Sie macht Hundi die Tür auf, und der Nebel begrüßt sie mit einem weichen »Guten Morgen«. Lass mich in Ruhe, denkt sie, ich kann dich nicht mehr sehen, und geht ebenfalls pinkeln.

So vergeht die Zeit.

Jott macht lange Spaziergänge durch den Nebel mit dem Hund. Sie kennt die Wege. Die preußische Allee hinunter, dann ein kleines Stück in den Wald bis zum See. Sie versucht, den Nebel wegzuwedeln, wirft Stöckchen, Hundi findet sie. Sie liest alles, was im Hexenhaus herumliegt, und beginnt zu meditieren, endlich, und die Stille der Landschaft im Nebel um sie herum breitet sich langsam auch in ihr aus. Menschen trifft sie nicht, das Dorf Seelake ist einige Kilometer entfernt, die Nachbarn sind bislang nicht aufgetaucht.

Sie kümmert sich um Ayo, sie weiß, wie das geht. Doch schließlich bemerkt sie, wie sich ihre Luftwege ebenfalls entzünden wollen, doch sie ist rechtzeitig und behandelt sich mit demselben Programm wie Ayo. Die Luft, sie bleibt weg, wie ihrer Mutter die Luft wegblieb. Die Atemwege sind entzündet, als wäre das Leben entzündet. Aber auch das wird vorbeigehen.

Sie schläft, als hätte sie viele Jahre Schlaf nachzuholen, als kröche die Erschöpfung eines ganzen Lebens aus dem Keller. Es ist gut, dass Ayo da ist. Und Hundi.

Sie denkt an die durchtanzten Nächte mit dem Mann und vermisst die Leichtigkeit, die Berührungen, die Nähe, die Haut, die Hitze, das Verschmelzen mit ihm und seinem Körper, der so vertraut war. Vertraut ja, verbunden nicht.

Tage und Nächte vergehen. Ayos Hände sind verheilt, und es geht ihr besser. Und Johaenne auch. Sie sind erschöpft von ihren Beziehungen und all den Worten, die sie darüber verloren haben, die die Nähe und Zweisamkeit dennoch nicht zurückholen können, und schon gar nicht die Liebe. Sie müssen der Unerbittlichkeit des Verlusts Platz machen, der sie nach all dem Gesagten sprachlos und erschöpft zurücklässt. Da sind sie nun. Im unfreiwilligen digitalen Detox der neuen Zeitrechnung. Sie wissen nur nicht, welcher Tag dieser neuen Zeitrechnung es ist, sie haben nicht gezählt.
Ayos leertelefoniertes Handy ist im metallenen Werkzeugkas-

ten verschwunden, damit sie nicht geortet werden kann. Dabei hat sie im Kasten einen verklebten Nagellack gefunden, den sie mit einer Rohrzange geöffnet hat, und lackiert nun Jott und sich die Fußnägel orange. Hundi schnüffelt neugierig am Fläschchen und bekommt daraufhin einen derartigen Niesanfall, dass sich Ayo und Jott vor Lachen fast in die Hose machen. Die Stimmung ist gut, denn sie wissen nicht mehr, was in der Welt passiert und schon gar nicht, dass sie brennt.

5

Gerade als Johaenne das Kapitel von Rutger Bregman über ›Survival of the friendliest‹ liest, ist ein Schreien im Garten zu hören. Hundi bellt und läuft an die Haustür. Ayo erscheint mit einem Geschirrtuch in der Hand atemlos in der Wohnzimmertür, Panik. »Vielleicht ist er das? Vielleicht kann man ein leertelefoniertes Handy im Werkzeugkasten doch orten?!«

»Nein, das kann man nicht. Glaube ich.«

Schreien. Bellen.

»Was machen wir jetzt?«, flüstert Ayo.

»Wir sehen nach, wer das ist, klingt nach Frauenstimme.«

»Achso, stimmt, Frauenstimme«, antwortet Ayo erleichtert.

An der Haustür steht ein Baseballschläger, den hatte er, als sie hier zusammenlebten, dahingestellt. »Wenn du mal allein bist und dich fürchtest.« »Ich fürchte mich nicht, mein Liebster.«

»Trotzdem.«

Nun nimmt sie ihn wie eine Reliquie und verlässt mit Ayo hinter sich und dem bellenden Wachhundbaby vor sich das Haus. Vor dem elektrischen roten Tor steht offensichtlich jemand und haut von außen dagegen, nun versteht sie die Worte, die gerufen werden: Es ist ihr Name.

»Johaenneeee, mach das Tor auf. Heyyyyy! Johaenneeee!!«

»Wer ist da?!«, schreit sie zurück.

»Ich bin es, Jamal.«
»Jamaaal!! Ogott, warte, ich komme. Hör auf zu schreien, man kriegt ja Todesangst. Hundi, aus!« Der Hund schweigt, Jamal auch. Der furchteinflößende Lärm hat aufgehört. Gottseidank. Sie öffnet das Tor mit der Fernbedienung einen Spaltbreit, und zwei Personen drängen sich hindurch: Jamal und eine zarte asiatische Frau. Hundi schnüffelt interessiert an den beiden herum, Ayo ist entfernt stehen geblieben.
»Johaenne, wir haben dich gefunden!« Jamal umarmt Jott stürmisch und ist immer noch im Schreimodus.
»Das ist Shenmi«, stellt Jay dann die junge Frau neben ihr vor.
»Hallo, Shenmi, ich bin Johaenne«, sagt Johaenne, was, wie sie verspätet feststellt, völlig überflüssig ist zu erwähnen, da der Name fünftausend Mal von Jamal geschrien worden ist. »Einen guten Tag, ich grüße Sie«, antwortet die überaus höfliche und eloquente Shenmi.
»Warum hast du einen Baseballschläger in der Hand?«, fragt Jay.
»Um Einbrechern eins überzuziehen, warum sonst?«
»Dachtest du, wir sind Einbrecher?«
»Ich dachte gar nichts, dein Tumult war zu laut. Hier, das ist meine Freundin Ayo, wir sind zusammen in einer Band. Ayo, das sind Jamal, kurz Jay, und Shenmi. Und das ist Hundi.«
»Hat er keinen Namen?«, fragt Shenmi.
»Doch, er heißt Hundi. Das ist sein Name. Hundi. Mit i.«
»Habt ihr gehört?«, sagt Jamal.
»Was?«
»Nachrichten?«
Jott: »Nein, Computer und Telefon sind alle.«
Ayo: »Wir waren hauptberuflich krank.«

»Sie haben den Notstand ausgerufen und Ausgangssperre verhängt.«
»Wer ist ›sie‹?«
»Die Regierung. Der Bürgermeister. Die Stadt ist voll mit Polizei. Soldaten. Frontex. Sondereinheiten. Feuerwehr. Alles, was Uniform trägt.«
»Was? Wieso?«, fragt Ayo und kommt näher.
»Vor zehn Tagen fing es an. Du bist genau rechtzeitig weggefahren, Jott. Dürfen wir reinkommen, ich muss so nötig?«
Sie hängt wie immer das Fragezeichen ans Ende eines Aussagesatzes.
»Ogott, ja, bitte, ja, kommt rein, Entschuldigung, Kommt rein, willkommen, ich mach Tee.«
Sie gehen ins Haus, das rote Tor schließt sich automatisch hinter ihnen.

Shenmi hatte vor dem Kino gewartet, bis der Film anfing, dann hatte sie ihn sich allein angesehen. Danach schrieb sie Jamal eine Nachricht, fragte, ob es ihr gut gehe oder ob sie über Shenmi verärgert sei, bekam keine Antwort. Jamal war offline. Sie machte sich zu Fuß auf den Weg zu ihr. Spazierte durch die Kopfsteinpflasterstraße an dem dunklen Möbelgeschäft und dem geschlossenen Späti ›By Malik‹ vorbei. Nur aus den Fenstern der Wohnhäuser fiel sparsames Licht auf die neblige Straße, die Laternen waren wohl ausgefallen. Menschen kamen ihr entgegen, auf dem Weg zu den Bars, in denen man rauchte und hausgemachten biologischen Gin trank.
Shenmi trug eine Atemmaske über Mund und Nase, sie fühlte sich damit in den öffentlichen Verkehrsmitteln geschützter, weil sie fand, dass es in dieser Stadt ziemlich unhygienisch vor sich

gehe. Die Menschen achteten nicht auf ihr Äußeres oder ein gutes Maß an körperlicher Sauberkeit, viele Personen rochen. Im Supermarkt fand sie es ebenfalls angenehmer, mit Maske einzukaufen, und darum trug sie sie einfach immer außerhalb ihrer Arbeit und des Zuhauses. Warum auch nicht, es war nicht ungewöhnlich, dort, wo ihre Heimat war.

In ihrem Telefon hatte Shenmi, ordentlich und organisiert wie sie war, Jamals Adresse eingetragen, da stand sie nun vor dem Haus mit der Nummer 15. Sie traute sich nicht, so spät zu klingeln. Ihre Schüchternheit stellte sie immer wieder erneut vor Prüfungen. Sie hätte sich denken können, dass sie sich nicht trauen würde zu klingeln. Was hatte sie gedacht? Dass Jamal vor der Tür hockte und sie erwartete? Nun stand sie vor dem Haus. Die Lampe über dem Eingang flackerte und schien gleich herunterfallen zu wollen.

Sie textete Jamal: »Ich sorge mich um dich, bitte sag mir doch, ob es dir gut geht. Shenmi mit lieben Grüßen.« Dann lief sie zügig zur nächsten Bushaltestelle und fuhr nach Hause.

Shenmi schlief, als Jamal als Angeklagte vor Maliks Mutter stand, Ayo in der Kneipe »Zum weißen Elefanten« Bier trank und Jott im Hexenhaus News über Nebel und Feuer las.

Sie sitzen zu viert um den Küchentisch, trinken Tee, und Jott erzählt gerade, wie sie Hundi gefunden hat, als Jamals Telefon klingelt. Ein Geräusch, das es lange nicht mehr in diesem Haus gegeben hat. Jamal geht ran, »Malik? Malik! Habibi!« Sie hören den aufgeregten arabischen Wortschwall einer männlichen Stimme durch das Telefon. Jay hört zu, gerät in Rage, versucht, dazwischenzukommen, gelingt nicht, beide reden gleichzeitig, wollen sich Gehör verschaffen, ihre übereinanderliegenden Stimmen werden gemeinsam zu einem Crescendo, dann legt er anscheinend unvermittelt auf oder die Funkverbindung ist abgebrochen, jedenfalls hört man nichts mehr aus dem Telefon, und übergangslos wirft Jamal das Telefon gegen die Wand. Aus. Kaputt.

Alle schauen sie erschrocken an. Jay sagt ruhig: »Hat jemand eine Zigarette? Ich glaub, ich fang wieder an zu rauchen.«

Nachdem Jamal aus Jotts Auto gestiegen war, schaute sie Johaenne hinterher, wie sie durch den Nebel von ihr wegfuhr. Sie hatte angeboten, mit hineinzukommen, aber Jamal wusste, das würde die Situation nur mehr verschärfen. Sie hoffte, dass der mirakulöse Nebel Malik mild stimmen würde, es war, laut Nachrichten, Ernst, das war ihrem Ehemann bestimmt auch klar. Als sie den Schlüssel aus dem Blumentopf neben der Wohnungstür hervorholte und mit zittrigen Fingern aufschloss, war Malik nicht zu Haus. Stattdessen saß seine Mutter im Wohnzimmer wie ein Fürst auf der großen Couch vor dem Fernseher. Die Standpauke, die dann folgte, war nicht neu. Wie sie ihren Sohn so behandeln könnte. Warum sie so respektlos wäre, ob sie keine Ehre im Leib hätte und dass die biologische Uhr ticken würde, dass sie keine Vorstellung von einem Familienleben hätte undsoweiter undsofort, sie verwendete dafür unverhältnismäßig viele Worte. Aber Jamal kannte das und konnte damit leben. Sie wartete ab und schwieg. Im Hintergrund donnerte im Fernsehen die dramatische Filmmusik von ›Al Hayba‹.

»Können wir bitte den Fernseher leiser machen?«

»Hast du nichts zu sagen?«, fragte die Alte fordernd.

»Wo ist Malik?«

»Mein Sohn ist an einem Ort, an dem es ihm gut geht. Dort, wo du nicht bist.«

Damit stand sie auf und verließ mit einer imaginären Schleppe hinter sich den Saal.
Jamal suchte ihr Handy und las endlich die Nachrichten von Shenmi. Schrieb zurück, dass es ihr unendlich leidtäte, dass sie gewartet hätte, aber es sei etwas Unvorhergesehenes passiert und sie würde ihr morgen auf der Arbeit alles erklären. Sie rief Malik an, er ging nicht ran.

»Er kam die ganze Nacht nicht nach Hause, ich konnte nicht schlafen, weil ich auf jedes Geräusch geachtet habe. Morgens war er immer noch nicht da, und das Geschäft war dicht. Ich kann's euch zeigen«, sie steht auf, »wie oft ich ihn angerufen …«
Alle schauen sie mitleidig an und auf das kaputte Telefon, das unverändert auf dem Boden liegt, an der Wand ist ein dunkler Wurfabdruck.
»Als ich nachmittags von der Arbeit zurückkam, war das Schloss zu unserer Wohnungstür ausgewechselt. Seine Mutter hatte in ihrer Erdgeschosswohnung die Rollläden heruntergelassen. Ich hab sie angerufen, aber sie ist nicht rangegangen.«
»Und die Tür hat sie nicht geöffnet«, ergänzt Shenmi.
»Genau. Und dann bin ich zu Shenmi gefahren.«
»Genau«, sagt Shenmi.
»Ich hatte das Gefühl, als hätte ich mir die letzten drei Jahre mit Malik nur eingebildet, er war wie vom Nebel verschluckt. Ich konnte zu dem Zeitpunkt nicht wissen, dass …« Sie bricht ab und schaut mit einem beunruhigten Blick Shenmi an. Jott und Ayo sitzen da wie gespannte Bögen.
»Dass was?!«, fragen sie unisono.
»Meine Wohnung ist leider nur Einraumwohnung«, sagt Shenmi da.

Jamal zog vorübergehend zu Shenmi. Sie fuhren zusammen ins Büro, fuhren zusammen zurück, aßen zusammen chinesische Speisen, und Malik und seine Mutter gingen nicht ans Telefon. Die Stadt verwandelte sich binnen weniger Tage in eine Kriegszone. Überfälle, Plündereien, die Kriminalitätsrate stieg exponentiell. Immer mehr Polizei war auf den Straßen, es schien, als würde der Nebel den Menschen den Geist vergiften. Die Luxusläden auf dem Kurfürstendamm nagelten Holz vor ihre Schaufenster und schlossen ihre Geschäfte. An die Eingänge der Shopping-Malls waren Schleusen gebaut worden, vor denen Security-Leute standen, die darauf achteten, dass die Menschen einzeln durch die Schleuse die Mall betraten, damit der Nebel nicht mit ihnen hineinkäme. Malls waren nun der place to be, sie hatten Hochkonjunktur. Nach ein paar Tagen ließen sich die Securitys am Eingang die Ausweise der Eintretenden zeigen. Wer ihn nicht dabeihatte, durfte nicht hinein, und auch wer ihn dabeihatte, durfte möglicherweise nicht hinein. Warum? Darum. Neue Regeln wurden selbstermächtigend erdacht. Man prügelte sich vor den Eingangsschleusen. Polizei kam, wenn sie abkömmlich war, meist war sie nicht abkömmlich, also regelte man es ohne Polizei, bis der Krankenwagen kam. S-Bahn und U-Bahn fuhren, der Autoverkehr war aus Sicherheitsgründen verboten worden, kaum einer hielt sich dran. Fahrradfahrer und Fußgänger, die die Straße überquerten, wurden überfahren, Menschen, die ihnen halfen, wurden angefahren, die Menschen wurden unachtsam in dem Moment, da sie hätten achtsam sein müssen. Die Atmosphäre in der Stadt hatte sich auf den Kopf gestellt, die Bevölkerung war verunsichert, und die Verunsicherung machte sie aggressiv. Das Bewährte, Bekannte, Vertraute war verschwunden. Und nun? Auch ihre Gehir-

ne, schien's, waren vernebelt und ließen dem Fanatismus freien Eintritt.
Jamals und Shenmis Kollege erschien nicht mehr im Büro, ging auch nicht ans Telefon und blieb verschwunden.
Inzwischen war der Nebel von der Atacama-Wüste flächendeckend über die USA gezogen. Die Stimmen der Nachrichtensprechenden von CNN, NBC und ABC wurden immer lauter, Amerika rief den Notstand aus, die Bundesregierung und europäische Staatenlenker ebenfalls. Der französische Präsident sagte: »Wir sind im Krieg.« Die EU tagte. Fast alle ihrer Mitgliedsstaaten lagen mittlerweile unter dichtem Nebel.
Menschen kamen nicht zurück in ihre Heimatländer, wegen des zu 95 % eingestellten Flugverkehrs, sie strandeten auf den Flughäfen. Viele versuchten innerhalb Europas mit dem Auto zu fahren, um die Heimat zu erreichen. Politiker rieten dringend in TV- und Radiosendern und in den sozialen Netzwerken, nicht das Auto zu benutzen, sondern per Zug zu reisen oder in Flughäfen und Hotels zu verbleiben, bis sich die Wetterlage ändern würde. Man hätte sich auf unbestimmte Zeit einmieten müssen, wer kann sich das leisten. Die Züge waren hoffnungslos überfüllt, auch ehemals ausrangierte Züge und Waggons wurden wieder eingesetzt. Manche Zugreisende, die keinen Platz fanden, kletterten auf die Dächer der Züge, sie wurden heruntergezogen von der Polizei und in einen Gefangenentransporter verfrachtet. Manchmal ließ man sie tagelang darin warten. Krankheitsmeldungen stiegen, und immer mehr Menschen erschienen nicht auf der Arbeit, darunter auch Menschen, die sich nicht krankgemeldet hatten. Geschäfte mussten wegen Personalmangels schließen.
Das Feuer in den Wäldern zwanzig Kilometer vor Athen, in

den Ausläufern des Parnitha-Gebirges, war kaum zu stoppen – und dann begann Australien zu brennen. Es war der heißeste Mai seit Wetteraufzeichnung. Über eine Milliarde Säugetiere, Reptilien und Vögel kamen bei den Bränden ums Leben, dazu unzählige Insekten und Kleinlebewesen. Mit den Wäldern verbrannten die Lebensräume der meisten Tiere und somit 80 % der Eukalyptusbäume im Weltnaturerbe der Blue Mountains und 20 % der ältesten Urwälder Australiens.
Jamals und Shenmis Kollege war weiterhin nicht zur Arbeit erschienen, das war merkwürdig, er war nie krank, er hatte keine Familie, er hatte nur das Büro. Er ging nicht an sein Mobiltelefon. Jemand fuhr bei ihm vorbei, er öffnete nicht die Tür, auf seiner Fußmatte lag eine unangerührte Wochenzeitung. Und dann wurden immer mehr Posts in den sozialen Netzwerken sichtbar, dass Menschen verschwunden seien. Ob jemand sie gesehen hätte, wüsste, wo sie seien, mit ihnen in Kontakt wäre. ›Lieber Jonas, Igor, Abbas, Peter, Yaser, Harald, Malik, Wolf, melde dich, bitte!‹, konnte man auf den quadratischen Tafeln lesen. Keine Antwort.

»Sie sind vom Nebel verschluckt worden«, sagt Jamal düster und starrt auf die Tischplatte.
»Was?«, fragt Ayo.
»Was sagst du da?«, fragt Johaenne.
»Quatsch«, sagt Ayo, »du hast zu viele dystopische Filme geguckt.«
Jay schaut den beiden direkt in die Augen. »Wir wollten jedenfalls nicht mehr in der Stadt bleiben.«
»Der Mann, der bei mir an der Bushaltestelle wohnt, ist auch weggeschwunden«, sagt Shenmi. »Er war immer da.«

Auch Jamal und Shenmi kamen mit einem Zug. Nur, anders als bei Ayo, war er so überfüllt, wie man es aus Pakistan kennt. Ein Zug fährt auf Schienen, der Nebel kann ihn somit nicht vom Weg abbringen. Sie hatten Glück und schlossen sich für die Fahrt im defekten Klo ein, saßen abwechselnd auf dem Toilettensitz oder hielten die Nase aus dem Fensterschlitz. Das Fenster war mit Milchglasfolie beklebt, aber selbst wenn es durchsichtig gewesen wäre, hätte die Landschaft nur milchig zurückgeschaut. Die schöne, kluge Natur, man vermisste sie, und wer weiß, wenn der Nebel eines Tages wieder abreisen würde, mit einem Zug vielleicht, wäre dann auch die Landschaft verschwunden? Alles weggenebelt? Eine leere Erdoberfläche.
Die Menschen flohen nicht vor dem Nebel, sondern vor allem aus der täglich gewalttätiger werdenden Hauptstadt und vor der alle Werte eines demokratischen Sozialstaats vergessenden Bevölkerung. Nur wohin? Der Nebel war allerorts.
Jamal und Shenmi wussten wohin und stiegen am Bahnhof von Seelake mit ihren Rucksäcken aus. Von dort waren es noch einige Kilometer zu Johaennes Haus am Waldrand und kein Bus, kein Taxi, keine Menschen weit und breit. Nicht mal trampen konnte man. Also zu Fuß. Die Karte auf Shenmis Telefon würde sie zu Johaennes Haus bringen. Nach einer knappen Stunde begegneten sie einem Trecker, der sie ein Stück mitnahm, er wurde von einem Jungen gefahren. Sie saßen rechts und links über den Reifen neben dem minderjährigen Fahrer und wurden durchgerüttelt, bis er aufs Feld abbog und sie absteigen ließ. Sie winkten zum Abschied und liefen weiter. Angekommen schrie Jamal sich die Seele und den Frust, den Nebel, den Kummer und die Wut aus dem Leib, dann öffnete sich das rote Tor automatisch, und Jott stand mit einem Baseballschläger vor ihnen.

»Das kann doch nicht sein, dass der Nebel die Menschen verschluckt, das ist doch Irrsinn, wie soll das gehen, wo sollen sie hin?!« Jott schüttelt den Kopf.

»Shenmi, gib mir mal bitte dein Handy, wir zeigen euch die Suchmeldungen.«

»Ja, okay, Suchmeldungen!«, sagte Ayo, »Das ist ja nichts Ungewöhnliches. Menschen verschwinden, passiert. Teenager schließen sich dem IS an oder werden von Boko Haram entführt, und dann tauchen sie wieder auf, tot oder lebendig, aber du behauptest ja, dass es der Nebel ist, der sie schluckt, als wären da Löcher drin, die einen ins Nirvana katapultieren, oder wie verstehe ich das?«

Ayo und Jay kennen sich nicht, begegnen sich heute zum ersten Mal, aber sie haben das gleiche Level an Energie. Hoch. Ob sie sich mögen würden, ist gerade nicht ersichtlich und bleibt abzuwarten.

Sie starren auf Shenmis Telefon und sehen in den Netzwerken Dutzende von Tafeln mit den Namen und Fotos von Verschwundenen. Sehen Bilder und Videos von Pandabären zwischen Flammen. Von Kängurus, die sich in Städte geflüchtet haben und im Garten der Nachbarschaft stehen, zu Dutzenden. Fotografien von dunklem Rauch über den Wäldern Griechenlands und hellem Nebel über europäischen Städten, Drohnenflüge über endlose Staus auf Autobahnen. Sie sehen Handy-Videos von Menschen im Nebel, die sich anschreien. Unfälle, Krankenwagen, Bahren. Securitys vor den Malls werden bei Bestechungsversuchen gefilmt, bis dem Filmenden das Telefon aus der Hand geschlagen wird. Sie sehen Ausschnitte von CNN und TV-Monde, von BBC, ZDF, ARD, von der Deutschen Welle, SBS Australia und Al Jazeera, überall aufgeregte Stimmen, Meteorologen, Wetterkarten. Politikerinnen und Politiker aller Parteien mahnen in ihren Ansprachen an das Volk mit erhitzten Gesichtern zu Achtsamkeit und Nächstenliebe. Bilder von Flughafencamps, die wie Lazarette aussehen, gestrandete Menschen und dazwischen GIFs und Memes von Artistik und witzigen Aktionen im Nebel. Videos von Partys in den Shopping-Malls, dort kann man nebelfrei essen, einkaufen, tanzen, arbeiten, Kaffee trinken, Drogen nehmen und Sex haben. Die digitalen Bilder, Informationen und Nachrichten stürzen nur so auf Jott und Ayo ein, deren Leben sich zuletzt analog und nicht mehr auf der Überholspur abgespielt hatte. Ihr digitales Detox und die damit verbundene Entschleunigung wird gerade zerbombt.

»Mach das aus«, sagt Ayo, »ich werde wieder krank.«

Shenmi schaltet ihr Telefon aus und sucht ihr Ladekabel.

»Was hat Malik vorhin am Telefon gesagt, dass du es gegen die Wand geworfen hast?«, fragt Jott.

»Er ist im Libanon. Er kommt nicht zurück.«

Hundi liegt unter dem Tisch und knabbert an etwas herum, Jott zieht es ihm aus dem Maul. Es ist das durchgebissene Ladekabel von Shenmis Telefon.

II

https://www.youtube.com/watch?v=REPPgPcw4hk

EINS

Sie waren im Paradies. Tatsächlich hieß der Ort Paradiso. Irgendwo im Regenwald Sri Lankas. Sie waren nachts angekommen, bei Stromausfall und konnten nicht sehen, wo sie angekommen waren; die Nacht war schwarz, da leuchtete nichts, weder Sterne noch Elektrizität, doch sie hörten die Unberührtheit der Natur: Frösche, Grillen, nachtaktive Urzeitinsekten, Orchester. Es gab nur eine handvoll Räume in der Unterkunft. Ihr Bad war im Draußen unter einem uralten Baum, der dort schon stand, lang bevor es dieses Paradiso gab und dem man während des Duschens direkt in die Augen blickte, derweil der Strahl wie ein Wasserfall auf sie, zu zweit, herabprasselte. Es war wie Werbung. Das Bett war hoch und geräumig und sicher wie ein Floß. Dort liebten sie sich und ließen den Moment zu einem Zeitpfeiler wachsen. Als sie morgens aus dem Zimmer traten, sahen sie erst, wo sie waren, und es verschlug ihnen den Atem. Die Schönheit der Welt.

Die Luft war in Rosa und Violett getunkt, getränkt geradewegs, die Sonnenstrahlen freundlich, sanft und farbig, darunter lag die Landschaft ihnen zu Füßen, nicht nur als visuelle, sondern auch als olfaktorische Offenbarung: sattgrüne Hügel, die zu Bergen wurden, Blumen, Blüten, duftgeschwängerter Jasmin, Teeplantagen lagen in der Stille, und in der Ferne konnten sie

den Schmetterlingsberg sehen, zu dem man 5200 Stufen hinaufstieg. Der Trubel und Tinnitus des 21. Jahrhunderts war hier der Welt abhandengekommen, danke Gott, um meiner Zähren willen.
Sie waren im Paradies. Auf der nach allen Seiten offenen, überdachten Veranda stand ein großer runder Tisch voller Früchte und Tee und Herrlichkeiten. Sie waren im Paradiso.
Und wenn sie sich an einen Ort hätte sehnen wollen mit ihm, dann vielleicht dorthin, in die Abgeschiedenheit dieses so sehr anderen Ortes, in dem Frieden und Ruhe sie von ganz allein innerlich erfüllte.
Auch am Meer waren sie gewesen. In einer Bucht einer griechischen Insel, wo es nur dieses eine Häuschen gab und eine Open-Air-Bar. Morgens ging sie aus dem Bett direkt in das Meer und schwamm in der Bucht, außer ihr war da kein Mensch. Sie tranken griechischen Café, der in heißem Sand gekocht wurde, aßen Schafskäse, Tomaten, Oliven und frisches Brot zum Frühstück und schauten auf das blaue, das türkise Meer, das wohl nur in der Ägäis so leuchtet. Und er, er war der schönste Mann der Welt.
Oder das eisgraue Meer in Skandinavien. Am Ende der Welt! Wo man anhand der Steine am Strand die Bewegung der Eiszeit erahnen konnte. Es war eiskalt gewesen und ihre Finger so verfroren, dass sie das Fotografiertelefon nicht anschalten konnten, sondern dafür die Zunge zum Entriegeln verwendeten, um ein Foto zu machen von zwei Liebenden in dicken Jacken und Mützen mit glücklichen, rotkalten Gesichtern.
Sie waren viel gereist, und das konnten sie gut. Das konnten sie so gut. Sie konnten so viel, warum nur war nichts davon übrig geblieben?!

Sie wacht von ihrem eigenen Weinen auf. Schlafen ist gut. Oder Totsein. Aber wer weiß schon, wie das ist, dieses Totsein, davon erzählt einem keiner eine Erfahrungsgeschichte. Nahtoderfahrungen, gut, stimmt, Menschen, die sich zumeist von oben sehen und auf das Geschehen herabschauen, auf ihren eigenen motorrad-verunfallten oder angeschossenen Körper. Die Geschichte der Rechtsberaterin eines Frauenhauses, die von einem Ehemann, nicht ihrem, angeschossen worden war: Sie lag auf dem Boden und blutete und lebte noch, während sie sich aus anderer Perspektive, von oben herab, sah und noch ein Bewusstsein hatte, das aber nicht mehr mit dem Körper verbunden war. Der übrig gebliebene Körper wollte den Rettungsdienst rufen, aber ihm fiel die Nummer nicht ein. Während sie sich also über den Boden zum Telefon kriechen sah, rief das Bewusstsein dem Körper von oben nach unten zu: »112! Die Nummer ist 112!« Aber das konnte die Kriechende nicht hören, da das Bewusstsein keine Stimme hat. True story. Die Rechtsberaterin hatte Jott diese Geschichte anschaulich und witzig erzählt und ja, sie hatte überlebt. Es ist verrückt, wozu der Geist des Menschen in der Lage ist, sich zweizuteilen, sein eigener Schutzengel zu werden quasi.

Diese uralte Geschichte der Menschheit über das Leben nach dem Tod ist wohl entstanden, weil man sich als Lebende nichts anderes als das Leben vorstellen kann, also muss es eben ein Leben nach dem Tod, vielmehr ein nächstes Leben, geben, in anderem Aggregatzustand meinetwegen. Dieser Glaube beruhigt. Warum auch nicht. Es ist einfacher, sich das bekannte Leben vorzustellen als den unbekannten Tod oder ein schwarzes Loch, anscheinend auch der Nebel laut Jamal ist oder werden kann.

So, aufstehen, los! Der nächste Tag ist da, wie eine frische Backware. Deine Freunde bevölkern das Haus. Wenn das keine gute Nachricht ist. Also: hör auf dich zu bemitleiden. Stop crying. Es ist genug. Move on. Jaja, das sagt sich immer so leicht.

»Hundi??!«

Hundi hat seinen Schlafplatz unter Jotts Bett eingerichtet, Ayo hatte darauf bestanden, dass Jott zurück in ihr Schlafzimmer zog, und jetzt schlafen Hundi und Jott quasi übereinander, wie in einer Art Stockbett. Morgens kommt er hoch zu ihr, stapft über sie hinweg und setzt sich ganz dicht, wirklich sehr nah an ihren Kopf auf seinen kleinen Popo, schaut sie ausgeschlafen und erwartungsvoll an, bereit für den Tag, und beißt ihr manchmal freundlich in die Haare. Alles klar. »Guten Morgen, Hundi«, sagt sie, »Guten Morgen, Dschott«, sagt er, wie Ben, und sie schnappt ihn sich zum kuscheln, schubst ihn ein bisschen herum, das findet er super, und los geht's, weiterleben und Nicht-vom-Nebel-verschluckt-Werden. Sie öffnet die Vorhänge. Der weiße Nebel leckt von außen die Fensterscheibe ab. Johaenne leckt von innen dagegen. Ayo sieht das und zeigt ihr einen Vogel.

Es war klar gewesen, dass Jay und Shenmi erst mal in Seelake bleiben würden, also räumten sie das Kabuff aus, um Platz zum Übernachten zu schaffen.

Jamal fand in dem vollgestellten Raum eine schwarz lackierte Kiste, auf deren Deckel mit Nieten »W W 1« genagelt war.

»Was das? First World War?«

»Was ist drin?«, fragte Jott.

Die Kiste war voll mit Tagebüchern.

»Ogott, ein ganzes Leben«, sagte Ayo.

»Ja, mein Vater hat alles aufgeschrieben, nach dem Motto: Ich schreibe, also bin ich.«

»Was machen wir mit dem Sessel?«, fragte Shenmi.

»Wir stellen ihn an die Straße.«

»Das ist bestimmt verboten.« Shenmi war regelkonform.

»Bestimmt.«

Eine Arbeitsjacke vom Mann, deren Taschen sie noch nicht zu untersuchen wagte, brachte Jott in ihr Schlafzimmer.

Ayo fragte, ob sie das Ölbild, das sie gefunden hatte, auf dem ein Zwillingspaar mit Lorbeerkränzen auf dem Kopf zu sehen war, in ihr Zimmer, das Wohnzimmer, hängen dürfe.

»Ich bin doch Zwilling. Wie Marilyn Monroe.«

»Glaube, das sind keine Zwillinge, das sind ›die Liebenden‹. Tarotkarte Nummer römisch sechs der 22 Arkanas«, sagte Jott. »Steht zumindest hinten drauf.«

»Willst du es dann haben?«, fragte Ayo trocken.

»Mann, Ayo.« Jott musste lachen.

»Der war gut«, sagte Jay und highfivte Ayo.

»Ich kann nicht erkennen, wer Mann und wer Frau ist«, sagte Shenmi.

»Die sind non-binär«, meinte Ayo. »Queer jedenfalls. Oder eine lesbische Liebe.«

Shenmi wurde rot.

»Hat dein Vater das gemacht?«

»Ich glaube ja.«

»Krasses Teil. Die Liebenden mit Lorbeerkranz, was sagt uns das? Der Sieg der Liebe über was auch immer. Den Tod vermutlich. Oder Beziehungskonflikte.«

»Ich sag ja, Jamal hat ihren Beruf verfehlt, du hättest Therapeutin werden sollen.«

Langsam leerte sich das Kabuff. Ayo putzte das Fenster. Jott holte die übrigen Farbeimer aus dem Gartenhaus, sie strichen die Wände. Die Farbe reichte für drei Wände, die vierte wurde türkis, wie das Bad, sah super aus und glänzte ein wenig, die Decke blieb nikotinversifft.

Mittig baumelte eine Lampe herab, aus deren gelbem gläsernen Schirm ein Stück herausgebrochen war, als hätte jemand abgebissen. Ayo putzte sie vorsichtig.

»Der Teppichboden ist eklig«, sagte Ayo von der Leiter herab.

»Müssen wir saugen, hilft nix«, meinte Jott. »Ich weiß wirklich nicht, warum wir diesen Raum im Zuge der anderen Maßnahmen nicht auch gleich mit Holz ausgelegt haben. Ich glaube, darüber haben wir uns auch ganz schrecklich gestritten.«

»Interessiert hier niemanden«, sagte Ayo.

Shenmi kümmerte sich um den Teppich, der mit einem kleinen Handsauger gereinigt werden musste, der große Staubsauger war vom Mann zerlegt worden, und Jott hatte noch keinen neuen angeschafft.

Abends sah das Kabuff gemütlich aus. Kerzen waren verteilt, Stehlampe. Jamal hatte Oud versprüht. Sie benutzte dasselbe Parfum wie Malik, erinnerte sich Johaenne. Aus Decken, mitgebrachten Schlafsäcken und Yogamatte waren zwei Schlafplätze gebastelt worden.

Ayo stimmte die Ukulele, die im Kabuff herumlag.

»Wie ist das noch mal, Jott, e a d g?«

»g, c, e, a.«

»Wie gut, dass wir Asiaten sind, wir können auch auf Beton schlafen«, meinte Jay.

»Ich kann da auch schlafen«, rief Jott durchs Haus.

»Neein, geh weg, ich geb mein Kabuff nicht mehr her«, schrie

Jay zurück und legte sich auf ihr Deckenlager. Shenmi lag auch schon.
»Wie früher«, lächelte sie.
»Wie, wie früher?«
»Mit meiner Schwester.«
»Du hast eine Schwester?«
»Ja.«
»Ist in China nicht Einkindpolitik?«, fragte Jamal.
»Wir sind aus Hongkong.«
»Und wo ist deine Schwester?«
»Sie ist verschwunden ...«
Ayo hörte auf, die Ukulele zu stimmen. Jott tauchte im Türrahmen auf. Shenmi sprach nicht weiter.
Jamal rettete über die Stille hinweg, indem sie sagte: »Ich habe drei kleine Brüder. Sie haben alle sehr große Füße und schaufeln bergeweise Futter in sich hinein. Meine arme Mutter kauft Essen ein ohne Ende. Sind Zwillinge und ein Solo.«
»Zwillinge wie Ayo«, meinte Shenmi.
»Genau.«
»Wir müssen auch Essen ohne Ende einkaufen«, sagte Jott und ging ins Off.

ZWEI

Als Shenmi bereits schläft, findet Jay ein Buch in der Kommode, das ›Die Tanzenden‹ heißt und von der französischen Schriftstellerin Victoria Mas geschrieben worden war, in dem sie von Frauen erzählt, die in Frankreich im 19. Jahrhundert in die Salpêtrière verbracht wurden, einer Irrenanstalt, wenn sie hysterisch waren. Oder selbständig. Oder einen Beruf haben wollten. Oder dem Vater Widerworte sagten. Oder sich für Spiritualität interessierten. Oder mit in den Männerclub gehen wollten. Jay beginnt zu lesen und kann nicht mehr aufhören.

»Durch die Jahre in der Salpêtrière war ihr klargeworden, dass Gerüchte größeren Schaden anrichteten als Tatsachen, dass eine Geisteskranke in den Augen der Leute immer eine Geisteskranke bleiben würde, selbst wenn sie geheilt war, und dass ein Name, der von einer Lüge in den Schmutz gezogen wurde, von keiner Wahrheit reingewaschen werden kann.«

Plötzlich setzt sich Shenmi in ihrem Bett auf.

»Hey, Süße, stört dich das Licht?«

Sie antwortet nicht, sondern spricht leise chinesisch vor sich hin. Jay versteht kein Wort.

»Shenmi, alles okay?«, fragt sie.

Shenmi klopft auf ihren Decken herum und scheint etwas zu suchen, steht auf und schleicht durch das Zimmer, macht die

Kommodenschubladen auf, in der Jay das Buch gefunden hat, lässt sie offen stehen. Jamal kommt das Verhalten ihrer Freundin sehr merkwürdig vor.
»Shenmi! Kannst du mich hören?«
Keine Antwort. Shenmi steht einfach so im Raum herum. Wie ein Geist. Oder eine Irre.
Jay steht auf, um Ayo und Jott zu wecken.
»Irgendwas stimmt mit Shenmi nicht.«
Shenmi läuft ihnen entgegen, chinesisch sprechend. Jott sieht mit einem Blick, was los ist, und sagt: »Sie schlafwandelt.«
»Stimmt. Ich kenne das von meiner Nichte«, sagt Ayo, »wir müssen sie ansprechen.«
»Das habe ich schon versucht. Keine Reaktion. Sie sucht irgendwas.«
»Shenmi? Was suchst du?«, fragt Ayo.
Shenmi ist inzwischen in der Küche und macht alle Schranktüren auf, die anderen wackeln ihr hinterher. Sie gehen vorsichtig auf sie zu, Jott berührt sie an der Schulter.
»Shenmi, ich bin's, Jott. Magst du nicht wieder ins Bett gehen?«
Mit einem scharfen Handkantenschlag haut Shenmi zu und ballert Jott eine.
»Oh fuck«, sagt Ayo, »Hanna, alles okay?«
»Jaja, geht schon, sie hat Gottseidank nicht mein Gesicht getroffen. Boah, ist sie stark.«
Shenmi macht die Klappe unter der Spüle auf und holt den Papierkorb raus, wühlt darin herum.
»Okay, wir müssen sie wecken. Irgendwas Akustisches, das laut genug ist«, schlägt Ayo vor.
»Musik«, sagt Jay angespannt.

»Gute Idee.«
Jott holt die Ukulele und spielt ›Hit the road, Jack‹.
»Dein Ernst?«, sagt Ayo.
»Kannst ja ›Hit the Jott, Jack‹ singen.«
Ayo muss wider Willen lachen.
Shenmi zuckt und schaut in die Richtung, aus der das Lachen kommt.
Jamal ruft gestresst: »Sie reagiert! Wir müssen lachen«, und fängt übergangslos an, völlig gekünstelt zu lachen. Ayo und Jott stimmen ein, und alle drei stoßen ein makabres Gelächter aus, als wären sie die Verrückten in der Salpêtrière. Shenmi beginnt zu hyperventilieren.
»Fuck, sie kriegt eine Panikattacke«, ruft Jott.
»Papiertüte«, ruft Ayo.
Jamal rennt zum Brotkasten, kippt das Brot aus der Tüte. »Und jetzt?«
»Shenmi!«
Jott versucht es noch einmal, mit Sicherheitsabstand, und streicht Shenmi über den Rücken, diesmal schlägt sie nicht zu. Es gelingt ihnen nicht, Shenmi in die Tüte atmen zu lassen, sie hyperventiliert weiter und kippt um, alle gehen mit ihr zu Boden. Shenmi wacht auf und schaut sie verstört an.
»Es ist alles in Ordnung, Habibi«, sagt Jamal, »du hast geschlafwandelt.«
»Wir sind alle bei dir«, sagt Ayo.
»Dir kann nichts passieren«, sagt Jott.
Shenmis Atem beruhigt sich.

Shenmis ältere Schwester Dan war während der Proteste in Hongkong verhaftet worden. Sie war eine der Organisatorinnen gewesen. Seit einem Jahr bereits war sie unauffindbar. »Sie ist verschwunden …«

Die Proteste waren ausgelöst worden aufgrund eines von der Regierung Hongkongs vorgeschlagenen Entwurfs für ein Gesetz über flüchtige Straftäter und Rechtshilfe in Strafsachen, ein Auslieferungsabkommen von Hongkong mit dem chinesischen Mutterland. Die Idee dahinter war wohl, unliebsame politische Aufwiegler – kann man auch Straftäter sagen – ins Mutterland zu transferieren und dort verschwinden zu lassen. Faire Gerichtsverhandlung, nein, danke. Darum ging man auf die Straße.

Die Proteste hatten Erfolg erzielt. Acht Monate später wurde der Vorschlag von der Regierungschefin der chinesischen Sonderverwaltungszone Hongkong zurückgezogen.

Viele Demonstrierende, die während des Protests verhaftet worden waren, wurden wieder freigesetzt und nicht ausgeliefert. Viele, nicht alle. Wo war Dan?

Protestiert hatte man auch, dass die Unabhängigkeit, Demokratie und freie Meinungsäußerung Hongkongs bestehen bliebe. Bis 1997 stand die Stadt unter britischem Protektorat, und der unterschriebene Vertrag mit UK besagte, dass Hongkong diese Art demokratischer Unabhängigkeit bis 2047 bewahren solle. Zum Unmut der Zentralregierung Chinas. Die Menschen wurden aktiv, eine der größten friedlichen Mobilisierungen entstand: 27 % der Hongkonger Bevölkerung ging auf die Straße.

Sie waren kreativ und zitierten andere Proteste. Auch diesmal waren sie, wie fünf Jahre zuvor bei den »Regenschirmprotesten«, wieder mit Schirmen unterwegs, aus gutem Grund, sie waren Schutz vor Wasserwerfern und Tränengas, »weißer Terror« genannt. Man verabredete, dass alle weiße T-Shirts tragen würden. Dan trug eines, auf dem stand: »I am no fucking chinese«. Sie bildeten eine Menschenkette, die Bezug nahm zu jener 650 Kilometer langen Menschenkette von 1989 in den Balkanstaaten. Sie standen mit angeschalteten Telefonlichtern auf dem Victoria Peak und bekränzten somit den Berg mit einer weihnachtlichen Lichterkette.

Im Auftrag der Regierung wurden schließlich die Triaden, chinesische Mafia, als Schlägertrupp auf die Demonstrierenden losgelassen.

Was war davon hier angekommen? Was war von dem Kampf um Freiheit und Selbstbestimmung angekommen? Von der Verzweiflung. BBC berichtete. Wer wollte das wissen? Hongkong war weit weg.

Was wissen wir schon von anderen Ländern. Was wissen wir selbst von anderen Städten des Landes, in dem wir leben. Was wissen wir von unseren Nachbarn? Oder von unseren Liebsten. Familien? Freunden? Was wissen wir von unseren Eltern und Großeltern. Oh, sie waren im Krieg, sie sind geflohen, sie sind in einer Unterkunft aufgewachsen. Sie waren Nazis, im Widerstand oder haben in einem Schrebergarten überlebt. Auf welcher Uni waren sie, wie hieß ihre Schule. Wissen wir das? Wie war das noch mal? Vergessen zu fragen. Mama ist tot. Was wissen wir von unserer Frau, unserem Mann?

Jott wusste vom Mann, dass er nicht wollte, dass sie etwas weiß, und wenn sie ehrlich ist, war er so ziemlich der einzige Mensch auf der Welt, von dem sie alles wissen wollte, aber er wollte es nicht herauslassen, er verschloss sich, denn er wusste von sich

selbst nur wenig. Was, so sollte also die ultimative Frage lauten: Was wissen wir von uns selbst?!
Er wollte nicht wissen, was in ihm war, der Dämon, der erlebte körperliche Schmerz, der seelische Schmerz als Kind, er hatte das zugemacht, verrammelt und verriegelt, und wenn sie, Jott, daran rüttelte und versuchte, seinen seelischen Knoten mit ihren Fragen oder emotionalen Attacken zu öffnen, dann zog er sich nur umso mehr zu. Sie hatte es falsch gemacht, sie hatte gewollt, statt ihn zu lassen. Könnte sie nur das Leben zurückscrollen, auf Minute soundsoviel. Eine Scheiße, dass das Leben nur nach vorn gelebt werden kann.
Wir wissen nichts von China oder Hongkong, weil wir schon mit uns selbst überfordert sind. Am besten bleibt alles, wie es ist, und niemand und nichts Neues kommt hinzu mit, oha, Ideen oder Anwesenheit im ansonsten doch so bekannten Raum. Im eigenen Garten, in dem Land, in das man zufällig hineingeboren wurde. Mach den Zaun höher, wir bleiben unter uns. Macht total Sinn, diese Denkweise, da bewegt sich nichts, das tröstet, verstehe. Mit dieser Methode säßen wir noch immer in irgendwelchen Höhlen und würden Wandgemälde von Hirschen oder anderem Getier auf Stein malen.
Sie suchten Dan. Sie warteten. Sie schwiegen. Dan kam nicht zurück. Kein Zeichen. Wo war sie? Im Gefängnis? In Hongkong? China?
Der Vater war Verleger, gefährlich das, inzwischen verlegte er nur noch Bücher über Kung Fu. Sicherer. Viele seiner Kollegen zogen von Hongkong weg. Schließlich sagten Shenmis Eltern, sie solle auch gehen. Mit den Sprachen, die sie fließend spricht, im Gepäck. Sie solle gehen. Die Eltern blieben da für ihr verlorenes Kind. Die Hoffnung stirbt bekannterweise zuletzt, alles an-

dere ist schon tot. So kam Shenmi hierher, begann in der Firma für Landmaschinen, Recycling- und Kompostierungsanlagen zu arbeiten. Und traf Jamal.

DREI

Johaenne und Hundi stehen im Garten vor dem Komposthaufen, der professioneller heißt, als er ist: Ein Haufen mit Küchenresten liegt da herum, und aus gärtnerischer Perspektive betrachtet, kann das partout nicht Komposthaufen genannt werden. Zitrusfrüchte dürfen nicht auf den Kompost, hatte man sie belehrt, wiederholte Male, ja danke, weiß ich schon.
Sie steht also vor dem Kompost, in dem übrigens Zitrusfrüchte liegen, wie vor einem Grab. Was ihr ins Grab gefallener Latschen jetzt wohl macht. Beerdigt worden längst. Wie lange dauert es, bis er vergammelt ist? Ein Komposthaufen ist letztlich auch ein Grab. Eines für Eierschalen und Teeblätter und anderes Organische. Erde zu Erde. Der Mensch und die Eierschale werden am Ende Kompost beziehungsweise Mutterboden, und das ist irgendwie eine gute Nachricht. Kreislaufwirtschaft quasi für Mutter Erde. Die Mutter repräsentiert die Erde, der Vater das Land. Die Herzensschwester das Herz. Und der Bruder alle Menschen, die Brüder werden sollen, ungeachtet der Blutsverwandtschaft.
Hundi wälzt sich jetzt im Kompost. Na bravo. Ist ihm ein Parfum. Jott läuft zum Gartenhaus und schleppt Holz, Draht, Nägel, Gummihammer, dolles Ding, Säge zum Haufen, um ein Gehege für ihn zu fertigen, als ersten Schritt auf dem Weg zu

einem professionellen Komposthaufen. Sie beginnt Pfosten einzuschlagen, Bretter dranzunageln und einen Rahmen aus vier Latten anzufertigen, an dem sie den Draht festtackert.

Der Mann verwendete auch in emotionalen Zusammenhängen handwerkliche Begriffe. »Festtackern« gehörte dazu: »Man müsse eine Beziehung auch nicht so festtackern.« Zu seinen Arbeitsgeräten hatte er ein liebevolles Verhältnis. Seine Kettensäge reinigte und ölte er, legte sie in eine Kiste und achtete darauf, dass sie keine Feuchtigkeit abbekam, tauschte die Kette aus, wenn nötig, und besorgte spezielles, gutes Kettensägen-Öl, als wäre sie ein Haustier, das gefüttert wird. Hamster. Wenn bei Johaenne etwas kaputt ging, ein Finger abbrach zum Beispiel, wäre das nur eine Frage der Zeit, bis das wieder in Ordnung käme und nachwüchse. Finger kann man ansonsten auch festtackern. Schlimmer war's, wenn sie weinte oder schrie. Ratlosigkeit.

Nun ist der Kompost in einer Box. Oder einem überirdischen Sarg, wenn man will. Hundi findet das nur so mittel, da er jetzt keinen offenen Zugang mehr hat zum Parfum. Sie hockt sich zu ihm, streichelt ihn: »Wir müssen dir unbedingt Hundefutter kaufen, Hundi. Richtig gutes. Mit Fleisch und allem Drum und Dran. Mach ich heute. Versprochen.«

»Wow, hast du das gebastelt?«

Ayo, Jamal und Shenmi sind zu ihr ans Ende des Regenbogens geschlendert und bewundern ihre Schreinerarbeit.

»Ja.«

»Das ist toll.«

»Danke.«

»Praktisch.«

»Muss da nicht Asche drauf?«

»Asche?«
»Ja, hat mir jemand mal 'nen Vortrag gehalten, dass Kompost Asche braucht, keine Ahnung warum. Zum Gären.«
»Ich habe keine Ahnung.«
»Ich auch nicht.«
»Ich habe jetzt quasi nur den Mist eingezäunt. Mehr aus ästhetischen Gründen als aus kompostierbaren.«
»Find ich gut.«
»Ich auch.«
»Sollen wir dich ein bisschen tragen?«, fragt Ayo unvermittelt und übergangslos, Johaenne meinend. Alle sehen Ayo fragend an.
»Was? Warum!?«, fragt Jott irritiert zurück.
»Warum nicht?! Wir tragen dich auf Händen. Das wollen doch immer alle Frauen. Auf Händen getragen werden, nein?«
Jay fängt an zu lachen.
»Du verarscht mich doch, oder?«, sagt Jott und grinst.
»Nein, ich mein das todernst. Das muss doch irgendwo herkommen, dieses Aufhändengetrage. Es gibt bestimmt irgendwelche Initiationsriten oder Female-Empowerment-Zeremonien, wo man so was macht. Mit Singen und Tanzen, Räucherwerk und Trommeln.«
»Und schminken«, ergänzt Jay.
»Genau. Bei den Indigenen oder den Nuba oder wo. Inuit. Ganz sicherlich in Kalifornien.« Allgemeines Nicken. »Wir erfinden das jetzt einfach für uns und unsere Zukunft. Ein neues Ritual, das am Kompost stattfindet und ausschließlich dort. Eine positive Konnotation von Tod und Wiedergeburt. Es ist doch alles aus dem Lot. Lasst uns ein Ritual erfinden, yeah.«
»Hier und jetzt!«, sagt Jamal. »Bin dabei.«

»Ich auch«, sagt Shenmi.
»Meinetwegen. Geburt, Tod und Wiedergeburt, Himmel und Asche, Traum und Idee«, sagt Jott unernst, steigt auf die Kompostbox und lässt sich rückwärts vorsichtig auf sechs Hände gleiten. Das geht. Sie tragen sie. Über ihr ist der Himmel, der den Nebel wie einen schwangeren Bauch unter sich trägt. Über den Wolken ist der Himmel immer blau. Das ist beruhigend zu wissen. Es ist schön, getragen zu werden. Eine nach der anderen wird auf Händen getragen und schaut durch den Schwangerenbauch in den blauen Himmel hinein, der zwar nicht zu sehen, aber vorhanden ist und nicht weggeht. Sie werden ganz still.
Als alle wieder um die toten Zitrusfrüchte herum fest auf ihren Beinchen stehen und immer noch dieselben Personen sind wie vor der neuerfundenen Zeremonie, nur mit einem weichen Zug um den Mund, sagt Jott: »Wir müssen dringend einkaufen, der arme Hund braucht Fleisch.«

Nachdem Jay und Jott mit dem Auto zum Einkaufen losgefahren sind, steigt Ayo über den Zaun zum Nachbarn.
Shenmi bleibt auf der Jott'schen Grundstücksseite stehen. Hundi auch.
»Ayo, das darfst du nicht.«
»Warum denn, das sind die Nachbarn, vielleicht sind sie zu Hause und haben Ladekabel. Oder einen Fernseher. Oder ein Klavier! Lass nur mal gucken, die Welt kann ja nicht plötzlich evakuiert worden sein. Irgendwo muss es doch menschliches Leben geben. Komm, Baby, trau dich.«
Sie reicht Shenmi die Hand, aber Shenmi springt mit einem eleganten Hocksprung einfach über den Zaun. Ayo ist platt. Hundi fiept.

»Wow, was ist das?«
»Kyu Braungurt.«
»In was?«
»Kung Fu.«
»Ist schon sehr klischee-chinesisch.«
»Ja, ich bin Hongkong-Chinesin, weißt du doch.« Sie hat den Witz nicht verstanden. Ayo küsst sie kurz auf ihr seitengescheiteltes Haar, weil sie so bezaubernd ist. Shenmi kriegt rote Backen.
»Darum auch der Handkantenschlag für Hanna.«
Die Backen werden noch röter.
»Aber da war ich bewusstlos.«
Sie nähern sich dem Haus, vorbei an einem abgedeckten Swimmingpool. Alles ruhig.
»Hallooo …«
»Schscht, Ayo, das ist Hausfriedensbruch.«
»Quatsch, das ist Nachbarschaftshilfe.«
Sie gehen um das Haus herum und schauen durch das Terrassenfenster in ein Wohnzimmer mit Essbereich und offener Küche. Hübsch. Keiner da. Shenmi sieht sich unruhig um, ob sich jemand von hinten nähert. Ayo sieht über der Couch des Wohnzimmers ein riesiges Farbfoto, auf dem grüne und blaue Laserstrahlen eine urbane Nacht durchkreuzen, im dunklen Hintergrund mächtige Hochhäuser, die Straße davor von Menschen geflutet. Mittig im Bild steht, erhöht, eine Person im weißem T-Shirt, die mit ausgestreckten Armen über dem Kopf eine leuchtende, türkis angestrahlte Zeitung hochhält. Ein Einschussloch geht durch die Zeitung. Nein, falsch. Ayo kneift die Augen zusammen. Es ist anders. Der Einschuss geht durch die Fotografie!

»Ayo, bitte!«, ruft Shenmi.
»Ja, komme. Hast du das durchschossene Foto gesehen?«
»Nein, was für ein Foto?«
»Egal.«
Neben der Haustür hängt eine selbstgetöpferte Glocke an der Wand, auf der 三合會 eingeritzt ist. Shenmi sieht die chinesischen Zeichen auf der Glocke und erschrickt kurz. Holzscheite liegen hier, daneben befindet sich der Eingang zum Keller. Ayo drückt die Türklinke … sie ist unverschlossen.
»Bingo, wir gehen in den Keller.«
»Nein! Bitte, Ayo!«
»Dann bleib du hier, ich geh kurz schauen.«
Ayo geht, gefolgt von Shenmi, die Treppe hinunter, sie machen Licht. Im Keller sind mehrere Türen. Die erste steht offen und führt zum Heizungsraum, die nächste öffnet sich zu einem Heimwerkerraum mit Werkbank und Werkzeugen ohne Ende, die an der Wand hängen oder in Schiebekisten verstaut sind, alles penibel aufgeräumt. Schweigen der Lämmer.
»Irrer Typ, macht alles selbst.«
»Lass uns bitte gehen.«
Es ist stickig im Keller, irgendeine Maschine im Haus springt an.
»Lass uns noch den dritten Raum ansehen, Sweetheart, dann gehen wir.« Ayo öffnet die dritte Tür, und sie stehen im Schlaraffenland.
Der Raum ist vom Boden bis zur Decke mit Regalen bestückt, die mit Lebensmitteln gefüllt sind. Alles, was das Herz begehrt. Eingewecktes Obst und Gemüse, Nudeln, Reis, Mehl, Linsen, Zucker, Kaffee, Tee, Öl, Tomatensoße, Suppen, Salz, Pfeffer, Honig, Pesto, Pasten, Corned Beef, Mayonnaise, Konservendosen

ohne Ende, Nüsse und getrocknete Früchte in Boxen. Schwarzbrot, Knäckebrot, Zwieback, Schokolade. Kartoffelsäcke undsoweiter undsofort. Und: Hunde-Trockenfutter, hurra!
»Ein Prepper!«, meint Ayo beeindruckt.
Shenmi sagt nichts mehr.
»Genau was wir brauchen. Komm, wir nehmen ein paar Sachen mit. Vielleicht gibt's nichts im Supermarkt, vielleicht ist er abgebrannt oder in ein Nebelloch gefallen. Wir geben es wieder zurück.«
Erstaunlicherweise ist es nun Shenmi, die blitzschnell Leinenbeutel aus einem Regal zieht und einzupacken beginnt, als wäre sie auf Zeitraffer gestellt.
Wie Gegessenes zurückgegeben werden soll, bleibt bis zum heutigen Tag unaufgeklärt.

Jay und Jott nähern sich derweil der Autobahnbrücke, wo Jott Hundi gefunden hat. Heute ist sie von der Polizei abgesperrt. Auf der anderen Seite wartet unweit der Supermarkt mit Hundefutter auf sie.
Blaue Lampen blinken durch den Nebel, und endlich versteht Johaenne, warum die Fahrzeuge, die kommen, wenn Not ist, leuchten, blinken oder reflektieren. Das hilft im Nebel enorm. Feuerwehr ist es. Oder Krankenwagen? Was ist los? Sie halten an und steigen aus. Ein Polizist kommt zügig auf sie zu, sein Umriss konturiert sich, gelbe Warnweste über Uniform.
»Was ist los?«, fragt Jott ihn.
»Steigen Sie in ihren Pkw und fahren Sie unverzüglich wieder zurück. Sie blockieren eine Unfallstelle. Haben Sie das Umleitungsschild an der T-Kreuzung nicht gesehen?« Er ist angespannt.

»Nein?«, sagt Jay im Fragezeichen-Style.
»Warum nicht?«, fragt er nervös. Er ist noch jung. Auszubildender vielleicht.
»Weil man es vermutlich nicht gut sehen konnte? Im Nebel?«
»Das kann nicht sein. Sind Sie sich sicher?«
»Wir sind uns sicher!«, mischt Jott sich ein und macht ein Ausrufungszeichen nach dem Satz.
»Ertu«, er spricht in sein Walkie-Talkie.
»Japp«, knistert es zurück.
»Ich kontrollier die Umleitung.«
»Okay.«
»Was ist denn los?«, insistiert Johaenne, »will sich einer von der Brücke stürzen oder ist die Brücke eingestürzt?« Sie denkt, sie macht einen, zugegebenermaßen, unglücklichen Witz. War keiner. Der Polizist fordert sie nun scharf und unmissverständlich ein zweites Mal auf, sofort den Tatort zu verlassen. Also müssen sie den langen Umweg zum Hundefutter nehmen.

Jay und Jott laufen durch den inzwischen fast leergekauften Supermarkt und können es nicht fassen. »Das ist ja wie bei dieser Supermarkt-Werbung, wo alle ausländischen Produkte aus den Regalen genommen wurden, um aufzuzeigen, was es in Sachen Lebensmitteln bedeutete, wenn Deutschland den Deutschen gehört und kein Kaffee, Tee, Schokolade, Reis, Gewürz mehr deutschen Boden betreten darf. Rum auch. In der Werbung war es so leer wie jetzt hier. Nur noch Bockwurst und heimisches Gemüse.«
»Gemüse gibt's hier aber nicht«, meint Jamal zerstreut, die offensichtlich nicht zugehört hat.
Die Frau an der Kasse sagt auf die Frage, was hier los sei, in un-

verständlichen Stakkatosätzen: »Lieferkettenprobleme, Transport ist eingeschränkt, wegen Flugverbot, Laster stecken fest und dann das Rote Meer? Und jetzt auch noch das Containerschiff, das gegen die Hafenmauer?! Schwierig. Dauert alles. Die haben uns den Nebel geschickt. Wie das Jüngste Gericht.«

Jay und Jott legen, freundlich zum verschwörungstheoretischen Monolog der Kassiererin nickend, alles Essbare, was sie in den leergekauften Regalen finden konnten, auf das Band. Erstaunlicherweise sind genau die Lebensmittel, die sie mögen, übrig geblieben: Scharfes, Veganes, Ausländisches. Und alkoholfreies Weißbier. Vor allem, Ausrufungszeichen, gibt es noch ein paar letzte Dosen Hundefutter und überteuerte Katzensnacks. Hundi wird in die Hände klatschen vor Freude.

»Tampons!« Jay rast los. Sie kommt zurück, hat auch Taschentücher mitgebracht. »Klopapier gab's nicht mehr.«

»Haben Sie Zigaretten?«, fragt sie die Kassiererin.

»Nur noch Tabak.« Sie zeigt auf das leergerauchte Zigarettenregal.

»Haben Sie Zeitungen?«, fragt Jott die Kassiererin.

»Nee, müssen Sie rüber zum Späti.«

»Ogott, nicht das Wort sagen«, flüstert Jamal.

Der Späti hat geschlossen. Also keine Zeitungen, wieder keine News. Vielleicht besser so.

»Meinst du, die Autobahnbrücke ist jetzt wieder frei?«

»Ich hoffe es, denn der Sprit geht zur Neige, wir können nicht noch mal diesen Riesenumweg fahren.«

»Wollen wir nicht einfach tanken? Wie früher?«

Daran hat Jott aus unerfindlichen Gründen nicht gedacht. Ihr Hirn vernebelt langsam.

Doch die Tankstelle ist geschlossen. Die Autobahnbrücke aber wieder frei. Sie fahren unwissend an der Stelle vorbei, an der sich ein Mensch hinuntergestürzt hat. Er, der Mensch, hat es, anders als Johaenne, getan, nicht versucht. Wäre er nicht gesprungen, wäre er möglicherweise in eines der Löcher des Nebels gefallen und verschluckt oder von einem unachtsamen Autofahrer überfahren worden. Aber auch das ist nur Phantasie oder Theorie. Denn vielleicht wäre diese Person mit der Selbstmordabsicht nach Hause zurückgekehrt und es wäre, wie bei Johaenne, nur bei der Absicht geblieben und zu keiner Tat gekommen; er oder sie hätte sich vielleicht einen Tee gekocht und das Überleben gefeiert; hätte vielleicht Nachrichten gesehen, statt eine Nachricht zu werden.

Was wissen wir von Menschen, die verschwinden. Es macht für uns keinen Unterschied, ob sie leben oder sterben, es macht nur für jene einen Unterschied, die sie lieben oder liebten, die sie suchen oder verloren haben. Welcher Art der Kummer der Person auf der Brücke war oder der Grund, der sie zu diesem Moment führte und sie über das Geländer klettern und schließlich springen ließ, wissen wir nicht. Vielleicht war es der Nebel, vielleicht die Depression, die daraus folgte, vielleicht Verlorenheit oder Angst. Verlust. Schmerz oder Krankheit. Oder: Das Ende einer Liebe.

Wir wissen es nicht.

Und während Jott und Jay über die Autobahnbrücke fahren, wissen sie nicht, dass hier heute Morgen jemand stand, der noch lebte und nun tot ist. Die Brücke über die Autobahn ist hoch, 17 Meter, der Körper schlug direkt auf den Straßenbelag auf.

VIER

»Okay, jede schreibt den abgefahrensten Satz über Beziehungen oder Aussagen über Frauen oder über euch auf, den einer eurer Partner oder Partnerinnen oder überhaupt irgendjemand, den oder die ihr kennt, gesagt hat. Sätze von der Sorte, die einem die Sprache verschlagen«, erklärt Ayo das Spiel. Sie sitzen alle vollgefressen im Wohnzimmer, Hundi hat sogar gerülpst.

»Fängt schon mal super an«, sagt Jay.

»Was ist verschlagen?«, fragt Shenmi.

»Das ist kein Spiel, das ist Gruppentherapie«, sagt Jott.

»Aber in lustig.«

»Ich find's super«, sagt Jay noch mal.

»Weil du eigentlich Therapeutin bist, meine Rede.«

Jay haut sich über das, was Johaenne sagt, mal wieder auf die Schenkel vor Lachen.

»Verschlagen heißt in diesem Fall, dass einem die Spucke wegbleibt.«

»Super Idee, ein unbekanntes Wort mit einer absurden und vermutlich ebenfalls unbekannten Redewendung zu erklären.«

»Ich versteh schon«, sagt Shenmi. »Habt ihr eure Sätze?«

»Was? Nein!«

»Ich hab noch nicht mal nachgedacht, ihr redet ja immer.«

»Achso.«
»Hast du schon?«
»Ja.«
Sie denken und schreiben.
»Sei leise«, schreibt Shenmi.
»Ich bin Feminist, ich mag Frauen«, schreibt Ayo.
»Es sind doch die Mütter, die die Männer erziehen«, schreibt Jamal.
»Liebe ist Erpressung«, schreibt Johaenne.

»Fertig? Und nun? Vorlesen?«, fragt Jay.
»Nein. Jetzt versuchen wir, uns in die Position der satzsagenden Person oder in die Aussage des Satzes als solche einzufühlen und zu erklären, warum es gesagt wurde. Und erläutern dann als wir selbst, warum uns diese Sätze triggern oder uns die Sprache verschlagen.«
»Ver-schlagen ist ein gutes Wort«, sagt Shenmi. »Ein bisschen wie Ver-brechen. Ein ver vor einem Ver-b. Ver-rückt.«
»Wir nehmen natürlich für die Analyse nicht den eigenen Satz«, setzt Ayo unbeirrt ihre Regieanweisungen für das Spiel fort.
»Ah, das find ich gut«, findet Jott.
Sie tauschen die Blätter mit den aufgeschriebenen Sätzen, lesen den erhaltenen Satz.
Jay beginnt. »Das ist einfach. ›Sei leise‹, was ist das schon, das sagt man halt mal so, was ist das Problem, hast du ein Problem damit? Wenn du laberst und Bullshit redest, musst du halt mal leise sein, ich sag ja nicht halt die Schnauze, verstehst du, ich möchte einfach nur mal ausreden. Aus.re.den! Verstehst du? Du unterbrichst mich dauernd, lass die Erwachsenen mal reden.

Und sei einfach mal leise. Man darf echt nichts mehr sagen. Ist doch nur mal so gesagt, ich mein das doch nicht böse, das ist in deinem Kopf, das ist so anstrengend, über alles muss man streiten. Ich kann dich auch siezen, wenn dir das lieber ist. Würden Sie so nett sein und mal leise sein? Oder was. Soll ich jetzt so reden oder was, ich rede ganz normal, verstehst du. Nervt. Sei leise.«

»Alter«, sagt Ayo.

Shenmi sagt nichts, es ist ihr Satz.

Jay macht weiter, sie ist während des »Einfühlens in die Person«, wie Ayo es genannt hatte, bereits aufgestanden und vor ihnen im Zimmer herumgetigert, hat sich förmlich vor ihren Augen in eine andere Person verwandelt und wird gerade wieder Jamal.

»Und wenn ich zu dir ›sei leise‹ sagen würde? Er würde vermutlich sagen, kein Problem, aber wenn ich es tatsächlich sagen würde, ihn damit unterbrechen würde, mit diesen zwei kleinen Wortchen, wäre es wohl doch eins. Was mich daran triggert, ist nicht nur die Befehlsform oder das selbstverständliche Abtun meiner Meinung, Haltung und Person, sondern auch, wie sagt man, dass mit zweierlei Maß gemessen wird. Was für ihn okay ist, ist für mich nicht okay. Was für ihn gilt, gilt nicht für mich. Er darf nachts raus, ich nicht. Mich macht der Satz, der Befehlston kaputt. Das ist doch wie Militär. Wir sollen leise sein, für uns Arabfrauen gilt das ganz besonders, leise sein, wo wir so gern laut sind, darum sind wir vielleicht so laut, weil wir leise sein sollen, nicht auffallen, verschwinden unter der Bekleidung und im Hinterhof, sei leise, bring Tee, wirf ein Kind. Okay, es scheint, als seien das alles überholte Genderfragen, aber es gibt ja nicht nur Deutschland in der Welt. Naher Osten? Afghanistan? Sei leise. Das ist die Geschichte der Frauen, und ich weiß nicht, ob ich schreien oder weinen soll vor Wut. Ich will was kaputtmachen vielleicht, es ist schlimm, ich versuche euch zu erklären, was mich an dem Satz triggert, und merke, wie mich dieser Trigger dabei voll abholt.«

Sie schreit. Hundi bellt und legt die Ohren angespannt zurück, Jott macht ihm schnell die Tür auf. Er hetzt raus. Ein Nebelfinger kommt hinein, da springt Ayo auf und schreit den Nebel an, »Hau ab, du verdammter scheiß Arschlochnebelficker!«

»Ayo …« Jott unterdrückt ihr Grinsen.

»Ist doch wahr, dieser Kacknebel, was ist denn los, was soll das denn sein, ist der jetzt überall auf der Welt oder was. Der macht einen doch fertig, man kann sein eigenes Gefühl nicht mal mehr fühlen, man wird ja verrückt.«

»Na, das geht ja gleich gut los. Wir müssen einen Anker finden«, sagt Jott, »damit wir nicht durchdrehen.«

»Mein Vater hat das zu uns gesagt, er ist zwar nicht mein Partner, aber ich hatte ja noch nie eine richtige Beziehung«, sagt Shenmi. »Er hatte Druck, weil seine Arbeit als Verleger gefährlich war, und er hatte Angst, ins Gefängnis zu kommen; die Schriftsteller, die er verlegt hat, da waren manche schon im Gefängnis. Und darum sollten wir leise sein, damit er seine Arbeit machen kann. Wir sollten leise sein und nicht auffallen, damit die Nachbarn uns nicht hören. Wir haben es verstanden, wir fanden gut, was er macht. Meine Schwester sagte, warum siehst du mich nicht als deine Partnerin? Und dann sagte meine Mutter: ›Sei leise, Dan.‹ Irgendwann ist sie nach einem Protest nicht wiedergekommen. Ein Protest, den mein Vater und meine Schwester beide unterstützt haben, aber zu Hause haben sie sich darüber entzweit. Seitdem sie weg ist, sagt Bába nicht mehr

›sei leise‹, jetzt ist sie ja leise. Sie ist nicht mehr da. Vielleicht im Gefängnis, wir wissen es nicht. Er leidet, er macht sich schwere Vorwürfe.«
Jamal wischt sich über die Augen, dreht sich eine Zigarette.
»Ich glaube«, sagt Ayo »was man sich eines Tages am meisten vorwerfen wird, ist, wenn einen der Humor in angespannten Situationen verlässt, obwohl man ihn hätte behalten können. Müssen eigentlich, schon aus strategischen Gründen. Wenn man sich verbohrt, statt auf den anderen liebevoll oder humorvoll oder verständnisvoll zuzugehen. Deine Schwester hätte sich auch über euren Vater lustig machen können. Liebevoll, nicht vorwürflich. Vielleicht hätte ihn das erreicht. Vielleicht hätte er dann gesehen, dass er den Druck nicht allein tragen muss. Dass er nicht allein ist. Was für ein Geschenk ist es, nicht allein zu sein, meine Mutter war so allein ... Sie war so allein, und ich war nicht bei ihr ... Es tut mir soo leid, dass ich nicht an ihrer Seite war.« Ihre Stimme bricht, aber sie redet weiter. »Vielleicht wäre dein Vater weich geworden für einen Moment, wenn ihr einen Witz gemacht hättet, auch wenn es total unanständig ist, Witze zu machen in Zeiten der Not. Aber wann sonst? Wann denn sonst?«, ruft sie jetzt, damit man sie überhaupt noch verstehen kann, wegen des Knotens im Hals, sie wischt sich mit beiden Händen die Tränen weg. »Humor macht weich, aber wir sind so oft hart und geben der Zeit dafür die Schuld. Als hätte es jemals bessere Zeiten gegeben.«
Johaenne nimmt Ayo in den Arm, flüstert eindringlich: »Du bist nicht schuld, Ayo, du bist nicht schuld.«
»Doch«, weint Ayo in ihre Schulter hinein, »ich bin schuld, ich habe alles versaut, sie hatte es so schwer.« Sie schluchzt, da kommt richtig viel raus aus ihr, nicht nur Rotz.

»Wir brauchen einen Anker. Dringend, das ist sonst zu gefährlich, Leute, das können wir nicht halten«, sagt Johaenne.

»Was für'n Anker?«, fragt Jay und steckt sich die Selbstgedrehte an. Ayo löst sich aus Jotts Umarmung, putzt sich die Nase.

»Singen!«

»Singen als Anker? Okay?«

»Wir könnten diesen alten Song singen, Ayo, von Kylie Minogue, weißt du noch? Can't get you out of my head, boy, you're lovin' is all I think about«, Jott singt schon, Ayo steigt ein, »I just can't get you out of my head«, singen sie zweistimmig. Absurder Song, 50 % Gema-Rechte für Lyrics, die »nanana nanananana« heißen.

Jott liest für alle von ihrem Zettel ab: »›Ich bin Feminist, ich mag Frauen.‹ Okay.« Lacht. »Challenge accepted. Ich gehe mal davon aus, dass die Person, die den Satz verfasst hat, männlich gelesen wird. Er hat jedenfalls nichts gegen Frauen. Schon mal gut. Ein Anfang, wie bei Rassisten: ›Ich hab ja nichts gegen Ausländer, aber …‹ Ich glaube, hier weiß die Person nicht so richtig, was Feminismus ist, sondern setzt ihn mit Frauen gleich: Frauen sind Feminismus sozusagen. Dass es dabei um das Bedürfnis der Veränderung gesellschaftlicher Heteronormativität geht, um traditionelle Rollenverteilung, patriarchale Kultur usw., wird wahrscheinlich nicht gewusst. Macht nichts. Kann man sich ja noch aneignen. Die Herablassung und Ignoranz, die der Satz impliziert, ist vermutlich unbewusst rausgerutscht, er ist nur mal so dahingesagt, könnte ich mir vorstellen, weil der Satz wirklich schon ziemlich dämlich ist. Vermutlich kennt dieser Mann Frauen, die ihm unbewusst Angst machen, die laut seiner Definition anstrengend sind oder die er als autoritär empfindet. Frauen, die auf ihn einreden, argumentieren oder sich aufregen. Dazu kommt wohl, dass er meint, Feminismus sei Frauensache. Wie gebären. *Obwohl* es Feminismus gibt, mag ich Frauen, sagt er hier eigentlich. Vielleicht mag er sie gern ficken, zum Beispiel.

›Wir Männer haben auch Probleme, wir werden auch missbraucht und unterdrückt. Wir ziehen in den Krieg.‹ Was ja die Wahrheit ist. Dies hier ist ein Satz, der ihn zum Opfer von Frauen macht, glaube ich. Er fühlt sich gekränkt und überwältigt von Frauen. Ausgesetzt als Mann in einer weiblicher werdenden Welt oder so. Ich gebe zu, er tut mir ein bisschen leid, weil er verunsichert scheint und trotzdem selbstsicher wirken will und nicht realisiert, mit welchem Privileg er geboren wurde, das ihm anscheinend gerade flöten geht. Vielleicht hat er eine Mutter, die streng war. Und es ist eine Errungenschaft für ihn, trotz der Mutter Frauen zu mögen, und das macht ihn, in seinen Augen, bereits zum Feministen. Man will ja auch mit der Zeit gehen. Ergo: Ich mag Frauen, also bin ich Feminist. Könnt ihr noch folgen?«

Die drei nicken, wie Tick, Trick und Track.

»Meine emotionale Reaktion? Ich fühle mich durch die Aussage angegriffen und komme in einen Verteidigungsmodus. Ich will aber gar nicht verteidigen, dass es Geschlechtergerechtigkeit geben sollte oder dass man irgendwie dankbar sein sollte, dass da einer Frauen mag. Oder mich. Oder Feminismus. Der amerikanische Autor und Feminist Jackson Katz hat einen Gedanken entwickelt, in dem er erläutert, dass der überwiegende Teil der Männer keine wie auch immer geartete Gewalt gegenüber Frauen anwendet, doch er fragt: Was tut ihr aktiv, um Gewalt gegen Frauen präventiv zu verhindern? Wie kommuniziert

ihr Gewalt? Es geht ihm dabei nicht um das tatsächliche Eingreifen bei einer Gewaltsituation, sondern um grundsätzliche Prävention.
In seinen Vorträgen beginnt er oft … Oh Entschuldigung, ich bin zu ausführlich oder?«
»Nein!«, schreit Jamal, »ich will das hören! Pscht.«
»Es hat niemand was gesagt«, lacht Ayo.
»Jaja.«
»Sei leise«, sagt Shenmi leise und grinst. Ihr erster Witz.
»Okay, danke, ich find's nämlich auch wahnsinnig interessant«, macht Jott weiter. »Also Jackson Katz stellt für seine Vorträge eine Tafel auf die Bühne und malt darauf eine Tabelle, teilt sie in Männer und Frauen. Dann wendet er sich zuerst an die Männer im Publikum und fragt, was sie in ihrem täglichen Leben aktiv tun würden, um sich gegen sexualisierte Gewalt zu schützen. Da ist erst mal Stille. Einer ruft vielleicht ›I stay out of prison.‹ Es wird gelacht. Dann sagt ein Zuschauer schließlich: ›Nichts.‹ Vielleicht gibt es ein oder zwei Beispiele, zumeist wenn homosexuelle Männer anwesend sind. Dann stellt er dieselbe Frage den Frauen. Sie antworten übergangslos: Ich halte meinen Schlüssel umgedreht in der Hand. Ich habe Pfefferspray in der Tasche. Ich wohne nicht im Erdgeschoss. Ich gehe abends nicht durch den Park. Ich achte darauf, nicht zu viel Alkohol zu trinken. Ich verschließe die Fenster, auch im Sommer. Ich schaue beim Einsteigen ins Auto auf den Rücksitz. Ich lasse meinen Drink nicht unbeobachtet auf der Bar stehen. Ich habe einen Hund. Ich habe eine männliche Stimme, die den AB bespricht. Ich habe eine anonyme Telefonnummer. Ich parke nicht im Parkhaus. Ich gehe nicht in einen Fahrstuhl, in dem nur ein Mann oder eine Gruppe Männer steht. Ich achte

darauf, was ich anziehe. Hab Alarmanlage. Vermeide Wälder zum Joggen. Ich wechsle die Straßenseite. Undsoweiter. Sie sagen es nicht vorwurfsvoll, sie geben nur die Beispiele, die ihnen als Erstes einfallen. Normal.«

Tick, Trick und Track nicken.

»Die männlichen Zuschauer sind davon überwältigt und traurig, bemerken, dass sie nicht darüber nachgedacht haben, während es für die Frauen der selbstverständliche Alltag ist, der auch nicht mehr hinterfragt wird. Ich habe viel von Jackson Katz gelernt, er ist radikaler in seinen Ansichten als ich, würde ich denken. Wie würde er diesen Satz: ›Ich bin Feminist, ich mag Frauen‹ interpretieren?«

Sie denkt kurz nach. Keiner spricht.

»Vielleicht würde er die Person fragen, wie sieht es denn konkret aus, dein ›Frauen mögen‹? In welcher Art, auf welche Weise magst du Frauen? Was heißt das überhaupt? Es ist sehr allgemein formuliert, quasi eine aussagelose Floskel. Das ist traurig. Und ärgerlich. Es ist aus der sicheren Position, dass Gewalt gegen Frauen Frauensache sei, gesagt. Ist das so? Soll es sein, dass Frauen die Verantwortung übernehmen müssen über die Gewalt, der sie ausgesetzt sind und die sie erfahren? Wir sind ja irgendwie alle zusammen drin in diesem Leben, über dem der Nebel nun liegt und sich anscheinend nie mehr auflösen wird, ich muss was trinken.«

Applaus.

Jay schenkt Jott Bier ein und küsst sie. »Also damit kannst du auftreten.«

»Ja, ich würde so eine Veranstaltung besuchen.«

»Danke, Shenmi.«

»Wo kann ich über seine Arbeit lesen?«

»Schau dir seinen Ted-Talk an, wenn wir wieder in der Zivilisation sind.«
Ayo fängt an zu singen: »Oh Lord, would you buy me a Mercedes Benz, my friends all drive Porsches, I must make amends.« Shenmi und Jay singen textsicher mit. Jay trifft die Töne nur so halb.

Jott: »Ogott, wo ist Hundi?! Sitzt der etwa noch vor der Tür??!!«
Sie rennt zur Tür. Davor hockt Hundi ganz eng an die Hauswand gequetscht und zittert, dass es Gott erbarmen würde. Sie nimmt ihn auf den Arm, schließt die Tür. Er ist ganz kalt.
»Hundi, mein Schatz, was ist los mit dir?«
Sie legt ihn auf die Couch, deckt ihn zu, streichelt ihn, Ayo bringt seine Wasserschüssel, er will nichts trinken.
»Mein Liebling«, sagt sie und hält vorsichtig seine Pfote. Da schaut er sie endlich an, leckt ihr schlapp über die Hand. Sie streichelt ihn, um ihn zu beruhigen. Er lässt es geschehen.
»Da draußen muss irgendwas passiert sein mit ihm«, sagt Jay.
»Ich sag ja, dieser Nebel ist ein Arschloch. Ich geh jetzt raus und schau, was los ist. Fuck the black holes.« Ayo hat sich in eine Kriegerin verwandelt.
»Ich komm mit«, sagt Shenmi, »haben wir eine Taschenlampe?«
»Im Werkzeugkasten bestimmt«, sagt Ayo.
»Komm, wir legen uns um Hundi herum, dann wird er ein Hot Dog«, sagt Jay.
»Aber wir dürfen ihn nicht einquetschen, das ist klaustrophobisch.«

Ayo und Shenmi verschwinden im dunklen Nebel, nachdem sie eine fette Taschenlampe im Werkzeugkasten, in dem drei leere Telefone liegen, gefunden haben. Shenmi trägt die Lampe, Ayo den Baseballschläger, sie sind entschieden, als zögen sie in den Heiligen Krieg. Tötet die Ungläubigen, wo ihr sie findet!
Sie schleichen durch den Garten, die Lampe schneidet durch die Dunkelheit. »Wonach suchen wir?«, fragt Shenmi.
»Ich weiß nicht, nach irgendetwas, das Hundi so Angst gemacht hat.«
»Vielleicht war es ein Fuchs?«
»True«, sagt Ayo erleichtert. »Komm, wir gehen einmal bis zum Komposthaufen und zurück, okay?« Sie stolpert, Shenmi greift blitzschnell ihren Arm, so dass sie nicht fällt.
»Danke. Wow, du bist stark.«
»Du bist stark.«
Sie gehen eng nebeneinander, Shenmi leuchtet vor ihre Füße.
»Also, dass du im Keller Angst hattest, aber hier nicht, verstehe ich nicht ganz.«
»Draußen kann man nicht eingesperrt werden.«
»Warst du mal eingesperrt im Keller?«
»Nein, aber meine Schwester ist eingesp…« Da schreit ein Vogel und fliegt knapp über ihre Köpfe hinweg, Shenmi erschrickt und lässt die Lampe fallen. Dunkel.
Sie bücken sich nach der Lampe, tasten auf dem Gras herum. Nichts.
»What? Wie kann das sein? Wo ist diese scheiß Lampe?«, sagt Ayo.
»Warte!«, sagt Shenmi da, mit einer Stimme aus Frost. »Lass uns zurückgehen, ich hab kein gutes Gefühl. Wir schauen morgen, wenn es hell ist, da können wir das Gras sehen.«

»Warum? Sie muss doch hier sein, du hast sie ja nicht weggeworfen, du hast sie ja nur fallen gelassen.«
»Ayo!«, sagt Shenmi glasklar, »Bleib stehen, lass uns jetzt sofort umdrehen und zurückgehen.«
Ayo sagt nichts, ihre Härchen an den Armen stellen sich auf, und sie dreht sich auf dem Fuß um, Shenmi nimmt ihre Hand, und so gehen sie Schrittchen für Schrittchen langsam wieder zurück auf das beleuchtete Haus zu, das ihnen den Weg weist.

Am nächsten Morgen gehen sie alle zusammen Richtung Komposthaufen und suchen die Lampe. Sie finden sie nicht.

FÜNF

Abends sitzen sie wieder im Wohnzimmer auf der Couch. The show must go on. Hundi sitzt zwischen ihnen, es geht ihm wieder besser, er hat eine halbe Dose Hundefutter intus.

»Sie ist vom Nebel verschluckt worden, die Lampe, wie die verschwundenen Menschen. Sag ich doch«, sagt Jamal.

Die anderen schweigen.

»Shenmi, was war es, dass du meintest, sofort zum Haus zurückgehen zu müssen?«, fragt Jott.

Ayo streicht sich über die Arme, ihre Haare stehen schon wieder zu Berge.

»Ich will mir gar nicht vorstellen, was passiert wäre, wenn wir weitergegangen wären«, sagt sie.

»Ich mir auch nicht«, sagt Jamal. »Ich sag euch, da war so ein menschenfressendes Nebelloch. Das wandert.«

»Das gibt es doch nicht«, sagt Jott.

»Warum nicht, es gibt ja auch Schwarze Löcher. Physik.«

»Ja, das schon, aber ...«

»Aber was? Nicht in deinem Garten?«

»Schwarze Löcher sind im Universum.«

»Ich rede ja auch nicht von Schwarzen Löchern, ich mache nur einen Vergleich zu den Nebellöchern, die wir nicht sehen können, und Hundi hat das Ding gespürt. Und Shenmi auch.«

»Was hast du denn gespürt, Shenmi?«
Sie schweigt.
Dann sagt sie: »Ich habe nicht gehört, wie die Lampe auf den Boden gefallen ist. Sie war groß, ich hätte es hören müssen. Sie ist ins Nichts gefallen.«
Stille.
Johaenne singt: »I see the crystal raindrops fall, and the beauty of it all is when the sun comes shining through. To make those rainbows in my mind, when I think of you sometime, I wanna spend some time with you.« Ayo kommt dazu: »Just the two of us, we can make it if we try, just the two of us, you and I.«
»Ihr könnt so schön singen«, sagt Shenmi.
»Tja, du müsstest erst mal unsere Band hören«, meint Ayo daraufhin. »Ich vermisse die Musik.«
»Wie heißt eure Band eigentlich?«, fragt Jay.
»The Girl in the other Room.«
»Wie das Lied?«, sagt Jay. »Habt ihr euch nach dem Lied benannt?«
»Ja, genau, der Song von Diana Krall von 2004«, sagt Ayo und singt: »The girl in the other room, she knows by now, there's something in all of her fears …«
»Nee, den mein ich nicht«, wimmelt Jay sie ab. »Das Lied, was ich meine, das geht anders. Ich kann nur so schlecht singen. Aber eine Zeile ist irgendwas mit einer Tür, die geschlossen wird, und dann wird es hell statt dunkel, irgendwie so.«
»Achso, das ist ein Song von mir, der heißt so ähnlich. ›The girl in the basement‹, der war in den Charts, den meinst du vielleicht.«
»Krass!!!« Jay springt auf. »Ich häng hier mit Popstars ab, das gibt es doch nicht, warum sagt ihr denn nichts?!«

Ayo und Jott lachen sich kaputt.
»Shenmi, das ist so krass! Ihr wart bei The Voice Kids, stimmt's?«
»Jott war da. Wir durften nicht mit.«
»Ogott, ich flipp aus!« Jay kann sich nicht beruhigen. »Wieso hab ich euch nicht erkannt? Ich kenne nur den einen Song.«
»Komm, wir tun so, als wüsstest du es nicht, okay? Das ist sonst peinlich«, sagt Jott.
»Ich kenne euch leider nicht, Verzeihung«, sagt Shenmi bedauernd.
»Gottseidank«, sagt Jott.
»Kommt, wir machen weiter mit den Sätzen. Ich mach weiter, wenn das okay ist«, sagt Ayo.
»Habt ihr bei The Voice gewonnen?«
»Jamal, bitte.«
»Fokus, Jay, sonst musst du einmal zum Komposthaufen gehen«, sagt Ayo.
»Jaja, ist ja gut, das muss ich Malik erzählen. Warte ...« Sie macht die Augen zu und singt etwas schief: »Blabla sisters close, ah genau, you gotta keep your sisters close to ya. Jetzt hab ich's.«
Jott schaut sie vorwurfsvoll an.
»Ja, ist ja gut, ich sag nix mehr.«
Shenmi sitzt aufrecht und sagt: »Du hast einen Song geschrieben, da sagst du, you got to keep your sister close to you?«
»Ja, Sisters. Plural. Im übertragenen Sinne. Wieso?«
»Hanna, was ist das für eine Frage«, sagt Ayo. »Also wirklich.«
»Ogott, ja, Entschuldigung. Das war unachtsam, bitte entschuldige, Shenmi.«
Shenmi sagt vorsichtig: »Gestern hast du gesprochen von Män-

nern und Frauen, die auf dieselbe Frage geantwortet haben. Auf verschiedene Art. Für die einen war die Beantwortung leicht, es ist ihr Alltag, für die anderen war es keine Frage. Es ist nicht in ihrer Welt. Es ist nicht ihre Welt. Ich komme aus Hongkong. Aus Asien. Wir haben auch Verhaltensweisen, sie haben mit unserem Alltag zu tun. Europa weiß nichts über Asien, aber wir wissen alles über Europa. Oder über Amerika. Warum ist das so? Die Welt ist nicht nur Europa und Amerika. Sie ändert sich. Ver-ändert sich, Verzeihung. So viel ver ... Europa ist wie der Mann und Asien die Frau. Sie näht und produziert und baut Werkzeuge zusammen, bringt den Müll weg und ist fleißig. Die Weltgemeinschaft, wie sie jetzt ist, wird vom Westen bestimmt, und er merkt nicht, dass wir selbständig werden, und davon fühlt er sich bedroht und spricht davon, dass wir ihn überrollen. So wie der Mann sich überrollt fühlt von den neuen Frauen. Entschuldigung, dass ich das so sage, es ist kein Vorwurf. Europa sagt, es hat Geschichte, hat viel Kultur und hat die Weltordnung gebaut. China ist auch alt, nein? Und wer macht die Zukunft? Wir denken, die Zukunft passiert einfach, aber wir können sie gestalten, wir können sie erfinden, und wenn man nicht anerkannt wird, dann investiert man, man arbeitet viel. Und davon fühlen sich die, die das Privileg haben und auch Macht, geängstigt. Ich weiß nicht, ob man es so vergleichen darf, aber ich habe darüber nachgedacht, dass es mich erinnert an die ...« Sie setzt den Satz in Chinesisch fort, ist quasi mit ihrem Latein am Ende.

»Es erinnert dich an den Unterschied, der in der Weltordnung herrscht, die vom Westen dominiert wird«, ergänzt Jott. »Meinst du das?«

»Ja«, sagt Shenmi erleichtert, »das meine ich.«

»So habe ich das noch nie gesehen«, sagt Jamal.
»Ich mochte, dass du gesagt hast, Asien näht und bringt den Müll weg. So true«, sagt Ayo.
»Hast du manchmal Heimweh, Shenmi?«, fragt Jott.
»Ja. Aber nicht mit euch. Ihr seid meine Schwestern.« Sie singt: »Keep your sisters close, you got to keep your sisters close to you.« Ganz allein singt sie das. Und schön. Jay umarmt sie. Jott und Ayo umarmen sie von der anderen Seite. Sie machen einen circolo amore.

»Ich kann es kurz machen«, fängt Ayo an und liest vom Zettel ab: »›Es sind doch die Mütter, die Männer erziehen.‹ Meine Mutter ist aus Nigeria. Sie ist ohne Vater groß geworden, er musste arbeiten. Oder war weg. Ihr älterer Bruder ging nach Europa, um dort zu arbeiten, und schickte der Familie Geld. Ja, es sind die Mütter, die ihre Kinder nicht verlassen. Die meisten. Nicht alle. Wie viele Männer sind aus Syrien oder Afghanistan oder Somalia, Eritrea nach Europa gekommen. Ohne Frau und Kinder und Familie. Nur wenige Frauen mit Kind waren darunter. Welche Mutter traut sich mit ihrem Kind, ihren Kindern diese Reise zu wagen. Geschichtlich waren die Söhne mehr wert als die Töchter, schon allein deshalb, weil sie nichts gekostet haben, wenn sie heirateten. Die Tochter, für die selbständige Arbeit nicht vorgesehen war, erhielt Mitgift. Auch in Europa, zu anderen Zeiten. Das kostet. Wie stehen Mütter für ihre Kinder ein, wenn sie in einer Gesellschaft leben, in denen ihnen gewisse Rechte aberkannt werden. Bildung, Arbeit, Wahl, Landbesitz. Ich weiß nicht, wie es sein kann, dass sich Jungen und Männer radikalisieren und misogyn werden, die bei ihrer Mutter, einer Frau, in einem weiblich dominierten Haushalt groß wurden, aber ich möchte die Gegenfrage stellen: Warum nimmt man die Väter aus der Verantwortung? Was mich an dieser Aussage emotionalisiert, ist, dass man Frauen die Verantwortung, die Schuld quasi gibt an der Gewalt gegen Frauen, die durch die von ihnen erzogenen Männer, die ja alle Söhne sind, ausgeübt wird, im Sinne von: ›Selber schuld, wenn ihr von Männern verprügelt oder vergewaltigt werdet, was erzieht ihr sie auch so schlecht.‹ Ich habe kein Kind, vielleicht bekomme ich eins, vielleicht nicht. Vielleicht entscheide ich mich, keins zu bekommen. Und dann? Bin ich eine schlechte Mutter, weil ich keine Mutter werden möchte? Ich bin vom Thema abgekommen, glaube ich. Ich habe keine Erklärung für die Aussage. Sie lähmt mich.«

»Mich auch«, sagt Jott.

»Darf ich fragen, wo dein Vater ist?«, fragt Jay.

»Klar, du kannst alles fragen. Er ist in Basel.«

»Schweiz!?«

»Ja.«

»Was macht er da?«

»Er lebt da, er ist Schweizer.«

»Wiebitte?! Dein Vater ist Schweizer?«

»Ja.«

»Und sprichst du Schweizerdeutsch?«

»Nein«, Ayo lacht, »ich bin ohne ihn aufgewachsen. Ich kenne ihn nicht wirklich.«

»Warte, wie kamen deine Eltern zusammen?«

»Mein Vater ist Ingenieur, er hatte in Lagos ein Büro, und meine Mutter war seine Sekretärin. Eines schönen Tages hat sie gesagt, dass sie ein Kind von ihm will und er sich dafür nicht verantwortlich fühlen müsste. Hat er gemacht. That's me.«

»Was ist daran lustig?«
»Weil das so typisch ist für meine Mutter.«
»Und wie seid ihr nach Deutschland gekommen? Wieso versteh ich das nicht, das ist verwirrend«, sagt Jamal.
»Sie ist nicht in Deutschland. Nur ich. Ich bin bei meinem Onkel und seiner deutschen Frau aufgewachsen. Sie haben einen privaten Fahrservice, er hat's weit gebracht.«
Nach einem Moment Stille fährt Ayo fort: »Meine Mutter sagte mir immer, als ich klein war, ich würde mich wie mein Vater bewegen, ich habe nie begriffen, was sie meint. Sie hat sich darüber gewundert, da ich es ja nicht kopieren konnte, aufgrund seiner Abwesenheit. Ich weiß nicht, wie man Bewegungen kopieren kann, und weiß auch nicht, welche Bewegungen sie genau meinte. Ich müsste ihn beobachten, um zu sehen, ob ich mich in seinen Bewegungen wiedererkenne, aber dazu müsste ich ihn erst mal kennenlernen. Es ist so selbstverständlich gewesen, dass mein Leben ohne ihn verlief, aber je älter ich werde, umso absurder kommt mir das vor. Nicht dass er weg war, sondern dass ich diese Normalität nicht hinterfragt habe.«
Ayo lacht nicht mehr. Und die anderen trauen sich nicht weiter zu fragen.
»Der Satz, dass Frauen Männer zur Gewalt erziehen, ist von dir Jamal, oder?«, fragt Johaenne. »Ja«, sagt Jamal. »Ich konnte erleben, wie eine Frau ihren Sohn zu einem Prinzen gemacht hat. Der Prinz wurde König und unterlag keinem Gesetz mehr, er ist das Gesetz.«
»Wie alt ist denn deine Schwiegermutter?«
»Fünfhundert Jahre ist sie und stirbt einfach nicht.«

»›Liebe ist Erpressung‹«, sagt Shenmi. »Ja. Ich kann hier keine Gegenseite einnehmen, denn ich habe es in meiner Familie so erfahren. Wenn du das nicht tust, haben wir dich nicht mehr lieb. Wenn du nicht die Beste in der Klasse bist, sind wir enttäuscht. Vielleicht ist Liebe keine Erpressung, aber man kann mit Liebe erpressen. Das ist nicht schön. Das tut weh. Das macht ein Kind einsam. Und ich hoffe, dass es in einer Beziehung nicht so ist. Man will sich doch an seiner Liebe freuen, das ist doch das Schönste auf der Welt, oder?«

Es ist Jotts Satz gewesen.

Sie erinnert sein Gesicht, als er ihr diese Worte überreichte. War es Verzweiflung, Not, Wut? Was war es in seinen Augen gewesen, das sie anschaute? Sie konnte es nicht sagen. Abwehr? Wollte er ihre Liebe abwehren? Oder ihre Erwartungshaltung? Welche? Zu lieben und geliebt zu werden? Zu sagen, dass man liebt? Dachte er, sie würde erwarten, dass er »Ich liebe dich« sagen solle zu ihr? Und – hatte sie diese Erwartung? Er hatte es nie gesagt. Es schien ein innerer Widerstand zu sein, der sich in ihm entfaltete, um bereits präventiv die Artikulation ihres Liebesgefühls zu ihm abzuwehren oder abzuwenden. Basierte dies auf unglücklichen Erfahrungen? Auf welchen? Wenn sie nicht »Ich liebe dich« sagen würde, müsste er es auch nicht sagen. Wo er Erwartungshaltung witterte, verweigerte er sich. Aus Prinzip. Oder Gewohnheit.

Mit »Wenn du ›ich liebe dich‹ sagst, willst du doch nur, dass ich es auch sage«, hatte er den Satz »Liebe ist Erpressung« ergänzt. So wurde aus einem Gefühl ein Argument. Ihre Schwester Iana hatte gesagt: »Es ist ganz normal, dass Liebende sich ihre Liebe mitteilen, Johaenne. Weder ist es zu viel verlangt, noch ist es eine Besonderheit. Wenn man sich liebt, sagt man sich das. So ist das. Es ist ganz normal.« Sie vermisste ihre Schwester, hoffentlich ging es ihr gut.

»Hanna? Alles okay?«, fragt Ayo in Johaennes Gedanken hinein.

»Ja.«

»Es war dein Satz, oder?«

»Ja.«

»Willst du was singen?«

»Nein. Ich will nur ins Bett. Gutnacht.«

Sie geht in ihr Zimmer. Hundi kommt mit.

SECHS

In dieser Nacht wird sie von einem Albtraum überfallen. Er versucht, sie zu erdrosseln.

Der Keller hat niedrige Decken. Sie muss den Kopf einziehen, als sie durch die kaputte Tür in den Heizraum tritt. Die angespannte Körperhaltung bleibt im Nacken stecken, eingezogener Schildkrötenkopf, einem Penis mit Vorhaut vergleichbar. Als Kind stellte die geringe Höhe von Kellerdecken kein Problem dar, es war ausreichend Platz nach oben, doch er war ihr wie eine dunkle, kalte und furchteinflößende Gruft gewesen, in der sich Geister trafen und nur auf sie warteten.

Jetzt, als vollständig auf 1.70 Meter ausgewachsene, erwachsene Person, fürchtet sie nicht mehr den Alb des Kindheitskellers, sondern den Umstand, dass das Jahrhundertwendehaus auf einem durchfeuchteten Kellergewölbe steht. Stroh schaut aus der pappigen Decke hervor, als wäre der Mehrfamilienbau geradewegs aus Heuballen gebaut. Auf rissigem, angefressenem Zementboden und Ziegelsteinwänden, mit abblätterndem Putz, auf dieser Instabilität stehen fünf Stockwerke. In Manhattan thronen sogar 78 Stockwerke auf den von Ratten bevölkerten und seit hundert Jahren nicht mehr renovierten Subway-Stationen.

Der Keller jedenfalls. Ein Ofen im Keller. Warum ist der Ofen im

Keller? Als wäre das Haus ein Schiff. Warum befindet sie sich im Keller? Fragt sie sich aber nicht, sondern heizt ein. Denn darum ist sie hier, sie soll es sein, die das Haus beheizen und allen Wärme geben muss mit diesem kleinen schmiedeeisernen Werkstattofen. Wo sind die Kohlen? Eierkohlen, Briketts? Wo ist Nachschub, der Ofen will fressen. Kein Holz. Dunkelheit um sie herum in verschiedenen Schwarz-Abstufungen, einem holländischen Gemälde des 16. Jahrhunderts gleich. Eine Glühbirne hängt hoffnungslos von der Decke herunter an einer Selbstmörderschnur. Gelblich. Farbe statt Licht. Das Feuer leuchtet aus dem Ofen, spendet der teuflischen Dunkelheit Licht. Das Feuer hat Zähne. Kann das sein? Es brennt, es ist Nacht, der Ofen ist an. Sie hat ihn angefeuert, so wie sie sich selbst jeden Tag anfeuert, damit das weitergeht, dieses Leben, bis zum letzten Tag. Dann geht sie. Geht weg. Die Wege im Keller sind unverständlich, keine Wege, nur ein Kellergefühl. Das unscheinbare Feuerchen im Ofen hinter ihr müsste warm und gemütlich sein, nicht wahr?! Sie könnte auch bleiben. Bleibt sie aber nicht, sondern geht aus dem Bild in die Welt, ist schon längst gegangen, dorthin, wo keiner mehr hinschaut. Verschwunden in den Schwarzabstufungen des Mittelalters.
Dann ist sie in einer Dachwohnung, die sich zwar nach ihrer Dachwohnung anfühlt, aber anders aussieht. Sie stellt fest, wusste sie noch nicht, dass sie hier mit einer Freundin wohnt, die Tänzerin ist und Unterwäsche trägt. Unterwäsche, die aus einem Tutu gefertigt wurde, hellblau und pastellgrün. Sie tanzt, als würde sie als Tanzbarbie in einem Dachgeschoss in Paris wohnen. Das hier ist aber nicht Paris. Oder doch? Der Holzboden knarrt. Die Freundin ist heiter und tanzt.
Und dann sieht sie es: Sie sieht durch ein Fenster auf das Hinterhaus: Es ist abgebrannt, bis zum Grund: Das gesamte fünfstöckige

Hinterhaus ist verbrannt! Wo ein Haus stand, steht nun eine Lücke. Schwarz, keine Abstufungen. Wo sind die Wohnungen, die Menschen?

Wo sind die Menschen??!! Was hab ich getan?!

Wann hat es gebrannt, wie kann sie den Brand, das Feuer, das ein Haus auslöscht, nicht mitbekommen haben? Hat sie geschlafen? Nein, sie war im Keller.

Es hat gebrannt, und sie war's. Sie hat alle verbrannt, wie die Hexe die Kinder verbrennen wollte. Sie war es, die den Ofen angefeuert hat. Im Keller. Hat sie die Klappe nicht geschlossen? Und die Flammen, haben sie das Stroh der niedrigen Decke entfacht? Und die Flammen, sind sie aus dem Keller geflohen? Und die Flammen, haben sie das Hinterhaus überfallen und aufgefressen? Zehn Wohneinheiten! Sind die Menschen tot? Verbrannt? Ist sie schuld? **Ist es ihre Schuld?** Hat sie das getan? **Sie hat das getan!** Sie trägt die Verantwortung. Sie sieht schwarz-verbrannt die Lücke, ausgelöschtes Haus, ausgelöschte Menschen. Will, dass es nicht sei, nicht ist. Kann nicht sprechen, **der Körper schwer, die Schuld überwältigt sie.** Die Schuld wird sie erdrosseln, es ist zu viel, zu schwer. Sie muss sich der Justiz stellen, wissen es alle? Warum hat sie ein Feuer angemacht?! Sie wollte alle wärmen. Es ist nicht gelungen.

Ihre Freundin spricht zu ihr in Rätseln, anscheinend ist das Poesie, sie kann es nicht verstehen. Die tanzende Freundin scheint ein engelsgleiches, unwirkliches, aber heiteres Wesen zu sein, das ihr mitteilt, dass sie heute Abend ein Konzert hätte. Sie müsse spielen. Wie kann ich singen, wenn ich ein Haus verbrannt habe?! Das geht doch nicht. **Panik schleicht sich in ihr System, Blei statt Blut** in den Adern. Diese Verantwortung, diese Schuld kann man nicht überleben oder ist dies ein Traum? Nein. Doch! Wie geht es hier raus, **diese Schuld, es ist ein Traum,** aber sie weiß nicht, wie

sie rauskommt aus der sie hinstreckenden Erkenntnis, dieses Unheil unwissentlich, unabsichtlich angerichtet zu haben. Ist es ein Traum? Es ist ein Traum. Ich weiß es, ich muss den Traum beenden, ich muss begreifen, dass es ein Traum ist, obwohl ich es schon weiß. Wie mache ich das. Ich träume, du kannst aufwachen, wach auf!! Mit letzter Macht und allem verbliebenen Mut katapultiert sie sich aus diesem Traum. Wacht in einem anderen Bewusstsein auf, aber traut der Realität nicht. Lässt die Augen geschlossen, der Körper vibriert.
»Die Arme, ich spüre sie, sie sollen sich bewegen.« Es gelingt nicht, weil die Schuld da drauf liegt. Sie erkennt, dass sie den Erdrosselungsversuch überlebt hat. Ein Traum wie ein Trauma. Ein Alb. Er entlässt sie nicht. Sie ist in die Matratze hineingepresst wie Gips in einen Negativabdruck, das hat die Schuld gemacht, sie lastet so schwer auf ihr wie Erde auf totem Körper bei der Beerdigung eines ehemals lebendigen Menschen.
Sie findet den Weg zurück in die Realität nicht. Das Haus, wo ist es. Ist es verbrannt? Der Traum sitzt in ihrem emotionalen Erleben wie eine bakterielle Infektion. Sie braucht ein Antibiotikum. Die Schuld hat sich in ihrem Körper ausgebreitet wie ein Gift. Sie öffnet die Augen, Hundi ist zu ihr gekommen, sie sieht ihn. Es ist vorbei. Der Hund ist real, die Schuld in ihren Knochen auch. Ihre Knochen. Noch im Bett schreibt sie den Traum auf, doch der Schreck bleibt in ihrem Körper gefangen und wagt sich den Tag über nicht mehr aus ihm heraus.

»Wo ist Ayo?«, fragt sie, als sie in die Küche schlurft und nur Jay und Shenmi vorfindet, die Reissuppe löffeln.
»Sie ist zu den Nachbarn gegangen. Wollte irgendwas aus dem Keller holen.«

»Allein?!«
»Jepp.«
»Warum habt ihr sie denn allein gehen lassen?«
Shenmi und Jay schauen schuldbewusst. »Sie hat gesagt, es macht ihr nichts aus.«
»Ich geh rüber!« Jott kriegt schlagartig Herzklopfen. Ayo im Keller des Hauses. Was, wenn es brennt. Wir werden es nicht sehen, der Nebel und der Rauch sind Brüder. Jott reißt die Haustür auf, schnuppert, ob es nach Verbranntem riecht, doch die Luft ist rein.
»Wir kommen mit«, sagen Jay und Shenmi.
»Schon okay.«
»Hat Ayo auch gesagt.«

Sie steigen über den Zaun. Shenmi trägt den Hund, Jamal den Baseballschläger.
»Ich hab das Gefühl, der Nebel ist weniger geworden. Ihr auch?«, sagt Shenmi.
»Nee, das ist nur Gewöhnung«, meint Jay. »Oh krass, ein Swimmingpool.«
»Shenmi, weißt du, wo man reingeht?«, fragt Jott.
»Neben der Haustür geht es in den Keller.«
Die Kellertür steht weit offen. Ist ein Ofen im Keller? Sie gehen die Treppe hinab und hören ein Klopfen, jemand hämmert gegen eine Tür. Sie erschrecken. Jay lässt den Baseballschläger fallen und rast die Treppe wieder hoch.
In Johaennes Subjektive vermischt sich das Bild des Kellers aus dem Traum mit der Realität.
»Ayooo?«, ruft sie.
»Hannaa!«, hört sie.

Ayo ist hinter der eisernen Heizungskellertür eingeschlossen. Hundi springt an der Tür hoch, Jott rüttelt dran.
»Ayo, wir sind da, wir holen dich da raus, bist du okay?«
»Ja.«
Jay übergibt sich oben an der Kellereingangstür.
»Wir überlegen uns was, bleib ruhig, wir kriegen dich da raus.«
»Okay.«
Shenmi nimmt den Baseballschläger und haut mit aller Kraft gegen die Brandschutztür. Kleine Dellen, das war's.
»Was war das?«, ruft Ayo entsetzt.
»Shenmi hat mit dem Baseballschläger auf die Tür eingedonnert. Nützt aber nix. Hast du ein Fenster in dem Raum?«
»Nein! Es ist eine Scheiße.«
»Okay, wir überlegen uns was«, ruft Jott noch mal. Dies ist kein Traum. Sie schaut Shenmi an, beide denken dasselbe: Wo ist der Schlüssel?!
»Wir kommen gleich zurück, wir suchen den Schlüssel.«
»Okay.«
Sie gehen die Treppe zu der kotzenden Jay hoch.
»Was ist los mit dir?«
»Ich weiß nicht, vielleicht die Reissuppe?«, meint Jay ächzend. Shenmi runzelt die Stirn.
Jott geht mit dem Baseballschläger auf die Terrasse und schlägt übergangslos die Scheibe ein, ohne mit der Wimper zu zucken. Nach einem Moment fängt Jay an zu lachen. »Krasse Braut. Wie bei Terminator.«
»Nehmt Hundi auf den Arm, dass der keine Splitter in die Pfoten kriegt«, weist Jott die anderen an, als würde sie ständig in Häuser einbrechen. Sie muss retten, was sie im Traum nicht retten konnte.

Mit dem Baseballschläger steigt sie durch die Terrassentür in das Haus ein.
»Keine Alarmanlage, schon mal gut«, meint Jamal und folgt mit Shenmi und Hundi.
Während Jott zielgerichtet in den Flur geht, weil dort meistens Schlüssel liegen, bleibt Shenmi vor dem Foto über der Wohnzimmercouch stehen. Das Foto mit den blauen und grünen Laserlichtern, die die Nacht durchschneiden, und der Person, die eine türkise Zeitung über den Kopf hält.
»Was ist los?«, fragt Jay.
Shenmi steigt auf die Couch und berührt das Einschussloch in dem Foto, das durch die Zeitung geht.
»Shenmi!«
Sie dreht sich auf der Couch um und starrt Jamal an. »Das ist meine Schwester.«
»Was???«
»Die Frau auf dem Foto mit der Zeitung, das ist Dan.«
»Das darf doch nicht wahr sein, bist du sicher?«
»Ja. Die Demonstranten haben bei den Protesten in Hongkong mit Lasern die Nacht beleuchtet. Es war eine Aktion. Die chinesische Regierung hat behauptet, dass sie damit schießen würden. Aber das stimmte nicht. Darum hat meine Schwester die Zeitung in den Laser gehalten, als Beweis, dass es Licht ist und kein Schießen.«
»JOHAENNEEEE!!!«, schreit Jamal. »Komm schnell!«
Jott kommt ins Wohnzimmer gestürmt mit einem dicken Schlüsselbund in der Hand.
»Was ist los, seid ihr okay, brennt es?«
Sie sieht Shenmi auf der Couch stehen.
»Auf dem Foto, das ist Shenmis Schwester!«

»Was??«
»Da ist ein Loch in das Foto geschossen, sagt Shenmi. Ayo hatte mich gefragt, ob ich das gesehen habe, als wir das erste Mal hier waren, aber ich hatte es nicht gesehen. Jemand hat auf das Foto geschossen. Wer macht das? Wer wohnt hier? Chinesen?«
Jetzt stehen alle drei auf der Couch und begutachten die Einschussstelle.
»Das Foto hing hier früher nicht«, sagt Jott.
»Die Zeitung leuchtet türkis, weil sie von einem Laser angestrahlt wird, aber sie wird nicht durchschossen, das haben die Leute gemacht, die das Foto aufgehängt haben.« Shenmi ist sich sicher.
»Oder der Fotograf, als künstlerische Absicht«, meint Johaenne.
Das Bild ist nur mit Nägeln an der Wand angebracht, Jott löst die unteren Nägel und hebt es an. Sie schauen hinter das Papier. Der Schuss geht in die Wand. Shenmi fängt an zu zittern.
„Das heißt, es ist nicht der Fotograf gewesen, der in sein Foto geschossen hat, würde ich mal denken.
»Wer wohnt hier? Du kennst doch die Nachbarn, sind sie Asiaten?«, fragt Jamal.
»Nein.« Aber der Mann, der Koch, hat immer asiatisches Essen gemacht, fällt ihr ein.
»Vor dem Eingang ist eine Glocke, darauf sind die Zeichen der Triade geschrieben, die chinesische Mafia«, sagt Shenmi jetzt.
»WAS??!!«, sagen Jay und Jott gleichzeitig.
»Woher weißt du das?«
»Ich habe es letztes Mal gesehen. Und ich kann lesen.«
»Triaden?«, sagt Jay, »was ist das?«

»Warte! Eins nach dem anderen«, sagt Jott, »jetzt probiere ich erst mal die Schlüssel aus. Wir müssen Ayo aus dem Keller holen. Bleibt ihr hier.«

Johaenne geht in den Keller, wo Ayo eingeschlossen ist.

Johaenne geht in den Keller, wo das Feuer gleich seinen Platz verlassen wird.

Johaenne geht in den Keller, damit Ayo nicht abbrennt. Sie muss sich beeilen.

Sie rennt, fällt die Kellertreppe runter, ein gleißender Schmerz unter ihrem Herzen.

»Ayo, ich hab viele Schlüssel zum Ausprobieren.«

»Okay!«

Sie fängt an, einen nach dem anderen in das Schlüsselloch zu stecken. Keiner passt. Noch mal. Der Schmerz. Sie dreht jeweils den Schlüssel, den sie ausprobiert vom Ring ab, damit sie nicht durcheinanderkommt. Nichts. Keiner passt. Fuck.

»Und?«, fragt Ayo, und trotz der Brandschutztür kann Jott die Panik in ihrer Stimme hören.

»Hier war keiner dabei, aber es gibt bestimmt noch mehr. Ich komm gleich wieder.«

Ayo antwortet nicht.

Jott rennt zurück ins Wohnzimmer, der Schmerz an ihrer Rippe unterhalb der Achsel und in Herzensnähe macht, dass ihr das Atmen schwerfällt. »Die Schlüssel passen nicht«, sagt sie zu Shenmi und Jamal.

»Fuck«, sagt Jamal.

»Wir müssen suchen, irgendwo muss er ja sein«, meint Jott.

»Nein, wir müssen nachdenken«, sagt Shenmi.

»Worüber?«, fragt Jay.

»Wo du den Schlüssel hinlegen würdest.«

»Na, ich leg den Schlüssel immer in den Blumentopf neben der Wohnungstür.«
Sie schauen nach. Es gibt keinen Blumentopf vor der Haustür.
»Und wo legt ihr Schlüssel hin?«, fragt Jamal.
»Besteckkasten«, sagt Jott.
Auch nichts.
»Und du?«
»Ich hab ein Buch innen ausgeschnitten«, sagt Shenmi.
»Ah natürlich, die Verlegertochter, versteckt ihre Sachen in Büchern«, meint Jay.
Rechts und links neben der Couch stehen wandfüllend Bücherregale.
»Ogott«, sagt Jay, »na, das kann dauern.«
Jott ist schon am Regal. »Nur die dicken Bücher, keine Taschenbücher, keine Fotobücher. Hardcover. Und los.«
Die drei ziehen Bücher aus dem Regal, öffnen und werfen sie einfach hinter sich. Chaos entsteht schnell, Ordnung dauert. Das ist wie mit Krieg und Frieden. Die Zeit tropft ihnen durch die Hände, kein ausgeschnittenes Buch, ihre Suche ist hektisch, nicht systematisch, sie rennen durch das Haus, öffnen alle zu findenden Schubladen, Nachttische, Kommoden, Schränke.
Jamal sagt schließlich: »Ich weiß gar nicht, was für einen Schlüssel wir überhaupt suchen. Zylinderschlüssel, Bartschlüssel, Doppelbart, Bananenschlüssel, Pumpe, Kreuzbart? Was ist es für ein Schlüsselloch, Jott?«
»Woher weißt du denn die Profinamen für Schlüssel, um Gottes willen?«
»Ich hab mal bei einem Schlüsselduplikationsdienst gejobbt.«
Jott hält in ihrer Bewegung inne. In ihrem Kopf rasen Bilder durcheinander: Der Ofen im Traum, die Zähne in den Flam-

men, die Selbstmörderschnur der Glühbirne, der Blick aus dem Pariser Dachfenster auf das abgebrannte Hinterhaus, die Brandschutztür, der Schlüsselbund.

Der Schlüsselbund!

»Ich glaub, ich hab's!«, ruft sie und rennt durch das Haus in den Keller. Die Rippe pocht.

Vor der Brandschutztür liegen die auseinandergefriemelten Schlüssel am Boden, am Schlüsselring nur noch ein kitschiger kaputter Schlüsselanhänger, ein paar überlange altmodische Schlüssel mit Bart – und ein rundes Metalldings.

»Magnetschlüssel«, sagt Jay, die aus dem Boden gezaubert neben Jott steht.

Zwischen Klinke und Schlüsselloch befindet sich ein etwas erhöhtes, rundes Metallplättchen. Mit zitternden Fingern hält Jott den Magnetschlüssel dagegen, es blinkt kurz blau, und die Tür geht auf. Ayo stürmt aus dem Heizungskeller und stolpert die Treppe hoch ins Freie.

Menschen verschwinden hinter Türen. Oder in Kellern. Sie verschwinden in staatlichen oder privaten Gefängnissen. Unterirdischen Gefängnissen. Im Nebel oder schwarzen Löchern. Im Laufe der Zeit können sie aus unseren Leben und Beziehungen verschwinden, aus unserem Gefühl oder der Erinnerung. Sie verschwinden in Krieg, Naturkatastrophen, Atomreaktorunfällen oder im Feuer. In Camps, auf Fluchtrouten, unter Lastwagen oder in Kummer und Depression. Die verschwundenen Schätze, Kunstwerke und Kulturen, wo sind sie hin. Tiere und Tierarten sterben, krepieren, verschwinden, werden en masse ausgelöscht. Verschwundene Flugzeuge, untergegangene Schiffe. Menschen beenden ihr Leben und verschwinden im Tod

oder dem Leben nach dem Tod. Sie verschwinden in Rabbitholes oder Ideologien. Sterne erlöschen und verschwinden, derweil wir sie noch leuchten sehen. Das Leben löst sich auf, das Universum weitet sich aus. Nichts ist für die Ewigkeit, außer der Ewigkeit. Wie lebt man mit all dem Verlust, das ist eine Frage, auf die es keine Antwort gibt.
Johaenne hat sich die Rippe gebrochen. Shenmis Herz ist gebrochen. Ayo hat eine Panikattacke. Jamal übergibt sich erneut. Sie sind am Ende, weil der Nebel das System auf den Kopf gestellt hat, das so vulnerabel ist, dass es dazu nicht viel brauchte. Dystopische Filme werden gemocht, da sie zeigen, wovor sich am meisten gefürchtet wird: vor der Auflösung all des Bekannten, Vertrauten, Sicheren.

Es ist ein später Nachmittag im Mai Europas, die Sonne würde noch eine Weile nicht untergehen. Die Temperatur war angestiegen über Nacht. Durch die zerschlagene Terrassentür weht eine warme Brise herein, der Nebel tritt ein, schlendert in den ersten Stock.
Jott und Shenmi wagen erneut den Abstieg und holen Essen aus der Prepperkammer im Keller. Jamal liegt derweil auf der Couch, die Übelkeit, Ayo davor auf dem Teppich, das Zittern. Die beiden Frauen, bei denen unklar gewesen war, ob sie miteinander auskommen würden, sie halten sich an den Händen.
»Wusstest du, dass die Frau auf dem Foto Shenmis Schwester ist?«
Ayo setzt sich auf. »Was?«, flüstert sie und schaut auf das Bild.
»Der Schuss geht direkt in die Wand«, sagt Jamal.
»Jemand stand also in diesem Wohnzimmer und hat auf das Foto geschossen?«

Jay nickt.
»Warum tut man das?«
»Wut? Rache? Weil man's kann?«
»Coping-Mechanismus.«
»Meinste?«
»Wie hat Shenmi reagiert?«
»Hat sich zusammengerissen, wir mussten dich erst mal aus dem Keller befreien.«
»Was für ein Horror.«
Jott und Shenmi kommen bepackt mit Lebensmitteln die Kellertreppe hoch, und Shenmi bleibt vor der Glocke stehen. »Das sind die Zeichen der Triaden, siehst du?«
»Wer sind die Triaden?«
»Sie sind eine mafiöse, eine kriminelle Vereinigung, die bereits seit Jahrhunderten in China existiert. Sie wurden auf die Menschen, die protestiert haben, angesetzt, um sie zu verprügeln.«
»Von der Regierung?«
»Ja.«
»Ich verstehe nicht, dass hier ein Foto von deiner Schwester hängt. Das ist doch verrückt.«
»Wer wohnt hier?«
»Ganz normale Leute. Der Mann ist Koch, die Frau Fotografin … Warte, vielleicht hat sie das Foto gemacht?«
»Aber wer hat darauf geschossen?«
»Ob wir das jemals herausfinden. Es tut mir so leid, Shenmi.«
»Komm, wir essen.«

Sie trinken Tee und essen. Im Haus der absenten Nachbarn. Sie wissen nicht, ob das Foto von der Nachbarin gemacht und warum es in dieser Größe an die Wand gehängt worden war und wer auf die grausame Idee gekommen war, einen Schuss darauf abzufeuern. Woher kam die Waffe? Wussten die dafür Verantwortlichen, dass die Zeitung hochgehalten wurde, um zu beweisen, dass die Laserpointer keine Waffen waren und keine Schüsse abgeben konnten? Lauter lose Enden. War Dan an diesem Tag verhaftet worden, oder war es ein Tag des Protests gewesen, an dem sie wieder nach Hause zurückgekehrt war.

»Als das Foto gemacht wurde, als deine Schwester dort stand, warst du da noch in Hongkong?«

»Ja, war ich.«

»Dann warst du ja sozusagen dort, als das Foto gemacht wurde.« Jotts Detektivgehirn raucht.

»Wollen wir nicht das Foto und den verfickten Schuss darin verbrennen?«

Shenmi schaut Ayo an. »Und dann?«

»Was meinst du?«

»Es ändert nichts. Es verschwindet dann nur aus unserem Blick. Und das Einschussloch in der Wand bleibt.«

Sie schweigen.

»Wieso haben die eigentlich keinen Fernseher?«, fragt Jamal.

»Ich hab auch keinen«, sagt Jott und steht auf, um noch einen Tee zu machen. Da sieht sie, dass in der Küche ein Telefon hängt.

»Hier ist ein Festnetz-Telefon!«, sagt Johaenne ungläubig, als hätte sie den heiligen Gral entdeckt.

Die drei Frauen schauen ebenso ungläubig.

»Weiß denn noch jemand eine Telefonnummer auswendig heutzutage?«, sagt Ayo.

»Ich hab nur die Nummern meiner Geschwister im Kopf. Achso, und die von Ben, absurderweise.«

»Die ist so leicht, die weiß ich auch«, antwortet Ayo.
»Und die Nummern meiner toten Eltern. Festnetz.«
»Das sind ja fünf Nummern! Ich kenne nur die von Ben. Völlig unnötig. Deine weiß ich auch nicht.«
»Ich deine auch nicht, du bist auf Kurzwahl.«
»Darf ich meine Mutter anrufen? Und mit meinen Brudis kurz quatschen?«, fragt Jay und hat das Telefon schon in der Hand.
Shenmi sagt: »Meine Eltern schlafen. In Hongkong ist es jetzt 22 Uhr.«
Ayo jammert: »Ich bin so ein Loser; ich weiß die Nummer meiner Tante und meines Onkels nicht, Wolfs auch nicht. Er ist sowieso aus meinem Leben raus, ich habe niemanden. Was bin ich für ein Mensch.«
»Du hast uns.«
»Aber ich weiß eure Nummern nicht auswendig.« Ayo tut sich gerade selber leid.
»Wir gehen sowieso nicht ans Telefon, die sind im Werkzeugkasten, remember?«, sagt Jott.
»Ich muss mein Leben ändern, ich habe heute eine Nahtoderfahrung gemacht«, meint Ayo.
»Okay, du hast im Heizungskeller gesessen, ein paar Stunden, das war kacke, und du hast eine Panikattacke bekommen, aber das war keine Nahtoderfahrung.«
»Mama!!!« Jamal hat ihre Mutter angerufen, sie sprechen arabisch. Alle lächeln.
Dann wird die Leitung unterbrochen. Tot.
»Mama? Mama!«
Sie legt auf. »Ich muss nach Hause«, sagt sie, und ihre Augen füllen sich bis zum Rand mit Wasser.

»Jay«, sagt Jott sanft, »geht es deiner Mama gut und den Jungs?«
Jay nickt. »Ich habe ihr gesagt, dass ich sie bald besuche und dass sie meine Brüder küssen soll.«
»Das ist gut«, sagt Ayo, »wir müssen uns immer bei unseren Müttern melden, das ist wichtig, denn sie lieben uns bedingungslos und sorgen sich wirklich um uns. Wenn überhaupt irgendjemand, dann sie. Du hast noch eine Mutter, Jamal, du kannst ihr sagen, wie lieb du sie hast. Und bald wirst du sie wieder umarmen.«
Johaenne sagt: »Nachdem meine Mutter gestorben war, hab ich jeden Tag auf ihrem Handy angerufen und ihrer Stimme auf dem Anrufbeantworter zugehört. Sie war so fröhlich und lebendig bei ihrer Ansage. Manchmal hab ich draufgesprochen und gesagt, wie sehr ich sie vermisse, wie groß mein Heimweh und meine Sehnsucht nach ihr ist, wie verloren ich mich ohne sie fühle und dass sie bitte, bitte wiederkommen soll. Ich wollte nicht akzeptieren, dass sie tot ist, ich wollte wenigstens mit ihr telefonieren können. Nach einiger Zeit gab es keine Verbindung mehr. Kein Anschluss unter dieser Nummer, B-F-A.« Jott singt die drei Töne. »Kein Anschluss unter dieser Nummer«, sagen Jott und Ayo nun zusammen, als hätten sie es verabredet, wie einen Chorus, und singen »dadada« in B, F, A. Übergangslos sagt Ayo dann: »Meine Mutter starb am Küchentisch. Sie hatte sich abends etwas zu essen gemacht und anschließend die Küche aufgeräumt. Setzte sich an den Tisch, um ein Glas heiße Milch zu trinken, bevor sie ins Bett ging. Wie sie es immer tat. Wie sie auch jeden Abend ein Gebet für mich sprach, das mich beschützen sollte. Dann starb sie. Einfach so. Das Herz hörte auf zu schlagen. Ihr Kopf lag auf ihren Armen, neben dem

leeren Milchglas. Als wäre sie am Tisch eingeschlafen. Es war niemand in ihrer Wohnung, sie hat allein gelebt. Ihre jüngeren Geschwister wohnten mit ihren Familien in der Nachbarschaft. Sie starb, und ich war nicht da. Niemand war da. Nach einem Leben voller Arbeit, ohne Mann und großem Bruder und Kind, starb sie ganz für sich allein. An einem Küchentisch, den sie sehr liebte und an dem sie saß und aß und mir Briefe schrieb und später E-Mails. Ich bin ihr einziges Kind. Ich bin das Kind meiner Mutter und habe gemacht was, wie sie fand, richtig für mich sei: Nach Deutschland gehen zum Musikstudium. Sie wusste, klassische Musik, das können die Deutschen. Ich war zwölf Jahre alt, als sie mich zu ihrem Bruder geschickt hat, damit ich Klavier studiere und eine Perspektive bekomme. Und was war der Preis? Dass ich ohne meine Mama war. Und sie ohne mich. Bin ich schuld? Habe ich ihr das Herz gebrochen? Was gäbe ich für einen Tag mit ihr. Noch einmal in ihren Armen liegen, ihren Geruch einatmen und ganz klein werden, sicher sein, dass sie sich um alles kümmern wird und mir was Gutes zu essen kocht. Später wissen wir, was wir früher hätten vermissen sollen, als es noch existent war.«

Jamal sagt: »Nachdem mein Vater eine andere Frau geheiratet hat, begann meine Mutter eine Ausbildung zur Krankenschwester. Da war sie bereits fast vierzig. Ich bin so stolz auf sie, wie sie das durchgezogen hat. Die Berufsschule war schwer für sie. Die Sprache. Wir haben zusammen gelernt. Kurz nachdem ich nach Berlin gegangen bin, ist sie mit meinen drei Brüdern von Essen nach Castrop-Rauxel gezogen, da sie dort einen Job im Evangelischen Krankenhaus bekommen hat. Der Umzug war gut für sie und die Jungs. Abschied von der Familienwohnung, in der die Geister der Erinnerung herumflatterten. Auf der Arbeit im Krankenhaus sind sie nett zu ihr und machen keine Kommentare zu ihrem Kopftuch. Sie verdient zum ersten Mal ihr eigenes Geld und hat Selbstvertrauen bekommen. Ich glaube, sie ist ein bisschen größer geworden. Und seit neuestem hat sie einen Freund, er arbeitet am Westfälischen Landestheater als Bühnentechniker. Ist das nicht toll? Meine Mutter geht ins Theater!«

Den anderen steigen Tränen in die Augen, Glück macht einen viel anfälliger zu weinen, dem Glück ist man schutzloser ausgeliefert; das Unglück, das kriegt man irgendwie wegverarbeitet.

Dann sagt Shenmi: »Meine Mutter wäre bei meiner Geburt fast gestorben. Sie konnte lange nicht laufen. Mein Vater hat ihr das Laufen wieder beigebracht. Er hat sie mit Gürteln an sich angebunden, so dass sie seinen Bewegungen gefolgt ist. Er meinte, er hätte sich von Francis Bacon inspirieren lassen. Er hat für sie und meine Schwester eingekauft und gekocht, hat mich gewickelt und gefüttert, mit uns gespielt, nachts hat er gearbeitet und den Verlag geleitet. Er hat viele Jahre sehr wenig geschlafen. Ich bin stolz auf ihn. Wir haben alle überlebt. Wegen ihm. Meine Mutter kann wieder laufen. Wegen ihm. Und jetzt ist Dan verschwunden. Und jemand hat in diesem Haus auf sie geschossen. Wer war das? Und warum?«

Der Nebel breitet sich im Haus aus. Es dämmert, und sie gehen zurück in das Hexenhaus von Johaennes Vater, lassen das Haus der Nachbarn im Chaos zurück. Morgen ist auch noch ein Tag. Als Johaenne ihr Zimmer betritt, sitzt der Mann auf ihrem Bett. Sie setzt sich zu ihm und sagt:

»Ich habe dich so sehr geliebt, aber meine Liebe hat dich nicht erreicht, und mein Bedürfnis nach Zuneigung hat dich in die

Enge getrieben, engte deine Seele ein, so dass du dich zurückgezogen hast. Ich verstehe jetzt, das war deine Sprache. Ich habe sie nicht verstanden und bin somit mitverantwortlich dafür, dass du dich entzogen hast, und dafür möchte ich mich entschuldigen. Es tut mir so leid. Ich erkenne und verstehe das heute, ich habe gelernt. Ich kann die Zeit nicht zurückdrehen, so sehr ich es wünschte. Ich würde es besser machen beim zweiten Anlauf, glaube ich, aber vielleicht würden wir trotzdem nicht glücklich werden. Ich wünsche dir Glück und Heiterkeit, wo auch immer du bist, und ich hoffe, dass du nicht frierst.«

Sie holt seine Jacke hervor, die sie aus dem Kabuff an sich genommen hatte, und findet in der Brusttasche, eingewickelt in ein Stück Papier, den Hexenhausschlüssel, darauf steht »J.« und »zurück«.

Sie atmet tief ein und aus, fühlt dabei auf angenehme Weise den Schmerz der Rippe unter ihrem Herz, biblisch fast. Ein kleiner runder Kieselstein, den Hundi wohl ins Haus gespuckt hat, liegt neben ihren nackten Füßen, sie nimmt ihn, er ist dunkelblau, und wickelt ihn, statt des Schlüssels, in das Papier auf dem »zurück« steht, steckt ihn zurück in die Jackentasche des Mannes. Sie sieht, dass der orange Nagellack auf ihren Zehen abgeblättert ist. Ihre Liebe blättert auch langsam ab.

Sie begreift, dass er selbst im Keller saß, tiefer noch als der aus ihrem Traum, und sie vermutlich die letzte Person war, die ihm dort hätte heraushelfen können. Vielleicht war es das, was der Traum ihr hatte sagen wollen.

Der Keller, der hat ihr heute tüchtig eingeheizt. Und es wird Zeit, zurück in die Stadt zu gehen, um zu erfahren, was mit der Welt passiert ist und ob sie brennt.

SIEBEN

»Kuckt mal, was ich gefunden habe.« Ayo schwenkt ein Tütchen mit braunem Zeug.

»Was ist das?«, fragt Jay und riecht in das Tütchen rein. »Riecht muffig.«

»Das sind Trüffel.«

Keine Reaktion.

»Psilocybin? Trüffel! Mushrooms, Pilze, bewusstseinsverändernde Drogen?! Leute!!«

»Krass. Woher hast du das«, fragt Jay.

»Hab vergessen, dass ich es in der Jackentasche hatte. Hat, äh, Dings mir nach dem Silvesterkonzert geschenkt, wie heißter, Hanna, na, der Violinist.«

»Ah, ich weiß, wen du meinst«, sagt Jott, »der von den Philharmonikern.«

»Genau.«

»Ich hab noch nie bewusstseinsverändernde Drogen probiert«, sagt Jamal erstaunt.

»Ich auch nicht«, sagt Shenmi.

»Ich auch nicht«, sagt Johaenne.

»Dann wird es heute das erste Mal sein«, sagt Ayo.

Jott geht mit Hundi spazieren, Shenmi begleitet sie. Sie gehen die schnurgerade preußische, von Pappeln gesäumte Allee hinunter. Das ist nebelbedingt sicher, da kommt man nicht vom Weg ab und braucht auch keine Brotkrumen wie Hänsel und Gretel. Es scheint, dass der Nebel weniger dicht ist und weitere Sicht zulässt, aber vielleicht sind ihre Augen auch inzwischen zu Nebelleuchten geworden.

»Wir gehen nur ein kurzes Stück durch den Wald zum See, es ist ein ausgetretener Weg, er ist von mir erprobt.« Sie hatte um die Bäume rechts und links des Weges zum See Bänder gewickelt. Also doch Brotkrumen. »Keine Angst vor Nebellöchern, Hundi kann die riechen oder keine Ahnung, wie er das anstellt. Instinkt. Wir werfen Stöckchen ins Wasser, das liebt er. Er ist vermutlich ein Seehund.«

»Ver-mutlich«, wiederholt Shenmi.

»Damals beim Tsunami, ach nee, da warst du noch zu klein, jedenfalls gab es mal einen Tsunami, 2004 war das, der Sri Lanka, Indien, Indonesien und Thailand überfiel und sogar Somalia erreichte, wenn mich nicht alles täuscht. Zehntausende Menschen starben, aber keine Tiere. Sie hatten einen sechsten Sinn, haben sich zurückgezogen ins Binnenland. Arbeitselefanten, die angekettet waren, haben versucht, ihre Ketten zu sprengen. Sie wussten, was kommen würde. Das ist wohl Instinkt. Den hat Hundi auch, was die Nebellöcher angeht. Und du ja anscheinend auch.«

»Ist der Instinkt von Tieren bei Menschen das Unterbewusstsein?«, fragt Shenmi.

»Ja, ich glaube, so kann man das sagen.«

»Und das kann man beeinflussen mit einem Pilz?«

Johaenne muss lachen. »Ich weiß es nicht, ich habe das auch

noch nie gemacht. Vielleicht kann man es erweitern und neue Räume betreten. Achtsamer werden.«

»In der Nacht im Garten war das Licht von der Taschenlampe plötzlich weg, und es gab keinen Aufprall. Kein Geräusch. Keine Gravitation. Das habe ich bemerkt. Es ist wie im Kung Fu, die Achtsamkeit. Verzeihung, heute spreche ich schlecht Deutsch.«

»Quatsch, dein Deutsch ist phantastisch«, sagt Jott und hakt sich bei Shenmi unter, »und deine Achtsamkeit hat dir und Ayo vermutlich das Leben gerettet.«

Shenmi schaut Jott lächelnd an und sieht dabei aus, als wäre sie zwölf: »Ich wünsche mir einen Instinkt wie ein Tier, wie ein Hund für meine Schwester, um zu finden, wo sie ist.«

»Das wünsche ich dir auch, Shenmi.«

Im Waldsee schwimmt ein totes Schaf. Die beiden schauen sich an: Siehst du, was ich sehe? Sie kommen an das Schaf nicht heran, um es herauszuziehen und ihm ein anständiges Schafsbegräbnis zu bereiten. Also Wasserbestattung. Sie lassen dafür Blätter in das Wasser gleiten. Hundi holt sie hilfsbereit wieder raus. Wird nichts mit der Beerdigung.

»Kann ich dir einen Traum erzählen?«, fragt Shenmi, während sie am Ufer hockt und ihre Hand durch das Wasser gleiten lässt.

»Natürlich.«

Später sitzt Jott am Küchentisch und schreibt Shenmis Traum aus dem Gedächtnis in ein Tagebuch. Jamal setzt sich zu ihr, um zu lesen.

»Steht da YES vorn drauf?«

»Ja. Und hinten NO. Oder andersrum. Wie man will.«

»Krass, je nach Stimmung schreibt man vorn oder hinten rein, oder wie?«
»Glaub, das ist die Idee.«
»Und du schreibst jetzt bei YES?«
»Yes. Ich schreibe Shenmis Traum auf, den sie mir heute am See erzählt hat, den will sie uns heute Abend vorlesen, damit wir ihn interpretieren.«
»Ah, cool. Und was steht bei NO?«
Jott schaut sie unverwandt an.
»Sorry«, grinst Jay, »du kannst NO sagen, wenn es zu privat ist.«
Jott dreht das schwere Tagebuch um und blättert. »Er ist dunkel, obwohl er immer lächelt«, liest sie.
»Oha«, meint Jamal, »deutlicher NO-Eintrag.«
»Du bist in Beziehung mit deiner Familie, Freunden und Freundinnen. Du bist nicht nicht-in-Beziehung«, liest Jott weiter.
»Hä? Wieso bei NO?«
»Ich glaub, ich hab irgendwann nicht mehr darüber nachgedacht.«
»Du hast das Konzept zerstört«, sagt Jamal.
»Was liest du?«, fragt Jott daraufhin.
»Ein Tagebuch deines Vaters.«
»What?! So viel zu privat.«
»Ja. Du liest das ja bestimmt nicht, ich fasse es dir dann zusammen.«
»Das ist gut. Das ist YES.«

Abends liest Shenmi ihren von Jott aufgeschriebenen Traum der Gemeinde vor.

Sie steht in einer weiten Landschaft, die sich bis zum Horizont erstreckt. Weder Berge noch Städte versperren den Blick. Dämmerung. Einzelne Bäume sind zu abgebrannten schwarzen Stummeln verkümmert, wie Kriegsopfer, dazwischen Wiesen, sie sind grün, überschwemmt von Wasser, so weit das Auge reicht. Manche Flächen liegen abgezirkelt rechteckig in der Landschaft herum, andere Grüntöne, eingefärbtes Wasser, das unter Plexiglas gesperrt wurde. Sie sieht ihre nackten Füße vorsichtig durch das Wasser laufen, als gehörten sie nicht zu ihr. Kleine Wellen umtanzen die Schritte. Weiter hinten steht ihre Schwester in der Landschaft, sie geht freudig auf sie zu, sieht, während des Näherkommens, dass diese an einem Swimmingpool steht, dessen Oberfläche bündig mit den überfluteten Wiesen ist. Der Pool leuchtet Türkis. Ihre Schwester umkreist den rechteckigen Pool. Steinfliesen sind um ihn herum gelegt, bedeckt von dünner Wasserschicht. Das Wasser ist überall. Die Landschaft ist grün, blau, türkis. Fruchtbare Farben, die unter Wasser stehen. Alles, was senkrecht herausragt, ist schwarz. Sind in den Himmel ragende, schwarze Arme, die um Hilfe rufen, unbeweglich, festgewachsen in der Flut.

Sie kommt am Pool an, ist auf den Spuren ihrer Schwester, umrundet ihn wie sie, doch der Abstand verringert sich nicht. Wo sie sich auch befindet, steht die Schwester immer auf der anderen Seite des Pools. Sie müsste rufen, um sie zu bitten, stehen zu bleiben, doch die Welt ist stumm geworden. Töne werden vom Wasser verschluckt. Die Schwester geht, wenn *sie* geht, und steht, wenn *sie* steht. Durch den Pool kann sie nicht gehen, er ist tief. Sie müsste schwimmen, aber kommt sie auf der anderen Seite an oder ertrinkt sie?

Sie schaut von einer erhöhten Perspektive aus einiger Entfernung auf sich und ihre Schwester, scheint hier und dort gleichzeitig zu

sein. Kann aber nicht bei sich und gleichzeitig bei der Schwester sein.
Diese hat einen Dreizack in der Hand, als wäre sie Neptun. Damit sticht sie ins überschwemmte Gras, der Dreizack bleibt stecken und ist ein verbrannter Baum. Dann macht die Schwester einen Schritt und versinkt im Pool. Sie will losrennen, aber die Gummistiefel saugen sich fest im feuchten Untergrund, woher kommen die Schuhe? Sie kommt nicht voran, steigt aus den Stiefeln und rennt und rennt und kommt nicht voran. Ein Funke rast aus dem Nichts heran und setzt die Welt, die unter Wasser steht, in Brand. Das Wasser ist Benzin.

»Also, ich brauch jetzt ein Bier, nach dem Ding trink ich kein Wasser mehr«, sagt Ayo und geht in die Küche, um alkoholfreies Bier zu holen.
»Ich finde es interessant, dass hier die Natur zu einer weiteren Hauptfigur wird. Der Kampf des Menschen mit der Übermacht der Natur«, sagt Jamal, »und wir haben keine Ahnung, was gerade in der Welt passiert.«
»Ich verstehe es so, dass sich hier Shenmis Ringen um ihre Schwester verdeutlicht, der sie nah sein will, um die sie sich kümmern will, die sie finden und beschützen will und hier im Traum gefunden hat, aber nicht an sie rankommt, um das auch in die Tat umzusetzen. Es ist wie ein Spießrutenlauf, lauter Bedrohungen und äußere Herausforderungen und Gefahren«, meint Jott.
Ayo kommt mit Bier zurück: »Diese gruseligen vertrockneten oder verbrannten, kahlen Bäume inmitten der Fruchtbarkeit. Ein irres Bild. Bäume, die verdursten, während sie im Wasser stehen.«

»Aber es ist kein Wasser, es ist Benzin«, sagt Jay. »Dein Wassertraum ist eigentlich ein Feuertraum, Shenmi.«

Jott denkt an ihren Feuertraum. »Der Pool als Möglichkeit, zueinanderzukommen. Doch er ist kein verbindendes Element, er trennt die Schwestern, wie in der Sage der Königskinder, die nicht zueinanderkommen konnten. Ich frage mich, warum sie sich nicht traut, durch den Pool zu schwimmen, um zu der Schwester zu kommen?«

»Gute Frage. Warum?« Ayo.

»Na, weil sie Angst hat, dass sie ertrinken würde und sich dadurch selbst in Gefahr bringt. Dann kann sie auch nichts mehr für die Schwester tun.« Jay.

Shenmi bleibt still, hört zu.

»Warum man in Träumen nie vom Fleck kommt«, sagt Ayo. »Das ist sicher irgendetwas Archaisches. Das kennen wir doch alle, oder? Was sagt uns das? Angst vor der Unbeweglichkeit? Wir definieren uns durch Mobilität und wollen doch, dass sich nichts ändert, wobei Mobilität der Inbegriff von Veränderung ist. Dazu der plötzliche Perspektivwechsel, hier und dort gleichzeitig zu sein. Der Traum ist wie das Leben unkontrollierbar, wir denken nur, wir hätten alles im Griff, Prost.«

»Ich glaube, der Traum erzählt von der Angst vor Verlust«, beginnt Jott. »Solange sich die beiden im Wasser gegenüberstehen, gibt es eine Chance, dass sie doch noch zueinanderkommen können. Doch dann kommt der Funke. Die Entscheidung einer äußeren Instanz, die die Situation verändert und zerstört. Nur – eventuell hat die Schwester diesen Funken selbst durch ihren Dreizack herbeigerufen.«

Nach einer Pause sagt Jott zu Shenmi: »Hast du Angst, dass deine Schwester sich was antut?«

Shenmi versteckt ihr Gesicht in ihren Händen. Jay legt ihren Arm um sie. »Sie wird sich nicht umbringen, Shenmi. Sie ist stark, sie ist Neptun.«
»Ich muss zurück nach Hongkong. Ich muss meine Schwester finden.«

»Okay, Ladys. Der Abend ist jung, wollen wir mal was anderes machen, als Geschichten erzählen und uns zu therapieren? Wollen wir Geschichten erleben?«
»Was meinst du?«
Ayo legt das Tütchen mit den Trüffeln auf den Tisch.
»Oh krass«, meint Jay. »Wir nehmen bewusstseinsverändernde Drogen?«
»Jepp.«
»Jetzt?«
»Warum nicht?«
»Ich hab Angst«, sagt Jamal.
»Ich auch«, sagt Johaenne.
»Ich möchte es gern versuchen«, sagt Shenmi.
»My girl.«
»Wie geht es?«, fragt Shenmi.
Jay und Jott sehen sich unsicher an.

Ayo hat den Inhalt des Tütchens in drei Gläsern in gleichgroße Portionen geteilt und vermischt sie mit Wasser. Rührt. »Es sind wirklich kleine Portionen, es kann nichts passieren. Ich würde vorschlagen, wir legen uns alle hin. Zwei können auf der Couch liegen und eine liegt auf den Schlafsäcken, die holen wir ins Wohnzimmer, damit wir alle zusammenbleiben. Ich nehme nichts, eine muss die Kontrolle behalten. Und da ich schon ein-

mal Trüffel genommen habe mit dem Violinisten, überlasse ich es euch, okay?«
Jott geht ein Licht auf, die Bewusstseinserweiterung setzt bereits vor Einnahme ein.
»Du hattest was mit dem Violinisten!«, sagt sie leise, nicht als Frage.
»Focus, Hanna«, sagt Ayo und grinst.
Shenmi holt ihr Deckenlager und legt es vor die Couch.
»Falls es euch interessiert, der Instruktor sagte mir damals, dass man sich vorher überlegen solle, was man erfahren möchte. Es sei erlaubt, etwas zu wollen. Dazu muss man das Gewollte in einem konkreten Satz denken.«
»Ich erlaube mir, glücklich zu sein«, ist Johaennes Satz, den sie denkt, das ist, was sie sein will. Glücklich. Sie weiß nicht, wie das geht, aber sie würde es sich erlauben, wenn es so weit wäre. Ja.
Sie löffeln den Trüffelsud, schmeckt nussig, man muss stark kauen. Keiner sagt was. Sie kauen konzentriert den Glasinhalt weg und legen sich dann auf den Rücken, schließen die Augen, Ayo hockt zwischen ihnen.

Johaenne versucht, ihren Atem in Form zu bringen. Durch die Nase bis in den Bauch einatmen, ausatmen durch den Mund. Fokus auf den Atem, den Gedanken abfahren lassen, als wäre er ein Bus und sie stünde an der Bushaltestelle und steigt nicht ein. Lass sie kommen, die Busse, lass sie kommen und die Türen einladend öffnen, sie wird nicht einsteigen, sie bleibt an der Bushaltestelle. Sie versucht, einen Rhythmus herzustellen, vier ein, acht aus. Kurzzeitig meint sie auf dem Fenstersims zu stehen, der Abgrund vor ihr, ihre Beine werden weich. Weiteratmen,

Bushaltestelle. Da schiebt sich der Mond als Leuchte in den Atemrhythmus, setzt sich neben sie an die Bushaltestelle und löst sich in Prismen auf. Huch, was ist das? Pastellfarbene Prismen, rosa, türkis. Wie Glas. Geordnetes Kaleidoskop. Alles klar, jetzt geht es los. Ist hübsch, ist das bewusstseinserweiternd? Prismen wie Tetris? Sie öffnet die Augen, die Prismen bleiben, Ogott, Schwindel. Sie schließt wieder die Augen, und ein Schlangenkopf schnappt ihr mit geöffnetem Maul entgegen. Die Schlange ist gezeichnet wie in einem japanischen Animationsfilm. Präzise schwarze Striche, Prismenstriche, die ein Schlangenmaul bilden, sehr realistisch, das sich fließend bewegt und aus dem übergangslos ein anderes Maul herauskommt. Augen. Blau leuchten sie. Zähne. Die pastellfarbenen Prismen sind weg. Die Bushaltestelle sowieso. Der Atem wird eng und Johaenne übel, sie reißt die Augen auf, doch das Bild der Schlange, der Schlangen bleibt auch bei geöffneten Augen. Ihre Ohren beginnen zu rauschen. Sie kriegt ihren Atem nicht in den Griff. Ein Totenkopf, noch einer, eine ganze Felswand aus Totenköpfen, darunter ein Fluss, der durch die Felsschlucht führt, der Hades, er besteht aus Schlangen, die Übelkeit wird stärker, ich muss mich übergeben, alles fließt, ist in Bewegung, Bilder treten aus Bildern hervor, Zeichnungen von Sicheln, Klingen und riesige Schlangen mit geschmeidigen, prallen Körpern. Blinkendes Blau, was ist das. »Ayo, mir ist schlecht«, flüstert sie. Sie kann nicht richtig sprechen, dazu das Rauschen in den Ohren, Ayo ist schon bei ihr, streicht ihr über den Rücken. »Ich bin hier.« Aus einem Totenkopf kommt ein Schlangenkopf gehechelt, gezischt, geschlängelt, blitzschnell, verwandelt sich in eine nächste Schlange anderer Größe auf ihrem Weg aus dem Totenkopf heraus, sie sieht die Zähne, eine ganze Welt aus Totenkopfaugenhöhlen, Schädel, Skelette mit blanken gekrümmten Sicheln, wie im Siebten Siegel, das Bild bleibt nicht stehen, keine Ruhe, alles ist in beunruhigender Bewegung, es geht immer weiter, ohne dass Johaenne es beeinflussen könnte, man hat sich ihres Körpers bemächtigt, ihre Sinne gekidnappt, sie, Johaenne, wurde außer Kontrolle gesetzt, sie will das ausmachen, aber die Augen sind ja bereits geschlossen, wohin also. Sie kann nicht mehr sehen, nichts mehr sehen, sie muss ansehen, was passiert und nicht existiert, und kann nicht wegsehen oder es ausschalten, es ist da und bleibt, überfällt und entmächtigt sie. Entmachtet sie. Jott bekommt Angst und beginnt zu zittern, ihr laufen die Tränen aus den Augen in die Ohren. »Hilfe.« Ayo legt sich zu ihr und nimmt sie in die Arme, streichelt sie, Jott klammert sich an sie, ihr Kopf liegt in Ayos Achselhöhle, sie verschränken die Beine miteinander. »Ich kann das nicht, das soll aufhören.« »Kämpf nicht dagegen an.« »Ich krieg eine Panikattacke.« »Atme«, sagt Ayo und hält Jott so doll fest, dass es sie beruhigt. Sie versucht, die Augen zu öffnen, die sich bei diesem Versuch verdrehen, bis sich alles dreht, die Augen geöffnet, sieht sie die Decke über sich herabfließen, was die Übelkeit nur noch verstärkt. Macht die Augen wieder zu, und Schlangen schnappen großformatig nach ihr, mit geöffnetem Maul, kein Ton, sie fließen um sie herum. Skelette mit silbernen Sicheln, dunkler felsiger Hintergrund, und ein Segelschiff gleitet durch den Fluss. Schlangenköpfe. Sie hat Angst, es soll aufhören, sie weiß nicht, wohin, es gibt keinen Rückzug mehr, nur die sie überfallenden Bilder, denen sie keinen Einhalt gebieten kann. Sie will die Augen schließen, aber die Augen sind schon geschlossen. Sie atmet Ayos Geruch ein, spürt ihr Shirt auf ihrer Wange, und Ayo ist warm und zuverlässig, hält sie, und sie weint und weiß nicht weiter, außer dass sie den Horror aushalten muss, und hofft, dass es vorbeigeht, aber es geht nicht vorbei, und sie will sterben oder nein, sie wird sterben, nun ist es doch so weit , sie stirbt, dann hört das vielleicht auf, diese offenen Mäuler, die in ihre Richtung kommen und nach ihr zu schnappen scheinen, weitere Schlangenmäuler entstehen lassen, sich multiplizieren. In der Felswand hocken Höhlen, in den Höhlen hockt etwas Grauenerregenderes als der Alb. Kennt sie den Alb? Schlangenkörper schießen hervor mit blau leuchtenden, was ist es, Augen? LEDs? Sie schaut hin, versucht, das Bild zu halten, der Tumult wird tatsächlich ein wenig langsamer, es ist okay, »die Schlangen tun mir nichts, sie haben mich besetzt, ich verschwinde unter ihnen, ich gehe verloren in diesem Irrsinn von Bildern, die sich ohne mein Zutun heraufbeschworen haben und mich außer Gefecht setzen, meine Sinne in Beschlag nehmen, kann nur noch Schlangen sehen und Schädel und Sensenmänner, den Hades, die Schlucht, aber ich will das nicht sehen, ich will das nicht sehen.« Sie beginnt zu schluchzen und spürt wie der Stoff, auf dem sie liegt, nass wird, ein Gefühl auf der Haut ihrer Wange, worüber sie vielleicht keine Kontrolle hat, aber sie spürt diesen Sinneseindruck auf der Haut, ohne dass es durch eine Manipulation oder eine andere Art Bewusstsein verändert würde. Das Shirt und die Tränen, das ist real, und ihr Körper, der mit Ayos Körper zu einem verschmilzt, auch. Sie fühlt nicht mehr, wo ihr Körper aufhört und Ayos beginnt, welches Bein, welches Körperteil zu ihr gehört, kann diese Teile nicht bewegen, der Körper gehorcht ihr nicht, er ist da, doch er existiert lediglich als Projektionsfläche für ein furchterregendes Spektakel, das sich in ihrem Bewusstsein abspielt und es verändert. Der Körper ist an Ayo geklammert und wird gehalten, statt zu zerschellen. Sie spürt Ayos Körper und atmet ganz tief ein, und das ist so gut, sie liegt in Ayo und hört sich »ja, so ist gut, danke, so ist es gut« sagen. »Ich gehe nicht weg«, sagt Ayo, »ich bin da, ich bleibe hier bei dir, solange du es willst.« »Ja, bleib bei mir«, flüstert Jott, und die Tränen werden weniger oder laufen einfach so raus, ohne dass sie weiß, wie oder warum oder wie irgendwas überhaupt noch geht. Dann steigt ein schlechtes Gewissen in ihr hoch: Was ist mit Shenmi und Jamal? Sie brauchen Ayo. Sie hört Jamal Geräusche machen, ist das Lachen? »Du musst zu den anderen.« »Kannst du denn allein weitermachen?« »Ja«, sagt Johaenne und atmet ganz tief, und das fühlt sich gut an, eine kleine Entspannung, ein echter Atemzug, der Platz schafft und sie sich selbst fühlen lässt. Ayo bewegt sich vorsichtig aus Johaennes Umarmung heraus, und da, wie ein Blitz, stürzen die offenen schwarz-gelben Schlangenmäuler mit ihren furchteinflößenden Eckzähnen wieder auf sie zu, der Tumult setzt ein, Bilder explodieren, und Johaenne hält Ayo verzweifelt fest, als wäre sie ein Mast auf einem untergehenden Schiff. »Nein! Du darfst nicht weggehen. Das geht noch nicht.« »Okay, Hanna, ich bleibe hier.« Nach einer Weile röchelt Johaenne: »*Ich* geh weg, okay. Ich geh weg. Nicht du. Ich muss nur ganz langsam machen.« »Alles klar. So machen wir es. Du entscheidest.« »Ich brauch einen Moment.« Johaennes Stimme ist von irgendjemand anderem. Egal, denn es gelingt, Worte zu formen, die Ayo offensichtlich verstehen kann. Das ist viel wert. Atmen. Die Übelkeit hat sich durch Ayos Bewegung wieder eingestellt, durch das Atmen klingt sie etwas ab. Und dann zieht sie vorsichtig ihre Beine von Ayos Körper herunter und liegt nun neben ihr, mit dem Kopf noch in ihrer Armbeuge. Erträgt diese Bilder und den Kriegszustand in ihrem Körper. Stück für Stück rutscht sie von Ayo weg, bis sie nebeneinanderliegen ohne Körperkontakt, aber sie weiß, Ayo ist noch da. Neben ihr. Es dauert, bis Ayo aufstehen darf, um zu den anderen zu gehen. Dann liegt sie da allein, und die Übelkeit und Einsamkeit übermannen sie, sie erhebt sich langsam und kriecht auf allen vieren weg. »Hanna?« »Ich muss an die Luft, mir ist so schlecht.« Sie zieht sich an der Klinke hoch, öffnet die Tür und geht senkrecht hinaus. Manisch und nicht im Besitz ihrer geistigen Kräfte begibt sie sich in den Nebel. Noch ist es nicht ganz dunkel. Steht draußen auf der unfertigen Terrasse und schaut durch die Schlangen- und Totenköpfe in den Himmel hinein, der echt und von Nebel gesättigt ist und den Horror allmählich verschwinden lässt. Prismen bilden sich im weißlichen Nebel, der sie freundlich umarmt. Der Nebel wird zu weißen Prismen und erhält dadurch einzelne Bausteine, die man auch auseinandernehmen könnte, wie eine Mauer, die man abbaut, oder eine Terrasse, die man gar nicht erst aufbaut. Prismen, die man wie Sandsteinplatten nehmen, übereinanderlegen und im Gartenhaus verstauen kann. Neben der Druckluft. Dass der Nebel sie einmal beruhigen würde, wer hätte das gedacht. Er ist schön, sieht und begreift sie zum ersten Mal, er ist ein Naturereignis. Er ist eine Jacke für die Erde. Sie wird netter zu ihm sein. Er hat keine Entscheidungsgewalt über sein eigenes Tun, so wie auch sie es unter Einwirkung der Trüffel nicht hatte. Wer soll die Instanz sein, die, wie im Fall Johaennes, für sie entscheidet, was geschieht; wer soll die Instanz sein, die den Nebel auf die Erde gelassen hat und ihr die Augen zuhält, wie auch Johaenne die Augen zugehalten wurden und ihre freie Sicht durch Schlangenbilder ersetzt wurde. Wer soll diese Instanz sein? Gott? Natur? Unendlichkeit? Niemand? Vermutlich das. Niemand. Nichts. Es gibt diese Instanz nicht, aber das ist die am schwersten zu ertragende Antwort oder Wahrheit. Kein freier Wille. Der Planet erlebt einen Horrortrip. Nicht der Nebel ist der Trip, sondern, was wir draus machen. Natur kann alles. Die Menschen fordern sie permanent heraus und sehen nicht, wie gefährlich es für sie enden kann. Am Ende wird die Natur stärker sein, auch stärker als künstliche Intelligenz. Es ist ein Nebel, der sich wie eine Haut einmal um den Planeten geschlungen hat. Vielleicht ist er freundlich, doch er wird als Attentäter begriffen, der einen Krieg führen will. Falsch. Er ist Natur, und der Mensch will sich diese untertan machen, was für eine größenwahnsinnige Idee.

Johaenne kann durchatmen, niemals war es so schön, so tief zu atmen. Und langsam merkt sie, wie der Trip, der Höllentrip zu Ende geht. Ein Glücksgefühl überwältigt sie.

Sie steht. Steht einfach da, und Glück fließt durch sie durch, wie eben noch die Schlangen. Niemals hat sie sich so lebendig gefühlt, sie hat überlebt. »Ich habe überlebt. Ich lebe.« Sie lächelt, ist froh und glücklich, dass es vorbei ist, dass sie da hindurchgegangen ist, durch diese Schlangengrube. Ohne Ayo wäre es nicht gegangen. Und dann wird ihr klar, dass es auch mit dem Mann so war, *sie* muss weggehen von ihm, es muss zu ihrer Entscheidung werden, damit diese Ohnmacht seines Weggangs nicht in ihr hängen bleibt und in ihr Angst und Verlorenheit entfacht und sie in der Schlangenschlucht am Hades entsorgt. *Sie* muss gehen, so wie sie sich ganz allmählich aus Ayos Umarmung geschlichen hat. Selbstentscheidend. Ein Rest freien Willens. »Ich gehe weg, du bleibst, ich gehe.« Sie lächelt und hat es geschafft, sie ist gegangen, während Schlangen wie Blitze auf sie einwirkten, um ihr den Atem abzusaugen und jedes Bedürfnis nach Leben. Ich wollte mir erlauben, glücklich zu sein. Es ist gelungen.

Ayo kommt zu ihr auf die Terrasse und fragt: »Wie geht es dir, Hanna?«

»Es geht mir gut. Danke Ayo, ohne dich hätte ich es nicht geschafft.«

»Ich hatte beim ersten Mal auch einen Horrortrip. Aber wenn man eine besonders intensive Erfahrung gemacht hat, wirkt sie noch über einige Wochen weiter, und das Erlebnis wird sich im Laufe der Zeit in etwas Positives verwandeln. Ich habe deine Angst gespürt, aber ich bin sicher, du wirst noch herausfinden, womit du dich so stark auseinandersetzen musstest.«

»Ich glaube, ich habe es bereits verstanden«, lächelt Johaenne und umarmt Ayo. Dann fragt sie: »So, was ist jetzt mit dem Violinisten!?«

Vom Nebel beobachtet, gehen sie lachend zurück ins Wohnzimmer, wo Shenmi und Jamal Wasser trinken und Ayo und Johaenne sich zu ihnen setzen. Sie unterhalten sich darüber, wie die Session für die anderen verlaufen ist, und erfahren, dass Jamal sich unter dem Einfluss des Psilocybins zu einem Hund transformiert hat, und mit ihr die gesamte Familie, was bei ihr während des Trips als auch jetzt noch Heiterkeit auslöst, während Shenmi weiterhin auf ihr Wasserglas starrt und offensichtlich noch unter Einwirkung der Droge steht. Der Nebel schaut durch die Terrassenfenster in das Haus hinein, während die Nacht aufzieht und den Tag beendet.

Eine Nacht, die Shenmi erneut schlafwandeln lässt, sich an der Tür zu schaffen machen lässt, um das Haus zu verlassen, um etwas zu suchen, zu finden, zu verlieren oder zu verschwinden, wovor Ayo sie bewahrt, indem sie sie in ihr Bett holt. Sie fühlen ihre Körper und ihr Begehren und versinken in Küssen, Berührungen und einem Erlebnis, das Shenmi zum ersten Mal erfährt. Ganz nah beieinander schlafen sie, ihre Körper verschmelzen, so wie es auch bei Ayo und Johaenne gewesen war, nur ohne die Not, den Horror und die Angst.

ACHT

Sie packen. Es ist wenig. Holen die Handys aus dem Werkzeugkasten. Es ist entschieden, dass sie in die Stadt, in die Zivilisation, die sogenannte, zurückkehren. Mit dem Zug; der Sprit reicht nur mehr bis zum Bahnhof Seelake.

Zum letzten Mal geht Johaenne die preußische Pappelallee mit Hundi Richtung Waldsee. Zum toten Schaf, das dort vermutlich noch immer im Wasser treibt. Wasserschaf. Wahrscheinlich ist der See jetzt verseucht. Leichenfäule. Jamal ist diesmal mitgekommen.

Der Nebel sieht heute dunkler aus als sonst. Nicht dichter, nur dunkler. Das war noch nicht, irgendwas ist immer.

»Wusstest du, dass dein Vater sehr stolz auf dich war?«, fragt Jamal.

»Kann nicht sein.«

»Schreibt er jedenfalls.«

»Quatsch.«

»Er hat Kritiken ausgeschnitten, eingeklebt und deine Lyrics abgeschrieben. Er hat eine Analyse gemacht von ›The girl in the basement‹.«

Jott ist stehen geblieben. Hundi kommt hechelnd zu ihr zurückgerannt.

»Er hat geschrieben, warte, das weiß ich sogar auswendig: ›Johaenne hat sich eine Stimme erarbeitet, die über das Gesangliche hinausgeht. Ihre innere Haltung wird durch Klang und Expression ihres Singens als auch durch den Facettenreichtum ihrer Arrangements verstärkt und nachgerade multipliziert. Das ist faszinierend und macht aus ihr die Künstlerin, die sie ist. Beeindruckend.‹ Tja. Jetzt du.«

Jott sagt nichts.

»Nachgerade. Das Wort mochte ich besonders.« Jamal lacht und haut sich dabei auf den Schenkel. »Voll oldschool.«

Jott sagt noch immer nichts. Geht weiter, Hundi wetzt los.

»Sag was«, fordert Jamal sie auf.

»Warum hat er mir das nie gesagt?«

»Aber es ist schön, nicht?«

»Ja, das ist es, aber warum konnte er mich nur heimlich gut finden?«

»Das weiß ich nicht, Jott. Ich kenne ihn nicht.«

»Ich kenne ihn offensichtlich auch nicht.«

»Das tut mir leid.«

»Ja«, sagt Jott und schaut Jamal traurig an, »mir auch. Warum ist es so schwer, direkt zu sein oder seiner Begeisterung Ausdruck zu verleihen? Wie soll man sich da verbinden?«

»Ich habe keine Ahnung. Vielleicht, weil man gelernt hat, nicht überschwänglich zu sein? Um sich nicht verletzlich zu zeigen?«

Es ist wie mit dem Mann, denkt Johaenne, er konnte nicht sagen, dass er sie liebt, und ihr Vater offensichtlich auch nicht.

Sie sagt: »Es ist vermutlich Mentalität. Und Sozialisierung. Wir sind am Ende nur das Resultat unserer Erfahrungen, Erlebnisse und Emotionen. Diese Dinger sind in der Lage, unsere angeborene Persönlichkeit zu überschatten. Der Schmerz ist immer prägender als die Freude, so wie Scheiße als Geruch auch länger in der Nase hängen bleibt als Rosenduft. Wir schwimmen weiter in der dunklen Suppe rum. Da fühlen wir uns sicher. In der Lake.«

»In Seelake fühlen wir uns sicher«, ergänzt Jamal.

»Wir gewöhnen uns an Traurigkeit«, setzt Jott ihre Ausführungen fort, »oder an Kummer. Das ist vertraut. Als hätte man nur einen gewissen Vorrat an Freude oder Glück, den man mit Bedacht verbrauchen muss. Und dann hat man am Schluss die ganze vergammelte Freude in der Hand, weil man sie nicht rechtzeitig genutzt hat, da man auf den richtigen Moment wartete, bis sie schließlich über ihr Verfallsdatum hinaus und abgelaufen ist. Verschwunden.«

»Was hat das mit deinem Vater zu tun?«

»Er ist wie ich, er braucht den Kanal in die Kunst oder Musik, um etwas zu fühlen oder seine Gefühle auszudrücken. Er bemalt die Wände oder macht ein Bild, ich schreibe einen Song. Darin ist dann das Gefühl, in komprimierter Weise. Verdichtet. Darum heißen Gedichte vielleicht so.«

»Hm. Ich finde, dass du sehr sicher im Umgang mit dem Ausdruck deiner Gefühle bist.«

»Ich erinnere mich gut daran, dass mein Vater und ich tolle Sachen gemacht haben, als ich klein war. Wir haben abends Zement von Baustellen geklaut, weil er eine Zementskulptur bauen wollte.«

»Wart ihr so arm, dass er sich keinen Sack Zement leisten konnte?«

»Nein, das war der Thrill.«

»Achso. War dein Vater Künstler?«

»Hobbymaler.«

»Und von Beruf?«

»Dolmetscher. Und deiner?«
»Sanitäter.«
»Einmal hat er mich vor dem Ertrinken gerettet«, sagt Jott.
»Ogott.«
»Ich weiß noch, dass ich unter Wasser nicht mehr wusste, wo oben und unten ist, und ich bin in die falsche Richtung geschwommen. Er hat mich am Schlafittchen rausgefischt. Im blauen Bademantel.«
Sie lachen.
»Das ist eine Heldentat! Er hat dir quasi zweimal zum Leben verholfen.«
»Das stimmt. Das ist gut, oder?«
»Oja, das ist krass. Das ist …«, beginnt Jamal und übergibt sich gekonnt in die Büsche. Jott zieht, als Jay fertig ist, ein zerknautschtes Stück Klopapier aus der Hosentasche und reicht es ihr lächelnd, sie schauen sich an.
»Denkst du, was ich denke?«, fragt Jamal.
»Ja«, sagt Jott und strahlt. »Herzlichen Glückwunsch.« Sie springt auf und ab wie Mario Brothers, um Goldmünzen mit dem Kopf einzusammeln, und umarmt Jamal. »Du schwangere Mausi!«
Sie gehen Arm in Arm weiter.
»Ich muss zurück, ich muss Malik finden. Er wird darüber glücklich sein, er liebt Kinder. Wir werden eine Familie. Wir kriegen das wieder hin, oder? Jott?«
»Das wünsche ich euch so sehr. Aber er darf dich nicht die Treppe runterziehen.«
»Nein, natürlich nicht, das würde er niemals tun, wenn ich schwanger bin, falls ich schwanger bin. Ich muss zurück, einen Schwangerschaftstest kaufen.«

»Machen wir gleich, wenn wir am Bahnhof ankommen.«
»Er liebt mich, weißt du …«
Jott zögert kurz und fragt dann: »Und du?«
»Ja. Ich liebe ihn auch. Vor allem, wenn seine Mutter nicht da ist. Sag mal, riechst du das?«
»Was?«
»Riechst du das echt nicht? Es riecht rauchig.«
Jott ist sofort alarmiert. »Lass uns zurückgehen.« Sie pfeift Hundi, der kommt stante pede aus dem Nebel gestürmt, wie ein Zaubertrick.

Als sie am Haus ankommen, sitzen Ayo und Shenmi auf gepackten Koffern auf dem Dach, nur ohne Koffer. Aber gepackt. Abreisebereit quasi. Noch ein letzter Drink am Pool. Nur ohne Pool. Drinks gibt's auch nicht. Dafür kommt der Sommer. Oder ist schon da. Es ist heiß. Jott und Jay klettern die ans Haus gelehnte Leiter hoch und setzen sich dazu. Hundi gefällt das gar nicht und bellt wie verrückt. Jott klettert wieder hinunter, nimmt ihn ins Haus und gibt ihm was zu knabbern. Als sie erneut hochkommt, fragt Jamal gerade noch mal: »Riecht ihr das?«
»Was?«
»Den Rauch!«
Alle schnüffeln in die Luft, Nasenflügel blähen sich, wittern. Und riechen nix.
»Wollt ihr zum Abschied eine Liebesgeschichte hören? Als good-bye?«, fragt Ayo.

Shenmi schaut Ayo mit roten Backen an.
Man nickt. Jamal legt eine Hand auf ihren Bauch.

»Gut. Also. Ich war noch niemals in New York. So wie Udo Jürgens. Dass ich nun dort ein Konzert spielen sollte, im Herbst, im Indian Summer, wenn alles leuchtet, und sogar dafür bezahlt würde, Flug, Hotel, das war in der Kombination eigentlich zu viel für mein Herz. Central Station!? Dein Ernst? Alles dort ist größer, lichter, großstädtischer, glamouröser. Ich hatte mir ein Fahrrad ausgeliehen und begriff so das Konzept der Stadt, raste als einzige Radfahrerin über die Fifth Avenue und durch den Central Park. Ich trank einen Kaffee im Village und lächelte unentwegt vor mich hin. Die New Yorker waren cool, sie lächelten zurück oder sprachen mich an. Man hielt mich für eine Amerikanerin. ›Europe‹ war für sie ein Zauberwort, so wie für uns Amerika. Ich war hier richtig.

Ich war glücklich. Und jung. Meine Karriere, mein Leben lag vor mir, und hier, in New York, würde ich kein Tourist sein, sondern eine Pianistin, die in Vertretung eines Kollegen Shostakovich spielt.

Das Hotel war ein teurer Sauhaufen, es war egal, ich musste es nicht bezahlen, ich musste nur beim Duschen aufpassen, dass mir die Kacheln nicht entgegenfielen. That's New York, *concrete jungle where dreams are made of, there's nothing you can't do, now you're in New York.*

Ich war in einer Stimmung, in der ich alle umarmen wollte. Was wissen wir schon vom Leben, wenn es noch vor uns liegt. Alles ist möglich. Und so war es. Es war alles möglich. Ich spielte Shostakovichs Klavierkonzert Nummer zwei, F-Dur. Im Wu Tsai Theater, das zum Lincoln Center gehört. Es ist ganz aus Holz und wunderschön. Nach der Vorstellung, als wir backstage miteinander anstießen, stand plötzlich ein äußerst attraktiver, etwas älterer Mann vor mir und sagte: ›Sie haben mit Ihrem Spiel einen verschlossenen Raum in mir geöffnet, ich danke Ihnen dafür.‹ Kitschig, aber ging runter wie Butter. Ich ging mit ein paar Leuten essen, er kam mit, er war mit dem Veranstalter gut bekannt, darum war er plötzlich ganz selbstverständlich unter uns, außerdem hing ein Bild von ihm im Foyer des Theaters, er war Maler. Und wahnsinnig witzig. Schließlich sagte er zu mir: ›Bitte besuch mich in meinem Studio, ich möchte dir auch meine Kunst vorstellen.‹

Er wohnte in der 3rd Street. Da waren die Häuser niedriger. Ich kam zu spät, typisch, hatte ihm etwas mitbringen wollen: Wein, Blumen, Früchte. Die Lobby am Eingang des Hauses, in dem sein Apartment lag, war eine Baustelle, auf dem Boden lagen Pappen herum, Kabel schauten aus der Wand. Auweia, was ist das, dachte ich. Runtergekommene, unfertige Baustelle. Was wird das. Dann kam der Fahrstuhl. Es war ein Lastenaufzug. Das Ding rumpelte langsam hoch, Richtung dritter Stock – und dann öffnete sich die Fahrstuhltür.

Was ich sah, wo ich mich wiederfand, ist eigentlich nicht in Worte zu fassen. Ich wusste nicht, dass so etwas außerhalb von Hollywoodfilmen existieren kann. Es war real.

Eine ehemalige Fabriketage, die zu einem riesigen, wunderschönen, lichtdurchfluteten Studio umgebaut worden war. Zweitausend Quadratmeter!!! Und er, er stand an der Fahrstuhltür mit einem Lächeln im Gesicht und wahnsinnig viel Sexappeal.

›Welcome.‹

Sein Atelier, in dem er malte, war so groß wie eine Turnhalle, kein Witz. Es war fast leer und pragmatisch aufgeräumt. Ein kleiner Schemel, geradezu übergossen von Farbe, stand vor einem Gemälde, an dem er gerade arbeitete.

›Komm weiter‹, sagte er.

In einem anderen, nicht weniger großen Raum stand einfach nur ein Steinway-Flügel D und ein Sofa mit einem großen Tisch, auf dem Kunstbücher lagen, wie sollte es anders sein. Der Flügel war perfekt gestimmt. Er komponierte manchmal, zu seiner Entspannung und Freude.

Wir aßen zusammen sein Selbstgekochtes und unterhielten uns. Er sprach über die bildende Kunstszene New Yorks, von der ich keine Ahnung hatte und die er verabscheute. ›Menschen in schwarz gekleidet, die desinteressiert vor Bildern stehen und sich über ihren Kontostand unterhalten.‹ So fasste er es in etwa zusammen. Ich fand ihn fabelhaft. Und zog ein. Buchte meinen Flug um. Wir schliefen zusammen in seinem zwei mal zwei Meter großen Bett. Er ließ mir ein Bad ein und brachte mir dunkle Schokolade, Karotte und Knäckebrot an die Wanne. Die Kombination wollte ich am liebsten fotografieren. Ich spielte auf seinem Konzertflügel, während er malte. Wir spielten vierhändig, er war gut, er kannte sich mit klassischer Musik aus.

Eines Morgens wachte ich auf und hörte Stimmen. Ich hatte ein Hemd von ihm an und betrat zögerlich die offene Küche. Da waren Handwerker, die etwas reparierten und denen er gerade einen Kaffee mit Kardamom kochte.

›That's my wife‹, sagte er, mich vorstellend.

Er hatte ein Bild verkauft und sagte: ›Heute feiern wir.‹ Seine Nichte kam zu Besuch, und wir gingen zu dritt essen, er hielt ihre und meine Hand. ›So‹, sagte er, ›die ganze Familie, so soll es sein, so ist es richtig.‹

Er erzählte mir von seinem Vater, ebenfalls Maler, der in Italien gelebt hatte und dort auch gestorben war. Er war ein berühmter Maler gewesen, der Sohn konnte es ihm nicht gleich-

tun, so schien es. Ich mochte seine abstrakten Bilder, die sich zwar alle ähnelten, aber markante Formen aufwiesen und geprägt waren von einer strukturalen Oberfläche und kraftvollen Farben.
Nach fünf Tagen musste ich abreisen, zu Proben, die ich nicht absagen konnte.
›Sehen wir uns wieder?‹, fragte ich beim Abschied. Er hatte mir eine Limousine zum Flughafen bestellt, Eier für die Reise gekocht, Sandwiches gemacht und eine Flasche mit Wasser gefüllt, gab mir alles in einer Tüte mit, wie Pausenbrot.
›We must‹, antwortete er.
Wir blieben in Kontakt, schrieben uns und telefonierten manchmal. Dann starb er. Bauchspeicheldrüse. Und ich weiß, wäre er nicht tot, wären wir heute ein Liebespaar für immer, ich wäre nach New York gezogen, aber es sollte nicht sein. Ich vermisse ihn, obwohl ich ihn nur fünf Tage kannte. Seine Bilder sind teuer, ich kann mir keines leisten.«
Sie atmet durch, legt ihren Kopf in den Nacken und schaut in den Himmel. »Was für ein schöner Tag«, sagt sie lächelnd und küsst Shenmi.
Jay und Jott bleibt die Spucke weg.

Jamal hatte recht. Und die anderen können es nun auch riechen. Rauch. Der Wald brannte. Der Wald brennt! Glühwürmchengleiche Funken wehen zu ihnen auf das Dach. Rauch und Nebel vermischen sich zu einem Brei. Deshalb war der Nebel so dunkel gewesen auf der Allee, er trug bereits den Rauch in sich. Sie hören eine Armee aus Flammen auf sie zumarschieren. Wäre es nicht Natur, wäre es Krieg.
Und dann sehen sie es. Eine Mauer aus Feuer. Sie schiebt eine

Wand aus Hitze vor sich her, gepaart mit Wind. Es ist laut und tobt. Ein Tobsuchtsanfall aus orangenen Flammen. Nebel und Feuer. Das Feuer frisst den Nebel auf. Egal wie viel Feuchtigkeit er in sich trägt, das Feuer ist stärker, der Nebel kriegt das Feuer nicht klein, er wird entmachtet, wer hätte das gedacht; eine weitere, noch unheilvollere Instanz richtet ihn hin. Das Feuer hat sich überdimensional aufgetürmt zu einer mythologischen Figur, die nur eine Richtung kennt: nach vorn. So wie das Leben. Sie rasen vom Dach hinunter, schnappen ihre gepackten Sachen und Hundi, lassen ansonsten alles stehen und liegen, es ist klar, dass nichts mehr zu retten sein würde, rennen über die Wiese, springen in das Auto, und vor lauter Panik kriegt Jott es nicht gestartet. Atem aus vier Körpern füllt das Wageninnere, so dass die Scheiben beschlagen. Selbstgemachter Nebel. Das Auto springt an, Jott setzt zurück – und steht vor dem verschlossenen roten Tor. Sie schreien! Jott muss zurücklaufen, ins Haus, die Fernbedienung für das Tor holen. Ginge es nicht um Leben und Tod, müsste sie lachen, sie agiert wie in einem Actionfilm und rennt auf die Haustür zu. Der Schlüssel! Wo ist der Haustürschlüssel?! Ihr fällt nur ein, dass es einen in seiner Jackentasche gegeben hat, eingewickelt in ein Stück Papier, auf dem »J.« und »zurück« stand, aber sie hat den Schlüssel gegen einen Kiesel ausgetauscht. Wo ist der zurückgegebene Schlüssel?! Oder irgendein Schlüssel?! Alles, was ihr lieb ist, verschließt sich und geht in den Widerstand. Alles? Sie steht keuchend vor dem verschlossenen Haus und beginnt zu schreien, schreit!, sie kann es nicht mehr halten. Da stößt Ayo, die aus Nichts und Nebel aufgetaucht ist, die Leiter durch ein Fenster, so wie Jott es mit dem Baseballschläger auf der Terrasse der Nachbarn getan hat. Das Fenster zerbirst. Ayo steigt hindurch, holt die Fernbedienung, nimmt die schreiende Jott an der Hand und zieht sie über die Wiese hinter sich her zum Auto, öffnet derweil fernbedienend und rennend das Tor und springt auf den Fahrersitz, ruft Jott zu, dass sie sich auf den Beifahrersitz setzen solle. Mit aufheulendem Motor pest Ayo durch das Tor auf die preußische Allee, in entgegengesetzte Richtung des Waldsees, in dem das tote Schaf vermutlich noch immer schwimmt. Der Wald brennt um den See herum, und das Schaf könnte durch den Funkenregen des Feuers in Brand gesetzt worden sein und in Flammen aufgehen, bis es versinkt. Auch Jott hatte sich vorgestellt, dass sie die abgestreifte Liebeshaut, einer Schlangenhaut gleich, erst verbrennen und dann ertränken wollen würde. Der doppelte Liebestod jedoch ist Unsinn. Man stirbt nicht zweimal, und man lebt auch nur einmal. Eine Scheiße das.

Ayo. Rast die schmale Straße hinunter und biegt ab auf die Landstraße Richtung Bahnhof Seelake, fährt an der Vorderseite des Nachbargrundstückes vorbei, das gerade im Begriff ist, vom Feuer überfallen zu werden; sie spüren die Hitze durch die Fenster. Schneller. Ayo fährt schneller, niemand spricht.

Shenmi schaut aus dem Rückfenster dem zügig kleiner werdenden Nachbarhaus nach und sieht die Flammen in Kreisen, Zirkeln, Wellen eigentlich, das Haus einnehmen, das sich dieses Klammergriffs nicht entledigen kann. Es kann nicht weglaufen, es bleibt auf der Stelle, als wäre es verdammt in einem verdammten Albtraum zu leben. Das Haus birgt ein Geheimnis, das nun verbrennt ohne weitere Erklärung: Das Foto ihrer Schwester, die Wand, an der es hängt, mit dem Einschussloch darin. Verbrennt man einen Schuss, ist der Beweis verschwunden. Keine Evidenz. Wer daran erinnert, kommt ins Gefängnis oder direkt in die Hölle.

Shenmi bezeugt das Verschwinden der Evidenz. Und wird dabei so frostig, wie ihre Stimme es in der Nacht gewesen war, als die Taschenlampe im tonlosen Nichts verschwand. Shenmi wird in diesem Auto, das mit hundert Stundenkilometern über eine Straße fährt, die mit unterschiedlichen Teermaterialien immer wieder geflickt wurde und für die, wegen der Wildtiere, die hier kreuzen, weniger als die Hälfte der von Ayo gefahrenen Geschwindigkeit vorgesehen ist, sie, Shenmi, wird zu Frost, zu Eis, so hart, dass auch Feuer ihr nichts mehr würde antun können, maximal könnte es an ihr lecken. Leck mich.

Das Haus explodiert, und eine schwarze Wolke steigt in die Luft, wird zu einem Pilz und CO_2-Emissionen. »Es ist klar«, sagt der Frost, »du, Shenmi, wirst nach Hongkong zurückgehen, nach China einreisen und nicht ablassen, bis du deine Schwester gefunden haben wirst und weißt, ob sie lebt oder stirbt.« Sie wird ganz ruhig, und für den Bruchteil einer Sekunde begegnet sie im Rückspiegel Ayos Blick und nickt.

Ayo fährt brillant, fliegt über die Beulen des Asphalts hinweg, umrundet gekonnt löchrige Straßenschäden und betet, Mama, welches Gebet, dass das Benzin bei diesem Fahrstil reichen wird. Weg!

Über die von Feldern gesäumte Landstraße, die sich Meter für Meter wie ein Keil zwischen die entfesselte Feuersbrunst des Waldes und das Zentrum des kleinen Ortes Seelake schiebt. Abstand. Sicherheit. Oder so ähnlich.

Keine Fahrzeuge auf dem Weg zu sehen, doch, ein Trecker auf dem Feld. Sitzt da der minderjährige Junge drin, der Shenmi und Jamal ein Stück mitgenommen hat, damals, wann war das nur? Wird das Feld brennen? Brennt es schon? Werden die Menschen brennen, wie die Tiere in den australischen Blue-

Mountains? Sitzt der Vater, der Bauer im Trecker? Oder niemand?! Sie können es aus der Entfernung nicht sehen – und fahren vorbei. Haben sie einen Menschen seinem Schicksal überlassen?

Binnen weniger Minuten erreichen sie Seelake, bleiben vor dem von preußischer Staatseisenbahn gebauten ziegelsteinernen Bahnhofsgebäude stehen, und das Auto fällt in Ohnmacht. Die Türen fliegen auf, und sie laufen mit ihrem Gepäck in den Bahnhof hinein. Hundi folgt der Gruppe brav und angespannt im Trab, mit zurückgelegten Ohren und heraushängender Stress-Zunge, sie haben die Hundeleine vergessen, die brennt schon, dies ist kein schöner Spaziergang, findet er. Er ist kein Baby mehr. Sie müssten nicht rennen, doch ein Stein liegt auf ihrem inneren Gaspedal, sie kennen nur noch eine Richtung: Bahnsteig 2. Treppe runter, Tunnel, Treppe hoch. In zwanzig Minuten kommt der Zug.

NEUN UND ZEHN

Der Zug fährt ein, die Erde dreht sich weiter.
Sie steigen ein und haben vergessen, eine Fahrkarte zu kaufen. Oder vier. Plus Zusatzkarte für den Hund. Der Zug bleibt ewig in Seelake stehen und fährt schließlich nicht nach Berlin, sondern zu einem anderen Ort, wo sie umsteigen sollen. Dort ist der Bahnhof menschenüberfüllt. Wieder warten sie. Änderung des Gleises, ein Hin und Her. Auch der nächste Zug fährt nicht in die Hauptstadt, sondern hält in Oberlitz, nie gehört, von dort Schienenersatzverkehr, und schon stehen sie auf der Autobahn im Stau. Endlos. Mehr Eingestiegene als Sitzplätze. Der Ersatz spuckt sie schließlich an einem Halt im Speckgürtel Berlins aus, danke, von dort laufen sie los, suchen und finden eine S-Bahnstation, warten auf die per Anzeige angekündigte Sonderfahrt, die mit großer Verspätung eintrifft und sie tatsächlich zum Hauptbahnhof bringt.
Und nun? Sie sind Stunden und Stunden unterwegs gewesen. Wo sollen sie jetzt hin? Nach Hause? Gibt es das noch? Warum haben sie ihr Zuhause verlassen, als der Nebel kam, sie wissen es nicht mehr, sie stehen am Bahnhof, wie Flüchtende, die sich nicht auskennen, und Ayo schlägt vor, noch einen Kaffee zu trinken und Hundi etwas Wasser zu besorgen, er sieht mitgenommen aus.

Als sie sich mit Pappbechern um einen wackeligen, verdreckten Stehtisch scharen und Hundi aus einem Becher, das kann er, gierig Wasser trinkt, als käme er aus der Wüste, fragt Shenmi, ob sie gesehen hätten, dass das Nachbarhaus explodiert sei. Sie haben es gesehen. Ob im Haus Sprengkörper versteckt waren, nicht im Keller, das wüssten sie, obwohl, vielleicht gibt es eine Katakombe unter dem Heimwerkerzimmer, bleibt nun also ein weiteres Rätsel. Und falls ja, warum besitzen ein Koch und eine Fotografin Sprengkörper? Von dem Umstand allerdings wäre es nicht weit zu einer Schusswaffe, mit der auf das Foto gezielt worden ist. Sie verstehen es nicht und schweigen erschöpft, trinken schlechten Kaffee.

Menschen sehen die Oberfläche, was sonst, ihrer Mitmenschen, die fake, vorgetäuscht oder KI sein kann, durch die sie, um zum Pudels Kern oder wenigstens in dessen Nähe zu rücken, hindurch- oder hinwegsehen müssten, das ist natürlich mühsam und auch sowieso fraglich.

Sie, Johaenne, wusste ja nicht einmal, dass ihr Vater ihre Musik hörte, mochte und nachgerade analysierte. Das wusste sie nicht, er hat es nicht gesagt, ihr nicht mitgeteilt, weder mündlich noch schriftlich. Nun, schriftlich schon, aber nicht ihr, sondern dem Tagebuch, was die Freundin gelesen hatte und nicht die Tochter. Wer weiß, möglicherweise hatte er einen anderen Weg gewählt, um es ihr durch einen Code zu verstehen zu geben, doch sie hatte ihn nicht dechiffrieren können, nicht einmal gewusst, dass es etwas zu dechiffrieren gab, und das tut ihr so sehr leid und weh … Sie hat auf seiner Vateroberfläche eine andere Information abgelesen, anscheinend ist das falsch gewesen, und nun ist er tot. Sie selbst war nicht besser gewesen, auch sie ließ sich nicht lesen von ihm und wollte es doch so gern.

Sie wünschte, sie hätte einen Wunsch. Damit sie etwas wiederholen oder ungeschehen machen, Achtsamkeit für die Dechiffrierung ihres Vaters aufbringen könnte, um Nähe herzustellen. Ein Wunsch, der machte, dass sie noch einmal mit ihm reden könnte. Einmal ganz normal sprechen, normal, was heißt das, wie Vater und Tochter, ohne beklemmende Vorbehalte, verklemmte Sprache oder Angst vor möglichen Gesprächsfallen auf dem Gelände. Es kann ja nun wirklich nicht so schwer sein, jemandem mitzuteilen, dass man ihn lieben oder mögen möchte, Nähe möchte, geliebt, gemocht sein will.
Offensichtlich doch.
Und Mama? Der Mann? Der Nebel? Sie braucht doch auch jeweils einen Wunsch für sie, damit sie noch einmal beieinander wären, um miteinander zu reden und sich zu umarmen, nicht wahr?! Und, for the record, als Anleitung des Wünsche-Wünschens: keinen Weltfrieden, keine Auferstehung. Achso? Ja, ich mach hier nicht die Regeln.
Und so kam es, dass die netten Nachbarn möglicherweise Bomben und Waffen in ihrem Haus sammelten und darüber hinaus Kollegen oder Unterstützerinnen der chinesischen Mafia waren, die neben Johaenne wohnten und seinerzeit auch dem Mann, und sie hatte keine Ahnung, weil: die Oberfläche der Bücher, des Pools, des guten Essens, des Pakete-Annehmens und Grüßens. Das war's. Weitermachen. Bis es brennt.
Ayo fragt schließlich, ob Hannas Haus versichert sei. Gegen Feuer schon, gegen Bomben nicht, ist die Antwort. Der Umstand, dass Jotts Haus dem Erdboden gleichgemacht werden würde oder es auch schon war, wurde von ihr verdrängt. Später.
Jamal wirft ihren unausgetrunkenen Kaffee mit Elan in einen Mülleimer und sagt: »Ich bin wahrscheinlich schwanger.«

Ayo und Shenmi freuen sich und gratulieren, Jott lächelt abwesend, »Er liebt mich«, hat Jamal über Malik gesagt, sie ist sich sicher. Das ist schön. Jott beneidet sie.

Dann nehmen sie voneinander Abschied, und jede geht in eine andere Richtung: Jamal kauft einen Schwangerschaftstest in der Bahnhofsapotheke, Shenmi nimmt den Bus, Ayo die U-Bahn und Jott ein Taxi.

Wenn wir Glück haben, bleibt eine Erinnerung.

Die Hauptstadt sieht aus, als wäre ein Orkan darüber gefegt. Aufgelöst und eingebettet in Dampf. Dampfstadt. Johaenne schaut aus dem Fenster des Taxis, mit eingeschlafenem Hundi auf dem Schoß, auf das städtische Durcheinander. Der Nebel hat sich verändert, seitdem sie, vor wie langer Zeit, die Stadt verlassen hatte. Er ist nicht mehr jungfräulich, er ist zerfressen, zerschnitten und malträtiert worden. Wie Teppichfransen hängt er nun in Schlieren traurig vom Himmel herab und gibt ab und zu Passagen frei, durch die man in eine Straßenschlucht Einblick nehmen kann. Vielleicht wurde er eingeatmet von den Bewohnenden der Stadt. Kaputtgelaufen. Hier ist kein Rauch, die Stadt ist rauchfrei, sie brennt nicht. Sie kämpft erschöpft mit dem Nebel, als hätte sie sich darin verheddert, und es scheint, als hätte er keine Lust mehr auf seine Existenz. Die Menschen sind seiner überdrüssig geworden. Er sieht schmutzig aus. Keine weiße Decke mehr, der trotz alledem etwas still Beschützendes innewohnte, wie zum Zeitpunkt seiner Ankunft, sondern graue Zerrissenheit. Das ist traurig, aber auf diese Weise hat er ein wenig Platz gemacht für die Menschen, die ihn als Bedrohung in Erinnerung behalten werden und nicht als Erkenntnis.

»Seit wann fahren Taxis wieder?«, fragt sie den Taxifahrer, da sie sich undeutlich an eine Nachricht dazu erinnert.
»Ganze Zeit schon. Privat ist verboten, hält sich keiner dran.«
Der Taxifahrer sieht übernächtigt aus und hat ein Veilchen.
»Was ist mit Ihrem Gesicht passiert, wenn ich fragen darf.«
Er lacht. »Hab meine Tochter von Alexa abgeholt, da war Party. Die Securityleute sind ganz schlimme Gesellen.«
»Moment. Alexa?«
»Die Shopping-Mall?!«
»Achja, natürlich. Sind jetzt in den Shopping-Malls Partys?«
»Wo kommen Sie denn her, dass Sie das nicht wissen.«
Gute Frage. Wo kommt sie her. Sie haben zu viert aus Versehen eine Auszeit genommen, ausgerechnet dann, als ein weltumspannendes Ereignis dem Gesellen Mensch eine bedrohliche Lektion erteilte. So dachte man, so dachten die News, und so reagierten die Menschen. Mit Krawall. Aber was hat der Nebel letztlich angerichtet? Seine Anwesenheit war oder ist noch wie Ohrstöpsel mit Rauschunterdrückung. Und die Menschen dachten, sie wären taub geworden, und begannen zu schreien, weil sie das Leben fühlen, wenn sie nur laut genug sind. Dabei kann einiges zu Bruch gehen, das sieht Johaenne. Die Müllabfuhr ist überfordert. Die Bürgersteige sind wie Neapel. Die Stadt ist nicht mehr im Schreck gefangen, Leute sind unterwegs, stromern durch den Müll, und Johaenne hat den Eindruck, dass der Nebel im Begriff ist, sich zu verabschieden, und die Menschen bemerken dies, als wären sie auf einmal so instinktsicher wie Wildtiere, bevor ein Tsunami eintrifft, oder wie Hundi, der Nebellöcher riechen kann.
Sie hört Musik in das Taxi schwappen. Was ist das? Hans Zimmer?! Filmmusik aus dem Film ›Interstellar‹. Sie kennt das

Stück, es heißt »Dust«, und sie lächelt. DJs stehen an einem Pult auf dem Bürgersteig und remixen Filmmusik, um Abschied zu nehmen von der Zeit der Bedrängnis. Wie gut, dass es Nebel und nicht Staub ist. Das ist ihre Stadt, realisiert Johaenne, deren Puls musikalisch ist.
Sie fahren am Gefängnis vorbei, und Jott sieht Transparente aus den vergitterten Fenstern hängen. Laken mit Worten darauf, wie: »Jetzt wisst ihr, wie es ist.« Tja. Oder: »Ihr werdet alle sterben.« Nun ja, das ist nichts Neues.
Eine Kompanie von Polizeiwagen kommt ihnen entgegengeheult. Jott hält sich die Ohren zu, Hundi wacht auf.
»Was ist los?«
»Staatsbesuch, haben Sie keine Nachrichten gehört?«
»Könnten Sie das Radio anstellen?«
»Klar.«
Er macht das Radio an. Deutschlandfunk. Und zum ersten Mal seit langer Zeit hört Jott Nachrichten und erfährt um den Zustand der Welt.

Als sie vor ihrer Adresse ankommt, findet sie kein Bargeld in ihrer Tasche, oh Mist, aber der Taxifahrer nimmt sowieso nur noch Karten an, wegen der Überfälle. Sie zahlt, verabschiedet sich freundlich und steht vor ihrer Haustür, die sie einst so sorgfältig abgeschlossen hatte. Sie kann sie weder auf- noch abschließen, denn sie ist kaputt, der Türknopf rausgerissen. Warum? Ein Schreck durchfährt sie, ob dasselbe mit ihrer Wohnungstür geschehen ist, bitte nicht, bitte das nicht auch noch … Sie eilt die fünf Stockwerke hinauf – Hundi ist schneller, tolles Spiel – und sieht, dass ihre Tür verschlossen und heil geblieben ist, wie sie es auch vor der neuen Zeitrechnung war. Ein Stuhl steht davor. Ein vertrockneter Blumenstrauß liegt daneben. Hundi schnüffelt daran und niest entschieden, und Johaenne muss furchtbar lachen, weil Hundeniesen sehr lustig ist, vor allem aber aus Erleichterung, dass nicht eingebrochen wurde und sie nicht allein ist.

»Warum steht mein Midcentury-Stuhl vor der Tür?«

»Ich habe keine Ahnung, was das sein soll«, sagt Hundis Blick. Am Stuhl klebt ein Zettel. »Hab ihn wieder hingekriegt. Seien Sie nett zu ihm. Gruß.«

Jott grinst. Möbelmalik war hier. »Krass«, würde Jamal sagen. »Jetzt hab ich wieder zwei Stühle. Einen für dich, Hundi, und einen für mich.« Willkommen zurück. »Komm, ich zeig dir dein neues Zuhause. Hat zwar keinen Garten, aber Balkon«, und schließt auf.

Sie betritt mit Hundi die sonnendurchflutete Wohnung. Und erst auf den zweiten Blick, erst auf den zweiten Blick, fragt sich Johaenne, woher die Sonne kommt, die Schatten wirft. Sie schließt die Tür, lächelt ihre Wohnung an und geht, noch mit dem Schlüsselbund in der Hand, auf den Balkon. Da ist sie. Sie hält ihr Gesicht in die Abendsonne, der Nebel erlaubt dies für einen Moment. Der Friedhof hat sich in einen Dschungel verwandelt. Die Bäume, die Bäume, die Blumen. Oh, die Blumen, sie sind vertrocknet und liegen vor der Tür.

Eine Karte hängt daran: »I miss you. Where are you? Are you okay?! Call me. Please. I need ~~to talk to~~ you.« Das »to talk to« hatte er säuberlich, mit zartem Strich durchgestrichen. Jott spürt ihren Unterleib. Was ist das denn?! Ben? Er? Ihr Freund? Ihr Kumpel und musikalischer Partner, der ihr nah und vertraut ist, den sie seit, wie lange, zehn Jahren kennt, der sie kennt, jede ihrer emotionalen Stimmungen mitgemacht, ausgehalten und umarmt hat, der da war, wenn der Mann verschwand, der Arrangements mit Facettenreichtum erfindet, ihr bester Freund, mit dem sie durch die Provinz getourt ist, in einem Bett schlief, in armseligen Hotellobbys gespielt hat, mit dem sie die Band aufbaute, und der neben ihr stand, als sie den Musikpreis erhielten. Ben? Needs me? Natürlich, sie brauchen sich, sie sind eine Band, sie sind Partner, aber nie hatte sie ihn als etwas anderes als das gesehen. Und doch war er seit so langer Zeit täglich in ihrem Leben. Sie lachen über dieselben Dinge, weinen bei Tierfilmen, empören sich über dieselben politischen Absurditäten, sind Teetrinker, nehmen am Leben und Wirken des anderen Anteil und geben nicht nach, wenn es um einen Song geht. Ben. Ich muss ihn sofort anrufen. Sie weiß seine Nummer auswendig.

Wo ist das Telefon? Das Ladekabel? Der Ton, als sie es anschließt. PIN eingeben. Und dann geht der Wahnsinn los, ein Piepen und Zirpen dröhnt aus dem schwarzen Rechteck, dass es kurz davor ist zu explodieren. Oh Gott. Stummschalten.

»Komm, Hundi, wir legen uns auf den Balkon.«

Die Sonne ist wieder weg, der Nebel hat die Gardinen zugezogen. Es wird Abend. Es bleibt warm. Liegend küsst sie Hundi auf die Nase, er küsst zurück. Sie sind ein glückliches Liebespaar.

Ben kommt vom Einkauf zurück, Supermarkt ist eine Herausforderung, er nimmt die Schiene seines mehrfach gebrochenen Beins ab, zu Hause geht er schon ohne sie herum, da rempelt keiner und Bewegung sei wichtig für den Heilungsprozess, sagte der Unfallchirurg. 3 % Muskulatur schwinden pro Tag. Das heißt, in sechs Wochen wird aus einem Menschen ein Nichts.

Aus seinem Bein wird ein Beinchen. Egal, es ist drangeblieben, das ist die Hauptsache, er wird laufen können. Und Gitarre spielen. Hinken ist wurst. Joggen sowieso nicht sein Fall. Berlin-Marathon erst recht nicht. Gottseidank war es nicht der Arm. Der Unfall war schlimm. Er war im Nebel von einem Auto angefahren worden, das unzulässigerweise auf der Straße fuhr. Der Fahrer beging auch stante pede Fahrerflucht, und Ben lag auf der Straße mit außerirdischen Schmerzen, die ihn völlig bewegungsunfähig machten, er lag auf dem Straßenteer wie ein gefällter Baum. Die zwei Typen, die ihn von der Straße zerrten, hatten ihm das Leben gerettet, sonst wäre der nächste Bus über ihn drübergebrettert. Sie riefen den Krankenwagen und blieben bei ihm, bis er verladen wurde. Auf der Notaufnahme war die Hölle los, und er lag auf seiner Pritsche erst mal im Flur herum, erhielt Schmerzmittel, die nicht halfen, bis er eine Krankenschwester zu fassen kriegte, um ihr das mitzuteilen, sie sagte, mit einem Blick auf die Infusion, okay, Sie kriegen was Richtiges. Sie kam mit Morphin. Doch dann schaute sie sich sein Bein genauer an und raste davon. Er hatte Glück, sie war erfahren und kehrte zurück mit einem Unfallchirurgen, der sich, seines erschöpften Gesichtes zufolge, in der 24. Stunde seiner Schicht befand. Er stellte sich mit Simon vor, wobei unklar blieb, ob dies sein Vor- oder Nachname war. Simon rief den Mitarbeitenden Anweisungen zu, denen Ben nicht mehr folgen konnte, da das Morphin in diesem Moment sein Gehirn erreichte. Er fühlte, wie man ihn durch Flure schob. Schnell. In einen Raum. Operationsraum. Emergency. Not-OP. Licht. Ihm wurde etwas Nadeliges in die Hand eingeführt, er fühlte Flüssigkeit seinen Arm hochziehen, man bat ihn bis zehn zu zählen. One, two, three, four … five …

Er macht Musik an, Pat Metheny und Charlie Haden, »The Moon Song«, sein musikalisches Match zum Gefühl, in dem er seit Wochen herumirrt. Während er noch sein Telefon mit der Bluetoothbox verbindet, klingelt es, und auf dem Display erscheint das magische Wort »Jott«. Er kriegt den digitalen Riegel vor Aufregung kaum aufgeschoben, nimmt ab mit den Worten: »Darling, where are you?«

»Ben«, sagt sie nur. Mit dieser Stimme, die er einatmen möchte. »Can you come? I am home. I am back. I am fine. How are you?«

»I'll be right there«, sagt er, und Jott macht mit klopfendem Herzen das Telefon aus. Ist jetzt alles anders?

Sie wühlt sich durch die Mitteilungen. Anrufe. Von ihrer Freundin Françine, der sie das Haus testamentarisch vermachen wollte, das nun vermutlich abgebrannt ist, nicht dran denken. Später. Sprachnachrichten, Textnachrichten, ihre Schwester, ihr Bruder, ihr Agent, Freunde, Ellin, Nilz, Françines Tochter Claire, Ayos Onkel, Ayos Tante, unbekannte Nummern, es nimmt kein Ende. Die Zahl bei den E-Mails schnellt hoch.

Sie ruft Françine an. »Na endlich. Was war denn los?«, sagt die übergangslos. Als hätten sie gestern zuletzt gesprochen.

»Ich hatte kein Handy.« Kein Hallo blablabla, oh der Nebel, blablabla, wie geht es dir, blabla ...

»Ah, dacht ich mir schon. Wir sind auf Lesbos gestrandet.«

»Wiebitte?!«

»Jaa, es war doch Pfingsten, wir hatten Lesbos gebucht, dann kam der Nebel und die Flughafenschließung. In die Türkei konnte man auch nicht, Frontex überall. Sind wir hiergeblieben und haben uns in ein Airbnb einquartiert für wahnsinnig viel Geld.«

»Ohaaa, aber griechische Insel scheint ein guter Ort, um den Nebel durchzustehen, oder?«
»Schon, aber der Nebel auf dem Meer, dazu die ankommenden Boote und die Küstenwache, plus keine Sonne zu sehen, weißte ja.«
»Geht es Claire und Sascha gut?«
»Ja, alles bestens. Ich glaube, die nächsten Tage öffnet der Flughafen wieder. Dann kommen wir sofort zurück.«
»Ich bin auch wieder zurück.«
»Warst du auf dem Land?«
»Ja.«
»Sehr gut. Steht das Hexenhaus noch?«
»Nein, ich glaube, es ist abgebrannt.«
Stille.
»Okay, du weißt, dass es eine Witzfrage war.«
»Ja, aber es war keine Witzantwort«, sagt Johaenne.
»Wie ist das passiert?«, fragt Françine leise.

Wie konnte sie jemals auch nur versucht haben aus dem Fenster springen zu wollen, wenn es einen Menschen wie Françine in ihrem Leben gibt. Sie reden, und all der eingeatmete Nebel strömt aus Jott heraus, bis da wieder Platz ist in ihr und es an der Tür klingelt. An der Wohnungstür.
Johaenne öffnet, und Ben steht davor. Er sieht mit seiner Statur aus wie seine schottischen Highlander-Vorfahren, dazu das rötliche Haar, aber keine Buttermilchhaut, dank seiner karibischen Mutter-Vorfahren. Statt eines Schwerts hat er seine Gitarre auf dem Rücken. Sie sehen sich an, bis Hundi einmal bellt, um auf sich aufmerksam zu machen.
»Oh«, sagt er, »who are you?«

»Das ist Hundi.«

»Hundi. Brilliant name.«

»Komm rein«, sagt Jott, und er legt seinen Arm um ihre Taille, zieht sie an sich heran und küsst sie einfach, im Türrahmen stehend, auf den Mund. »I'm sorry«, sagt er und lässt den Arm wieder sinken, »don't be«, antwortet sie nah an seinen Lippen. Sie versinken langsam in einer dichten Umarmung, die hoffentlich nicht das Ende ihrer Freundschaft markiert, aber vermutlich das Ende ihrer Freundschaft, wie sie sie kannten, markieren wird, und er küsst so gut, wie er Gitarre spielt. Ach du Scheiße. Er versucht, die Tür hinter sich mit einem Bein zuzuschlagen, kommt dabei aus der Balance, und erst da sieht Johaenne, dass er eine Schiene über dem gesamten Bein trägt.

»Oh fuck, Ben, was ist passiert?!«

»Fucking fifth floor.«

Er humpelt in die Wohnung hinein, und Hundi findet ihn toll, endlich ist er nicht mehr der einzige Mann.

»Wo sind die andere Stühlen?«, fragt Ben.

»Long story. Du zuerst. Was ist mit dem Bein passiert?! Bitte setz dich, ich mach Tee. Das ist das Einzige, was ich habe. Und vertrockneten Knoblauch.« Sie ist nervös.

Ben fängt an zu lachen, er sitzt auf dem frisch operierten Midcentury-Stuhl und sagt mit Betonung auf jedem Wort: »You have no idea how much I missed you, Dschott.«

Jott nickt. Hat sie ihn auch vermisst? Hin und wieder bestimmt, hauptsächlich jedoch war sie gedanklich und emotional mit einem anderen Mann beschäftigt gewesen.

»Ich mach Tee, okay?«

»Okay«, sagt er und nimmt die Gitarre ab.

Sie trinken heißen, süßen, starken Tee, als kämen sie aus dem

Nahen Osten, und Ben erzählt, dass er zehn Tage im Krankenhaus lag und Tag und Nacht auf dem Fernseher des Krankenzimmers, der aus unverständlichen Gründen unter der Decke angebracht war, so dass er immer, wie in einem religiösen Akt, Katholik, nach oben schauen musste, dass er also 24/7 Nachrichten konsumiert hat.
Der Wahnsinn, der über den Planeten gekommen war, der Nebel, die Feuer, das Erliegen demokratischer Staaten, das Erstarken diktatorischer Staaten und radikalisierter Gesinnung in politischer, religiöser und verschwörungstheoretischer Hinsicht. Die Zerstörung von Natur. Hitzige Diskussionen von Politikern in Gruppen, Eil-Zusammenkünfte der G7-Staaten in Paris, Einberufung der United Nations in New York, der Nato-Think-Tank in Rom, die EU in Brüssel, deren Plenarsaal zum ersten Mal überfüllt war, die Afrikanische Union in Addis Abeba. Unproduktive Debatten, Kontrollverlust. Die Welt sah zu, wie Wälder brannten, man kriegte das Feuer nicht in den Griff; wie Flut das Land überschwemmte, es gab nicht genug Sand, um Säcke zu befüllen, die als Festung gegen die Flut dienen sollten; wie Insekten die Ernte auffraßen, Hungersnöte ausbrachen und humanitäre Organisationen nichts und niemanden mehr retten konnten; wie der Nebel allerorts Löcher produzierte, in denen Menschen verschwanden und es Wissenschaftler.innen nicht gelang herauszufinden, wie dies physikalisch zustande kommen konnte. Es wurde ratlos, machtlos und verzweifelt zugesehen, wie in kurzer Zeit menschliche Errungenschaften und gesellschaftliche Netzwerke, wie politische Bündnisse und Verabredungen sich in Nebel auflösten, als hätte man nicht seit Jahrhunderten und Jahrtausenden daran gearbeitet, wie Menschen, Staaten, Länder und Gesellschaften,

Nationen, Völker, Geschlechter und Ethnien es miteinander aushalten könnten oder gar in der Lage sein würden, zusammenzuleben. Friedlich, nun ja. Natur war stärker als Krieg, das hätte man wissen können. Man war froh um jeden Tag, der keine neue Naturkatastrophe auf den Plan rief. Und Ben war froh, als er schließlich mit seiner Beinschiene humpelnd das Krankenhaus und den Fernseher verlassen konnte, um nach Hause zu gehen und Gitarre zu spielen.
»Darum bin ich nicht zu dein Haus gekommen. It was impossible. I couldn't walk.«

Irgendwann bestellen sie sich Essen, legen sich damit ins Bett. Ben nimmt die Schiene ab, und Johaenne erzählt, was im Haus auf dem Land passiert ist. Wie sie Jamal auf der Straße auflas, Ayo zu ihr kam und in eine ominöse Krankheit fiel, das Finden von Hundi, die Ankunft der anderen Frauen, der Komposthaufen, das Nebelloch, die Nachbarn mit dem durchschossenen Foto, die Abende, in denen sie über Sätze, die sie triggern, reflektierten, Shenmis Schlafwandeln, Jotts Trüffel-Höllentrip, der brennende Wald, das explodierende Haus. Und schließlich vertraut sie Ben an, dass sie versucht hat, aus dem Fenster zu springen, was nicht gelungen ist, da sie offensichtlich keine Selbstmörderin ist.
»I didn't know, Christ, I don't know anything. I am so sorry.«
Er hält sie fest, und sie hält sich an ihm fest, und das ist gut.
»Did you hear from him?«
»Nein«, ist ihre schlichte Antwort, und sie schält sich aus der Umarmung. »It's over. Er hat mein Herz gebrochen und ich seins. Es ist schwer, das zu akzeptieren.«
»Du brauchst ein Schiene für dein Herz, wie ich um das Bein.«

»Das wär's«, sagt sie.
Ben rollt sich mit dem guten Bein aus dem Bett und bringt die Reste des Essens in die Küche. Jott bleibt liegen und schließt erschöpft die Augen.

Sie läuft über das Meer. Es ist spiegelglatt, glitzert und kennt kein Ende. Sie rennt weit darüber hinweg, gleitet, fliegt, tanzt, dreht Pirouetten, sieht sich selbst dabei zu, bis aus Wasser Wüstensand wird. Weiter schwebt sie, über die sonnige, orange Wüste. Eine Schlucht taucht auf, in die sie drohnengleich hineinfliegt, die eine Stadt offenbart. Eine Mischung mittelalterlicher Kasbahs und Betonmoderne. Architektonisch-rechtwinklige Schachtelquadrate, gepaart mit der absichtslosen, asymmetrischen Gestaltung uralten braunroten Gesteins.
Sie läuft barfuß durch die tief in der Schlucht liegenden Straßen. Aus den Gebäuden schauen Fenster als schwarze Rechtecke heraus. Da nimmt sie Anlauf, breitet die Arme aus und bewegt sie auf und ab wie ein Vogel, spürt Luftwiderstand unter ihren Achseln, mehr, stärker, die Arme wie Flügel, ganz einfach, und die Füße heben sich vom Erdboden ab, und sie, Johaenne, fliegt. Sie fliegt und blickt von oben herab auf die Schlucht und auf Dachterrassen, die oben auf die Häuser gesetzt wurden. Schwingt stärker, um die Höhe zu halten, und landet schließlich auf einer der Terrassen, auf der ein Mann mit einer filterlosen französischen Zigarette sitzt. Anno, der sie freundlich aus seiner Hollywoodschaukel heraus anlächelt. Die Schaukel hatte er sich als Ersatz für seine unerreichbare Hollywoodkarriere als Filmregisseur angeschafft. Warum auch nicht. Sie wollte nicht bleiben, wollte nicht hören, was er als Beschwerde zu sagen gehabt hätte, das kannte sie bereits, so schwingt sie sich wieder mit ihren Armen in die Luft, überwindet

die Schwerkraft und fliegt. Fliegt durch die Schlucht und aus ihr heraus, fliegt, bis sich die Landschaft auflöst.

Sie wacht auf und hört Musik. Ben sitzt neben ihr und spielt leise Gitarre, irgendein Moll-Riff. »Was ist das?«, fragt sie.
»Moon Song by Pat Metheny«, sagt er.
»Von Beyond the Missouri Sky?«
»Yup. Come, play the base.«
»Charlie Haden? Ich hab so lang nicht mehr gespielt.«
»Try it«, sagt er ruhig und völlig unaufgeregt. Er ist so entspannt, es ist so entspannend, so vertraut, dass sie hier zusammen im Bett hocken und sie jetzt ihren Bass holt. Sie hatten schon oft im Bett gesessen und gespielt oder geschrieben. Es war also eigentlich wie immer. Nur anders.
Sie stimmt den Bass und tastet sich in den Moon Song von Pat Metheny.

In den darauffolgenden Tagen und Nächten endlich gelang es Feuerwehr und Militär, Grenzschutz, Söldnern und Zivilgesellschaft, die Feuer in den Wäldern um Athen herum, in Südeuropa und auch in Australien und Kalifornien zu löschen. Der ukrainische Präsident verabschiedete ein gigantisches Hilfspaket, um die humanitäre Katastrophe in Ostafrika so schnell wie möglich zu beenden. Die österreichischen Meteorologen von UBIMET konnten messen, dass der Nebel sich in den kommenden zehn Tagen vollständig auflösen würde. In der Atacama-Wüste gab es wieder Weitsicht. New York war bereits nebelfrei, man feierte auf den Straßen.
Auch die Feuer um Berlin waren gelöscht worden, es war Sachschaden entstanden, es hatte Brand- und Rauchverletzte gege-

ben, Kollateralschaden hieß es, aber es war niemand umgekommen.

Dann kam der Anruf der freiwilligen Feuerwehr von Seelake. Es war, als würde man ihr den Tod eines Verwandten mitteilen. Und ein bisschen war es ja auch so. Es war, als wäre ihr Vater ein zweites Mal eingeäschert worden, das Hexenhaus würde allerdings eine größere Urne benötigen. Schwerer wog jedoch, dass die Gemeinsamkeit mit dem Mann, die sich im Hexenhaus und dem Leben dort materialisiert hatte, nun final verschwunden war.
»Danke für die Information«, sagte Jott zur freiwilligen Feuerwehr.

Die Flughäfen wurden wieder geöffnet. Das Fahrverbot aufgehoben. Büroangestellte gingen zurück zur geregelten Arbeit und die Geschäfte des Einzelhandels fegten den Nebel vom Bürgersteig, stellten Bänke auf, zum Sitzen-und-in-die-Sonne-Schauen. Die Shopping-Malls wurden zurückgesetzt auf Anfang, um wieder zu werden, was sie eigentlich waren. Was nur?! Konsumtempel. In Zeiten des Nebels hatten sie eine Art Existenzberechtigung gehabt, die ungewollte Auswüchse angenommen hatte, so dass nun, als der Nebel den Horizont sehen ließ, mit großem Polizeiaufgebot Razzien stattfanden, um die Willkür der Security, die Bedrohungslage durch neu gewachsene Clans, Drogenumschlagplätze, illegale Prostitution, Geldwäsche und die ganze andere Scheiße, die in die Malls geschleppt worden war, um in Zeiten der Not Profit herauszuschlagen, zu beenden. Viele, sehr viele Personen wurden vorübergehend festgenommen. Nebelsupporter. Nebelgewinner.

Der Gipfel der Groteske und Grausamkeit fand in der ›Mall of Europe‹ statt. Einem Gebäude, mit drei um die Freifläche des Erdgeschosses herumlaufenden Galerien, von denen man auf selbige Fläche wie auf eine rechteckige Manege herabschauen konnte. Oder sich hinunterstürzen. Dort nun waren Schaukämpfe veranstaltet worden. Brot und Spiele reloaded. Frauen, die sich prügelten. Männer, die sich prügelten. Hühner, die sich kaputtpickten, Hunde, die sich zerbissen. Sauf- und Fresscon-teste. Wetten. Das Imperium Romanum war zurückgekehrt in eine kapitalistische Shopping-Mall, die den Palast des 21. Jahrhunderts repräsentierte.
Nach den Razzien und Verhaftungen wurde das Blut weggefeudelt, und Kommissare und Anwältinnen nahmen ihre Arbeit auf, um die Verantwortlichen zur Verantwortung zu ziehen.
Das Leben ging weiter. Der Nebel war nur ein Intermezzo gewesen. Vielleicht würde man ab heute Zukunft gestalten, statt Gegenwart zu zerstören. Vielleicht aber auch nicht.

Malik war von Berlin durch Tschechien, Österreich, Ungarn, Serbien, Bulgarien bis in die Südtürkei nach Mersin gefahren und setzte dort samt seines Toyota Land Cruisers, den er noch immer per Leasing abbezahlte, auf die Autofähre in den Libanon über. Die Visa stellten kein Problem dar, er hatte einen deutschen Pass. Die 276 Kilometer lange Fährenfahrt dauerte 12 Stunden, kostete hundert Euro, und angekommen zeigte er seinen libanesischen Pass. Seine Frau hatte er zurückgelassen. Er vermisste sie unendlich, aber das wusste er nicht. Er fuhr wie auf Autopilot und legte die ungefähr dreieinhalbtausend Kilometer lange Strecke zurück wie ein Held. Allein. Helden sind immer allein. Gegen den Rest der Welt.

Jamal ließ das Wohnungstürschloss zum zweiten Mal auswechseln. Sie war schwanger. Das hatte sie geahnt, nun wusste sie es. Ein heißes Glücksgefühl strömte durch sie hindurch und Vorfreude auf all das Unbekannte, das nun kommen würde. Auch sie hatte Sehnsucht nach Malik, nur wusste sie das, und sie wollte, dass jetzt alles gut werden würde. Ohne seine manipulative Mutter, war sich Jamal sicher, würde er frei atmen können, Freiheit nun ja, könnte er das schlechte Sohn-Gewissen von den Schultern schieben, müsste nicht mehr sein, wie sie, die Mutter meinte, dass Männer und er sein sollten. Daher war Jamal froh, dass die Mutter, Maliks Mutter, zum Straßburger Sohn gezogen war. Hatte Jamal auf Insta herausgefunden.
Nachdem sie in Beirut angekommen war, rief sie Malik anonym auf seinem libanesischen Handy an: »Ich bin im Restaurant Chez Michel. Kommst du? Ich habe dir etwas zu sagen«, sagte sie zum Vater ihres ungeborenen Kindes.

Shenmi kehrte zurück nach Hongkong, Ayo hatte sie zum Flughafen begleitet und schenkte ihr zum Abschied ein Shirt, darauf stand: »I am no fucking chinese.« Sie zog wieder bei ihren Eltern ein und sagte, als sie am ersten Abend zusammen aßen: »Ich möchte euch sagen, dass ich lesbisch bin und froh bin, das endlich herausgefunden zu haben.«
Sie setzte sich mit den Organisatoren der Demonstrationen in Verbindung, um alle Informationen zu bekommen, die nur möglich waren und helfen könnten, ihre Schwester zu finden. Ihre Eltern unterstützten sie dabei – »sei leise« war aus der Familienchronik verschwunden.

Ayo saß bei Onkel und Tante im Wohnzimmer und scrollte durch die sozialen Netzwerke, und ihr Algorithmus zeigte eine hellgraue Tafel nach der anderen, unter denen Namen standen. Menschen, die in den Nebellöchern verschwunden waren. Vorbei. Verschluckt. Nie wieder. Auch Wolfs Name war darunter … Sie suchte im Netz nach der Firma ihres Vaters in Basel und fand eine Büronummer, rief dort an, ließ es klingeln, bis jemand abnahm. Sie wurde mit ihrem Vater verbunden, der außer sich war vor Freude und sie in die Schweiz einlud. Ayo nahm den nächsten Zug.

»Ich fahre zu meinem Vater nach Basel«, textete sie Jott und erhielt sofort eine Antwort: »Ooh, das ist eine gute Nachricht! Bitte sei milde mit ihm, du hast noch einen Vater. Wir freuen uns, wenn du wiederkommst, dann schreiben wir einen Song über unsere Väter aus Schwyz, Scotland und DDR.« Ayo blieb unbeweglich, als sie das las. Dann: »Hanna, ich will versuchen, ein Vorspiel bei Chi-chi Nwanokus Orchester in England zu bekommen, ich muss zurück in die klassische Musik.« Sie löschte die Nachricht wieder. Später. Doch ihre Entscheidung war gefallen, und sie schaute erleichtert aus dem Zugfenster und sah die aufgeräumte Schweizer Landschaft, die vom Nebel unbehelligt geblieben war.

Johaenne steht am offenen Fenster, *dem* Fenster, im fünften Stock, und raucht eine Zigarette. Es ist Nacht, und sie schaut auf den Friedhof. Es gibt keine Beleuchtung in den Gräbern. Die Toten brauchen kein Licht. Die Lebenden schon. Der Mond scheint. Es ist ein Vollmond. Ach, sieh mal einer an.

»Na, wie geht's?«, fragt sie und lehnt sich aus dem Fenster, um ihm näher zu kommen.

»Mir geht es immer gleich, ich verändere Form und Gemütszustand nicht, das denkt ihr nur. Es ist eine Oberfläche, die ihr Menschen seht, vielmehr sehen wollt.«

»Unveränderter Klugscheißer.«

Sie bietet ihm eine Zigarette an.

»Hab aufgehört«, meint er.

»Wusstest du vom Nebel?«, fragt sie.

»Welcher Nebel?«, fragt er zurück.

Johaenne lächelt. »Verstehe«, sagt sie, schließt das Fenster und legt sich zu Hundi ins Bett. Zuletzt lag sie hier mit Ben, mit dem sie nicht geschlafen hatte. Es war der Mann gewesen, mit dem sie in diesem Bett unzählige Male Sex gehabt hatte, in seinen Armen gelegen und Glück und Liebe gefühlt hatte.

Heute weiß sie, man kann eine Person nicht zwingen zu lieben, wenn diese entschieden hat, dass ihr niemals irgendwas etwas ausmachen wird. Denn Liebe, so viel wusste Johaenne, machte etwas aus.

THE END.

Jott und Ben gingen ins Konzert zu ›This is the Kit‹, einer britischen Songwriterin und ihrer Band. »And blessed are those who see and are silent«, sang die Sängerin Kate Stables, und Jott liefen die Tränen über das Gesicht. Ben nahm ihre Hand.

Als nach dem Konzert das Publikum die Konzerthalle verließ, sah sie ihn in der Menge. Verwunderlich, dass er sich diese Musik anhörte, das passte nicht, vermutlich war er mitgenommen worden. Es war auch egal. Sie sah ihm hinterher, wie er allein die Straße hinunterging, und alles an ihm war ihr vertraut. Sein Gang, die große Gestalt, die hochgezogenen Schultern, die Mütze auf dem Kopf, das Handy in der Hand, wie eine Gebetskette. Sie blieb stehen, und in diesem Moment verlangsamten sich alle Bewegungen um sie herum. Menschen gingen in slow motion aus dem Bild und verlöschten. Nur er blieb in der Szene, auf der Straße, glühend geradewegs, und ging von ihr weg. Sie starrte ihm hinterher, unfähig einen Gedanken zu bilden, der sich mit ihrem Gefühl verbinden würde. Das war der Mann, den sie so sehr geliebt hatte und lieben wollte, er war es, nach dessen Liebe sie sich schmerzlich gesehnt hatte und die sie, ihrer Meinung nach, nie erringen konnte. Sie rief nicht seinen Namen, sah ihm nur hinterher. Sie stand, sie blieb, er ging. Weg von ihr. So war es immer gewesen, warum sollte es jetzt anders sein.

Und da, in einem Moment, der der Ewigkeit und dem Zufall entsprang, drehte er sich um. Doch noch bevor sein Blick den ihren kreuzte, bevor dieser Blick in ihr eine Explosion auslösen würde und sie in Gefahr brächte, erneut aus der Spur zu geraten und gänzlich verlorenzugehen, bevor all das wieder heraufbeschworen werden würde, was jetzt der Vergangenheit gehörte, bevor erneut elende Hoffnung in ihr aufkeimen würde, wenn sie in sein Gesicht blickte, bevor sich also ihre Blicke kreuzten – wandte sie sich ab. Und ging in die andere Richtung, dorthin, wo Ben mit offenen Armen auf sie wartete.

Wenn sie Glück haben, bleibt eine Erinnerung.

Jott träumt nicht zum letzten Mal.

Sie läuft durch Gänge. Backstage. Findet den Weg zur Bühne nicht. Verwirrend, das Labyrinth der sich ziellos verzweigenden Flure. Ihr Bass hängt auf dem Rücken wie eine Armbrust, die Wege werden zu einem Laufband, manchmal brandet das Stimmengewirr der Zuschauenden auf, dann wieder scheint es, als würde sie durch eine isolierte Tonkabine gehen, hört ihren Atem im Kopf, als liefe sie unter Wasser, kommt voran, kommt nicht an. Die akustischen Signale variieren, je nach Gasse, die sie nimmt, die sie in sich aufnimmt. Über ihrem Kopf baumeln nun gelbe Lampen, die im Nichts aufgehängt sind. Sie läuft über Kopfsteinpflaster. Sie ist im Draußen, sie hat das Theater verlassen.

»Nein! Nein!! Das darf nicht sein! Wo bin ich??? Hilfe! Ich muss auf die Bühne, ich bin die Vorband zu ›This is the Kit‹. Bitte, wie komme ich zurück in die Konzerthalle?!« Ein Jedermann schaut ihr durch ein Fenster beim Schreien auf der Straße zu.

»And blessed are those who see and are silent«, sagt er hinter der Panzerglasscheibe, und sie versteht ihn klar und deutlich: Kate Stables' Text.

Wo bin ich? Sie rennt. Hetzt weiter, der nächste Gang, innen, außen, kein Unterschied, da erscheint am Ende des Ganges eine Person in ihrem Blickfeld, als Schatten vor einem beleuchteten Papier, sie rennt auf die Silhouette zu.

Er ist es.

Sie rennt auf ihn zu, er bleibt im Gegenlicht stehen, breitet die Arme aus. Und sie rennt. Der Weg ist so weit, sie zieht ihren Bass während des Rennens ab und lässt ihn fallen, sie rennt auf ihn zu, der Gang nimmt kein Ende, kein Ankommen, sie will in seinen Armen versinken, sie rennt und

Merci

»Nebel und Feuer« wurde unter dem Arbeitstitel »Die Welt brennt« geschrieben. Als die Veröffentlichung näher kam, debattierte ich mit meinen klugen Freundinnen, die unisono sagten: »Angesichts derzeitiger Weltlage würde ich ein Buch mit einem solchen Titel vermutlich nicht kaufen wollen, auch wenn er natürlich herrlich reißerisch ist.« Sie hatten recht, wie immer, ihr, meine Freundinnen und Freunde, meine geliebte Wahlfamilie. Wie glücklich bin ich, dass wir uns fanden, festhielten und nicht mehr loslassen werden.

Meinem Agenten Ertu Eren danke ich für sein immerwährendes Ohr, seinen Rat, seine Geduld und Wärme und sein Lachen.

Dank an den Verlagschef Oliver Vogel, dass er das anfängliche Manuskript an die Programmleiterin der Literatur, Juliane Schindler, geschickt hat. Ihr danke ich aus ganzem Herzen, dass sie gelesen hat und mit mir dieses Buch machen wollte, Zweifel wegwischte.

Jürgen Hosemann, mein Lektor! Mein Wegbegleiter und Mutmacher! Was für eine wunderbare und heitere Zusammenarbeit war das, und ich hoffe, es wird nicht das letzte Mal sein.

Ich danke Teresa Koloma Beck und Markus Beeko für ihre Gedanken über meine Figur Ayo.

Und Stephan Storp und Patty Finnern danke ich für ihr kreatives Cover und den Austausch darüber.

Das Leben ist kurz, Leute, keine Zeit für so viel Grimm.